疫霉根腐病危害症状

红冠腐病危害症状

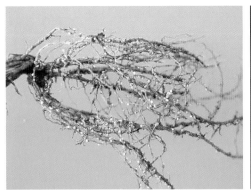
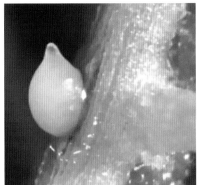

胞囊线虫危害症状

根结线虫危害症状

白绢病危害症状

立枯病危害症状

枯萎病危害症状

菌核病危害症状

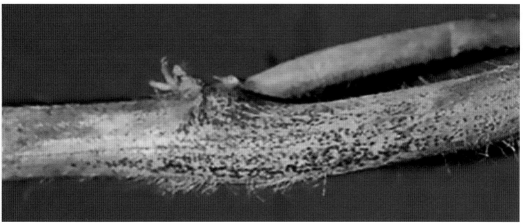

黑点病危害症状

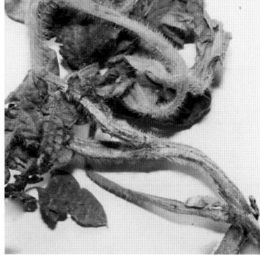

羞萎病危害症状

菟丝子

花叶病毒病（SMV）危害症状

霜霉病危害症状

锈病危害症状

灰斑病危害症状

褐纹病危害症状

灰星病危害症状

叶斑病危害症状

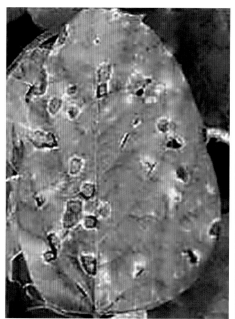

靶点病危害症状

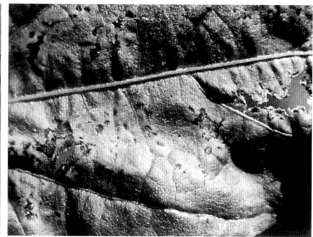

细菌性斑点病危害症状

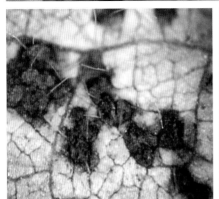

细菌性斑疹病危害症状

细菌性角斑病危害症状

紫斑病危害症状

炭疽病危害症状

荚枯病危害症状

轮纹病危害症状

暗黑鳃金龟成虫　　　　　　　　铜绿丽金龟成虫　　　　　　　　大黑鳃金龟成虫

不同种类蛴螬成虫及危害症状

小地老虎鉴别特征及危害症状

大地老虎成虫　　　　　　　　　　　　　　白边地老虎成虫

黄地老虎成虫　　　　　　　　　　　　　　警纹地老虎成虫

几种地老虎成虫鉴别特征

蝼蛄鉴别特征及危害症状

沟金针虫幼虫

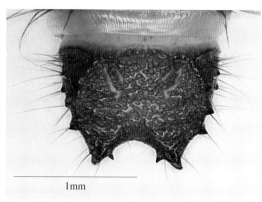

沟金针虫尾节

细胸金针虫幼虫

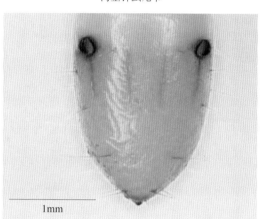

细胸金针虫尾节

沟金针虫、细胸金针虫虫态鉴别特征

北京油葫芦

大蟋蟀

北京油葫芦、大蟋蟀鉴别特征

豆秆黑潜蝇鉴别特征及危害症状

食心虫鉴别特征及危害症状

豆荚螟鉴别特征及危害症状

豆荚野螟鉴别特征及危害症状

豆天蛾鉴别特征及危害症状

斜纹夜蛾鉴别特征及危害症状

甜菜夜蛾鉴别特征及危害症状

苜蓿夜蛾鉴别特征及危害症状

豆卜馍夜蛾鉴别特征及危害症状

豆小卷叶蛾鉴别特征及危害症状

大造桥虫成虫

银纹夜蛾成虫

大造桥虫幼虫

银纹夜蛾幼虫

大造桥虫、银纹夜蛾鉴别特征

棉铃虫鉴别特征及危害症状

草地螟鉴别特征及危害症状

豆卷叶螟鉴别特征及危害症状

白条豆芫菁、中华豆芫菁鉴别特征及危害症状

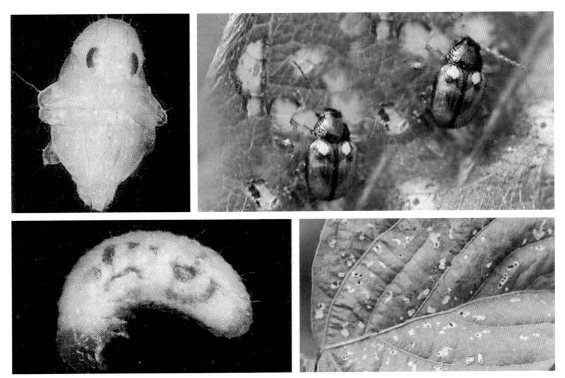

斑鞘豆叶甲鉴别特征及危害症状

二条叶甲鉴别特征及危害症状

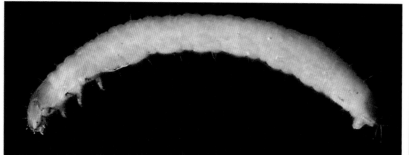
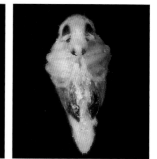

双斑萤叶甲鉴别特征及危害症状

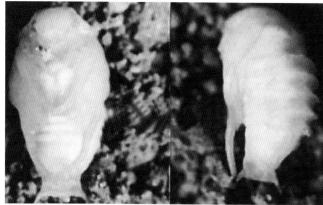
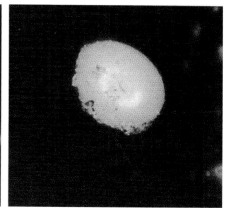

黑绒鳃金龟鉴别特征及危害症状

短额负蝗鉴别特征及危害症状

灰巴蜗牛、同型巴蜗牛鉴别特征及危害症状

大豆蚜鉴别特征及危害症状

烟粉虱鉴别特征及危害症状

红蜘蛛鉴别特征及危害症状

点蜂缘蝽鉴别特征及危害症状

成虫（全绿型）　　　　　　　成虫（黄肩型）　　　　　　　成虫（点斑型）

稻绿蝽鉴别特征及危害症状

斑须蝽鉴别特征及危害症状

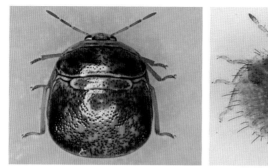
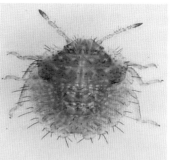

筛豆龟蝽鉴别特征及危害症状

财政部和农业农村部：国家现代农业产业技术体系资助
济宁市现代农业大豆产业发展创新团队专项资金资助

大豆主要病虫害
综合防控技术

周延争　主编

中国农业出版社
北　京

大豆原产于我国，至少有五千年的种植历史，是最重要的食用油来源，也是辅助营养食物的主要加工材料，种植面积较大，主要分布在东北、黄淮海平原和长江中下游地区。大豆产量和品质直接影响居民的油脂供给，同时还会影响到农业经济的健康发展。在大豆种植过程中，影响大豆产量和品质的因素多种多样，如种植环境、种植制度、大豆品种、病虫害等。其中，病虫害是影响大豆产量和品质的主要因素。一直以来，我国对于大豆病虫害防治都较为重视，病虫害防治技术研究的投入逐年增加，虽然由于起步较晚，与很多农业发达国家相比仍然存在一定的技术差距，但发展速度很快，取得了一系列的优秀成果。然而，从全国范围来看，大豆病虫害研究工作存在着明显的区域性不均衡问题，科研实力雄厚的高等院校、科研院所远离生产一线。大豆病虫害的发生种类与危害往往表现出区域化特点，即使同一种病虫害在不同地区的发生与危害也存在较大差异，一成不变、放之四海而皆准的病虫害防治"铁律"是不存在的。先进的科研成果需要大田生产的检验、完善和熟化，而身处生产一线的县、乡农技推广部门科研基础比较薄弱。因此，在实际应用中，我国农作物病虫害防治技术水平的提升并没有对病虫害防治能力产生足够的促进作用，很多技术成果并没有得到广泛应用。技术成果的推广存在一定的难度，新技术的普及速度较慢。

近年来，我国农业生产正在进行大规模的结构调整。这些产业结构的调整直接影响了农业生态系统的结构和大豆病虫害的种群演化，新型大豆病虫害问题不断出现，大豆产业的绿色健康发展面临着新的挑战。因此，需要研究产业结构调整、种植制度变革（如保护地的增加、免耕技术和秸秆还田等）、外来生物入侵和气候变化等多种要素的交互作用对我国大豆病虫害灾变规律的影响，为制定区域性控制策略提供理论依据。

2007年，国家大豆产业技术体系成立以后，迅速改变了之前农业病虫害研究工作中各自为战的局面，组建了一支由高等院校、科研院所、基层农技推广部门等构成的大豆病虫害研究"国家队"。实现了在紧密结合生产实际的前提下，对大豆病虫害进行全面、系统、深入的研究。从事农业病虫害研究的科研人员可以充分利用体系平台，组织力量深入研究病虫害发生机理，制定切实可行的病虫害防控技术。同时，通过各区域试验站的展示、示范，不断熟化新成果。对基层农技人员和种植户的科技培训，健全了病虫害治理的推广服务体系，加速了新成果、新技术的转化，为我国产业结构调整及大豆绿色高效生产提供了强有力的技术保障。

本书是在"财政部和农业农村部：国家现代农业产业技术体系""济宁市现代农业大豆产业发展创新团队专项资金"资助下完成的，是对"国家大豆产业技术体系（CARS-04）"及"济宁市现代农业大豆产业发展创新团队"部分研究成果的总结。同时，编者还广泛收集了国内外有关资料，经过数次汇总，于2019年形成初稿，其雏形为《大豆主要病虫草害发生及绿色防控技术宣传手册》。后又经过一年多的补充完善，最后成稿于2021年4月。

本书的编写得到了国家大豆产业技术体系、济宁市农业科学研究院、国家大豆产业技术体系济宁综合试验站、济宁市现代农业产业发展大豆创新团队等有关部门的专家、领导的关心和支持。吉林农业大学史树森教授、南京农业大学李凯教授为本书的撰写提供了部分科学、翔实的资料，这些资料是本书能够顺利完成的强有力的技术支撑。在此，向他们以及相关参考资料的作者致以衷心的感谢！

　　由于本书编写时间紧，更限于编者的水平和能力有限，书中的错误和不当之处在所难免，敬请读者和同行专家给予批评指正。

编　者

2021 年 4 月

目 录

第一章　绪　　论

第一节　农业病虫害发生的基本条件

农作物病虫害是我国的主要农业灾害之一。它具有种类多、影响大、时常暴发成灾的特点，其发生范围和严重程度对我国国民经济，特别是农业生产常造成重大损失。

一、农业病虫害基本概念

病虫害是病害和虫害的并称，二者在大多数情况下是容易区别的，但在某些情况下要准确无误地识别还是不易的。

（一）病害

植物病害是指植物在生物因子或非生物因子的影响下，发生一系列形态、生理和生化上的病理变化，阻碍了正常生长、发育的进程，从而影响人类经济效益的现象。植物病害是植物在病原物的侵害或不适环境条件的影响下生理机能失调、组织结构受到破坏的过程，是寄主植物和病原物的拮抗性共生；其发生和流行是寄主植物和病原物相互作用的结果。农作物和林木的病害大发生，常使国家经济和人民生活遭受严重损失。有些患病作物能引起人畜中毒。一些优质高产品种往往因病害严重而被淘汰。植物病害的发生和流行，除自然因素外，常与大肆开垦植被、盲目猎取生物资源、工业污染以及农业措施不当等人为因素有关。

（二）虫害

"虫害"和"害虫"是不同的两个概念。虫害是由于害虫取食或产卵等行为导致农作物形成较大经济损失的表现形式。害虫是对人类有害的昆虫的通称。从人类自身来讲，就是对人类的生存造成不利影响的昆虫的总称。判定一种昆虫有益还是有害是相当复杂的，常常因时间、地点、数量的不同而不同。人类易把任何同人类竞争的昆虫视为害虫，而实际上只有当它们的数量达到一定量的时候才对人类造成危害。如果植食性昆虫的数量小、密度低，当时或一段时间内对农作物没有影响或影响不大，那么它们不应被当作害虫而采取防治措施。相反，由于它们的少量存在，为天敌提供了食料，可使天敌滞留在这一生境中，增加了生态系统的复杂性和稳定性。在这种情况下，应把这样的"害虫"当作益虫看待。或者由于它们的存在，使危害性更大的害虫不能猖獗，从而对植物有利。当一种昆虫对人类本身或他们的作物和牲畜有害时，就被认为是"害虫"。即使是害虫，也不一定要采取防治措施，特别当防治成本大于危害的损失时。在计算成本时，不但要包括直接成本（如农药、人工等费用），也应包括那些有害农药对环境、人类伤害的代价。

二、农业病害类别及发生条件

（一）农业病害类别

农业病害主要分为侵染性病害和非侵染性病害。侵染性病害是由病原生物侵染所引起的病害，这些病原生物与寄生植物建立寄生关系，具有传染性。非侵染性病害则是由非生物因素（如霜冻、日灼、环境污染、盐碱、农药、缺素等）使作物发生生理障碍所引起的病害，是不具有传染性的，又叫作生理病害。生理病害也会使作物表现出枯斑（常伴随非致病性腐生生物）、黄化、畸形、青枯、腐烂、萎蔫、死株、生长不良等病状。这两类病害易混淆，可依据以下几点进行判别。

1. 发病时间 一般来说，侵染性病害的病程较长，即由病原侵染寄主至表现症状这一过程较长。而非侵染性病害的病程较短，有突发的特点。如冻害、青干、毒害等，往往仅是一个天气过程（几天或一夜）或某一措施后，立即表现病状。所以，突发性病害如果找不到致病的病原物，就可从非侵染性病害方面找原因。当然，非侵染性病害中也有病程较长、显症缓慢的，如缺素、干旱、盐碱、药害等，此类可依据田间分布状态进行鉴别。

2. 发病范围 气流传播的侵染性病害，都有一个由点到面、由少到多、逐步扩大病区范围的过程，常叫作扩散蔓延。而非侵染性病害无此过程，常受特定的地形、地势与周围环境的影响，如洼地易受冻害、化工厂附近易遭有害物质的毒害等。此外，非侵染性病害的发生范围较广，群体病状一致，个体之间受害程度差异较小。

3. 症状特点 一般来说，所有侵染性病害的症状是渐进的、不可逆的。植物得病后，由病原物给寄主造成的症状特征，即使在病原物消失后，也不容易恢复到原来的状态。非侵染性病害所表现的病状是可逆的，在病因消除后，受害植物多可恢复正常状态。如由干旱引起的植株萎蔫，给予补足水分后，植株会恢复正常。当然，这种可逆性的前提是，这些非生物因素对植物的影响与伤害，没有达到使植物细胞原生质变性和细胞组织结构被破坏的程度。一旦细胞原生质变性或细胞组织结构被破坏，如农药刺激等，则这种可逆性也就彻底地丧失。

4. 田间分布 侵染性病害的田间分布，一般情况是病株与健株相混于一田，即病株之间有健株，常呈现随机分布、点状分布、聚集分布等。非侵染性病害多呈现片状分布、带状分布甚至全田分布，病株之间无健株是其特点。

（二）农业病害的发生和流行

在自然界，只要病原、寄主（作物）和环境条件三者并存且相互作用密切配合，就会有农业病害的发生和流行，常称其为病害流行系统。简要地说，农业病害的流行：一是要有致病力强和足够的病原；二是要有广泛种植的感病作物；三是要具备适宜于病害发生和发展的环境条件。

人为活动可以有效地控制病害的发生和流行，即综合防治或系统控制，其重要环节简述如下：一是可以在合理轮作、施肥、深耕改土、中耕除草等方面下功夫，使之有利于作物健壮生长，从而增强作物的抗病和耐病力；二是寄主通过培育抗病品种、调整播期、间复套种等使之不利于病原侵染；三是病原通过植物检疫、清除田间病株残体、消灭中间寄主、药剂防治等予以控制。

三、农业虫害类别及发生条件

（一）农业害虫类别

1. 常发性害虫 指常年发生并对农作物的产量造成较大损失的一类害虫，如褐稻虱、大豆蚜、棉铃虫等。依其危害范围又可分为：普发性害虫，指发生广泛、危害普遍的害虫；局部性害虫，指发生范围较窄，仅在局部危害的害虫。针对这一类害虫应进行重点研究，建立综合防治体系。

2. 偶发性害虫 指在一般年份不会造成较大经济损失，而在个别年份遇到适宜的环境条件，种群数量则暴发，引起经济损害的害虫，如黏虫等。对此类害虫，应加强预警和天敌的保护利用，尽量发挥自然控制作用，避免其暴发危害。

3. 潜在性害虫 指虫口密度常年处于经济允许水平以下波动的害虫，如稻螟蛉等。它们的种群数量通常较低，不会造成经济危害和损失，一般有较稳定的自然控制因素。但是，如果改变耕作制度或人为干扰，导致群落组成变化过大，从而改变农田生态系统的稳定性，则有可能使其变为重要害虫。

4. 迁移性害虫 指具有成群远距离迁移或迁飞能力的害虫，表现为周期性地或偶然性地暴发危害，也属于偶发性害虫，给农作物造成严重损失。这类害虫通常活动性大、繁殖力强，如草地螟、小地老虎等。对此类害虫，应加强虫源地和当地的预测预报与防治工作，有效控制其群体的迁移和危害。

5. 入侵性害虫 指借助于人为因素从异地传入某一地区并建立自然种群的害虫。一般该类害虫进入这一地区时，没有可以与之竞争或者限制其大量繁殖的生物存在，进而导致该害虫大量繁殖，破坏了当地的农业生态平衡，给农业生产及生态带来严重威胁，如美国白蛾、美洲斑潜蝇、稻水象甲等。这种害虫多为检疫性有害生物。

（二）农业虫害的发生和流行

在各类农作物栽培过程中，形成虫害必须具备以下三个条件。

1. 足够的虫源 虫源是形成虫害的基础。在一定的区域范围内，害虫危害能够对农作物造成较大的产量损失，首先必须具有足够数量的虫源。在相同的环境条件下，虫源基数越大，形成虫害的可能性也就越大。

2. 有利的生态环境 这种生态环境主要指适宜害虫生活的温湿度和其他生物因子可供害虫觅食。有较多虫源不一定形成虫害，只有在有利的农田环境条件下，害虫的种群密度才能发展到足以造成危害农作物产量或质量的程度，才可能形成虫害。

3. 适宜的寄主生育阶段 寄主植物是害虫生存和发展的基础，只有田间有充足的可食用的寄主植物，为害虫提供更丰富的食物营养和繁殖场所，害虫的种群数量才能得到快速增长。尤其是当寄主作物的易受害生育期与害虫生长的危害期相吻合时，才最有可能形成严重的虫害。

上述三个条件是农田虫害发生和流行的必要条件，缺一不可。正确认识害虫和虫害之后，才能科学地管理整个农田生态系统，有效抑制害虫种群数量，防止虫害发生。

第二节 农业病虫害防治的原理、途径及原则

农业病虫害防治作为一个完整的应用学科，其防治原理是它的一个重要组成部分，是指导各种病虫害防治的理论基础。农业病虫害防治原理是指人们在长期与病虫害作斗争的过程中总结和概括出来的具有共性和普遍指导意义的防治病虫害的基本规律，并且是与时俱进、不断丰富发展的。

一、农业病虫害防治原理

农业病虫害主要是以生物破坏为主，其对农作物的影响主要体现在破坏农作物根基和农作物本体上。由于农作物生长环境等因素复杂，病虫害的发生较为频繁，也无法避免。但是，可以根据对生物的防治来减少病虫害所造成的危害，保障农作物的正常生长。这也是病虫害防治工作的主要目的。

有害生物对于农作物的生产虽然危害作用居多，但是适当的有害生物也会促进农作物生产质量和生产水平的提高。因此，农业病虫害防治工作的主要原理就是通过生物手段或者化学手段来有效地控制有害生物的数量，使其能够正面地推动农作物质量的提升。虽然生物手段和化学手段能够有效地减弱病虫害

带来的负面影响，但是同样也会给农作物带来一定的危害。所以，对于农业病虫害的防治工作不能够仅仅依靠生物手段和化学手段来控制病虫害，而是要加强以病虫害预防为主的综合防治体系建设，有效地保障农作物的正常生长。

二、农业病虫害防治途径

农业病虫害防治的途径是指实施防治工作的技术路线，由于防治对象类别和性质不同，植物病害和虫害的防治途径是有差异的。将病害和虫害的防治途径笼统归纳在一起，不利于生产上有针对性地制定防治策略和措施。

（一）农业病害防治途径

导致农作物患病的生物病原绝大多数都是真菌、细菌、病毒和植原体等寄生性微生物，在环境条件适宜时寄生在寄主植物上，发展为病害。病原和寄主植物共处一个生态环境，而且病原的专化性都很强，自然界对病原物的控制主要靠微生物的拮抗作用，即微生物对病原物的寄生、竞争等机制。病原物的人工抑制和铲除要比控制害虫、消灭害虫困难得多，患病部位也很难恢复正常生长状态。因此，植物病害的防治应以预防为主。

防治途径：一是改善农作物生长发育条件，主要通过改善水、光、气、热、营养等栽培条件使植物健康生长发育，增强植物抗病能力，阻止或减少寄生性病原侵入植物体而导致病害发生。二是选择抗病品种或增强品种抗性，抵御专化性强的寄生菌侵害，减少病害发生。三是控制病原物，通过防止病原物人为传播而消灭侵染源、阻止病原物侵入、抑制病原物生长繁殖、杀死病原物等措施限制病害侵染、传播蔓延和成灾。

（二）农业虫害的防治途径

植食性昆虫是生物群落中的重要成员，它是捕食性昆虫、食虫鸟类、食虫兽类等食虫动物的主要食物来源。因此，农业虫害的防治就是控制虫害的发生，防止生态失衡。

防治途径：一是控制生物群落的物种组成，阻止害虫的传播入侵，使生物群落内的目的作物免遭害虫危害；同时，可以引进或释放害虫的天敌，增加群落内有益生物的种类和数量，从而控制害虫的危害。二是控制害虫种群数量。生物群落内只有害虫达到一定数量时才能对目的作物造成损失，要采取压低害虫种群基数、恶化害虫生存环境、直接消灭害虫个体的措施控制害虫种群的增长。三是控制害虫危害。由于不同害虫有不同的分布区域和栖息环境，不同害虫取食不同作物或同种作物的不同器官，危害的时期也不同，可通过选择抗虫品种、规避危害时期、危害场所、危害寄主以及种植或设置替代植物、增加种植植物种类等方式，避免和减轻害虫的危害。

（三）农业病虫害防治途径与防治措施的关系

农业病虫害防治措施是指针对防治对象而采取的处理办法，主要包括植物检疫、农业防治、物理机械防治、化学防治和生物防治 5 种。由于农业病害和虫害的防治途径不同，各种防治措施所起到的作用和功能也不同。生产上，应根据防治目的、有害生物类别选择不同的途径与措施。对外来的通过人工传播的危险性病虫害，应实行植物检疫；病虫害未发生前和弱寄生物引起的病害，应以植物栽培技术防治为主；对于专化性很强的病原物引起的病害和食性单一的虫害，应开展抗性育种研究；在害虫种群数量低、生物群落较复杂的条件下和具有拮抗作用的微生物的病害宜采取生物防治；在害虫数量少或局部发生且人力允许时，以及病毒、植原体引起的病害，可采取物理防治；在病虫害大面积发生和通过气流传播的多数真菌病害，应采取化学防治急救。

三、农业病虫害防治原则

（一）遵循生态治理的原则

农业病虫害的治理要遵循生态治理的原则，要充分保证生态环境的稳定性，以便更好地促进环境的发展。在农业病虫害的防治中，设计人员应该从生态环境的总布局考虑，要充分认识到病虫害与环境之间的关系，以便设计出合理的防治方案，进而可以较好地保证生态环境的稳定性。

（二）遵循控制与综合性防治的原则

在农业病虫害的防治过程中，要充分利用自然的条件，如病虫害的天敌等，要以病虫害的预防为主。同时，要运用多种防治措施，要做到植物检疫、生物防治和化学防治等多门技术相结合来对植物病虫害进行综合处理，以便能够对植物病虫害进行合理的控制，进而建设美好的农业环境。

（三）考虑客观和效益的原则

在农业病虫害的防治中，要考虑地域环境问题等客观因素，运用合理的防治手段，以免造成不必要的影响；要遵循减少防治成本的原则，运用最少的投入达到最大化的防治效果；同时，防治措施要避免破坏环境的生态平衡，从而可以达到防治效益的最大化。

第三节　农业病虫害防治的主要措施

农业病虫害防治措施是针对防治对象而采取的处理办法，根据作用原理和应用技术，可分为植物检疫、农业防治、物理机械防治、化学防治和生物防治 5 种。由于病害和虫害的防治途径不同，各种防治措施所起到的作用和功能也不同。生产上，应根据防治目的、有害生物类别选择不同的防治措施。

一、植物检疫

植物检疫指通过科学的方法，运用一些设备、仪器和技术，对携带、调运的植物及植物产品等进行有害生物检疫，并依靠国家制定的法律法规保障实施的行为。植物检疫的目的是防止植物及其产品的危险性病、虫、杂草传播蔓延，保护农业与环境安全。同时，植物检疫是维护贸易信誉的一项基础性、公益性事业。

（一）植物检疫的重要性

1. 有效防止外侵有害生物　一方面，植物检疫可以防止外来危险性生物传入我国，进而避免对我国的农业生产造成威胁。我国农业生产主要存在生产规模小、生产技术相对落后、产量相对低下等问题，为解决以上问题就需要引进优良的品种，但在引种过程中难免发生由于对引进生物的生长状况不了解，而导致有害物种入侵的事件，从而对我国的农业生产造成极大的危害。例如，20 世纪 60 年代，我国将水葫芦作为度荒的青饲料引入，后泛滥成灾，致使我国许多水域中的鱼类由于缺氧窒息而死亡，渔业生产受到威胁。另一方面，植物检疫可以保障我国对外贸易的信用，避免我国的有害生物传播到国外，对国外的农业生产造成困扰。

2. 有助于增加农民收入　植物检疫通过阻止外来物种的竞争，使本国的农业作物正常生长，从而保障农业生产安全。除此之外，在农业生产过程中检疫性有害生物的发生不仅会造成农作物产量的减少、农民收入的下降，而且对检疫性有害生物的防治还会增加农民的生产支出，使农民农业生产的实际收入减少。因此，植物检疫能够在一定程度上降低农民不必要的损失，从而增加农民的收入。

（二）植物检疫的对象

植物检疫的对象是专指那些经国家及其有关检疫部门科学审定，并明文规定要采取检疫措施禁止传入的植物病、虫、杂草等。凡属国内未曾发生或仅局部发生的，一旦传入对本国的主要寄主作物危害较大且目前又难于防治的，以及在自然条件下一般不可能传入而只能随同植物及植物产品，特别是随同种子、苗木等植物繁殖材料的调运而传播蔓延的病、虫、杂草等，应确定为检疫对象。确定的方法是先通过对本国农、林业有重大经济意义的有害生物的危害性进行多方面的科学评价，然后由政府确定正式公布。有些列出统一的名单，在分项的法规中针对某种（或某类）作物加以指定；另外一些是在国际双边协定、贸易合同中具体规定。检疫对象主要包括植物病原性病害、植物虫害以及植物杂草等。

此外，还有许多植物检疫病、虫、杂草等，如番茄环斑病毒、小麦印度腥黑穗病原菌、菜豆象、毒麦、列当属等。这些对象将造成农业作物病虫害的普遍暴发，如不进行检疫所造成的损害将无法估计。

（三）植物检疫处理原则

入境的植物种子、种苗以及感染了国家规定的危险性病虫害的杂草，事先未办理特许审批手续、无有效的除害处理方法及失去使用价值的植物种苗将禁止入境；对入境的危险性植物、植物产品具有有效的除害方法，受感染种子或者种苗材料能够除去，或者通过转港、改变用途、限制使用范围等限制措施达到防疫目的的可以允许入境。对出境的植物、植物产品或者其他检疫物经过检疫发现携带有输入国规定的检疫对象的，如能进行除害处理的可以通过化学或者物理等除害方法进行处理，处理后合格的可以出境，而不能进行除害处理或者处理后仍不合格的将不予出境。

（四）植物检疫处理技术

1. 化学处理　最常用的方法就是利用化学药剂进行熏蒸处理，其优点是使用范围广且高效，其应用范围有木材、苗木、粮食、种子、药材、花卉、标本等产品上的各种有害生物。现阶段，我国植物检疫所使用的化学药剂主要有溴甲烷、磷化氢、硫酰氟和环氧乙烷。前3种均为杀虫剂，最后1种为杀菌剂。在以前的植物检疫处理技术中，熏蒸处理是最有效的化学处理方法。但是，熏蒸处理有许多弊端，如处理时容易受环境条件、理化性能、病虫种类所影响，且熏蒸处理需要长时间操作，化学药剂还污染环境、对人体也有危险。

（1）溴甲烷。溴甲烷是具有很强熏蒸作用的且穿透性强的无色无味液体，能在植物体内迅速扩散。由于杀虫剂具有选择性，药剂对作物无药害，但是对昆虫具有较高毒性，所以可以消灭害虫保护植物。但是，由于使用溴甲烷会对臭氧层造成破坏，所以被欧盟禁用。

（2）磷化氢。磷化氢是一种高毒且可自燃的具有臭鱼气味的无色且需储存于瓶内的压缩气体。吸入磷化氢气体，会对身体器官造成不可逆的影响。磷化氢具有杀虫谱广、穿透力强，且对水果、蔬菜和花卉的损伤性小、生产成本低等特点，在检疫处理上有较好的应用前景。

（3）硫酰氟。硫酰氟是一种无色无味的气体。此药剂具有扩散快、杀虫谱广、用药少且残留少、使用方便和低毒等特点。可应用于熏蒸园林害虫、蛀干害虫。

2. 物理处理

（1）低温处理。在水果和蔬菜上应用较多，是防治实蝇类害虫应用较多的方法。低温处理容易使热带、亚热带水果引起冻害，所以低温处理适用于温带水果。但是，低温处理也同样存在消耗时间长的弊端。

（2）热处理。热处理是现阶段应用较广泛的物理处理方法。这种方法可以处理水果蔬菜及饲料等产品，具有高效、迅速、对环境友好、不危害人体安全等优点。具体方法有热蒸汽处理、热水处理、干热处理等。

（3）微波处理。把植物的种子摊开在微波炉载物盘上，开机进行杀虫处理，这就是微波处理。微波处理具有高效、安全、环保、无残留等优点。因其杀灭有害生物的效果显著，如今备受关注。微波处理的杀菌原理是由热效应和非热效应共同影响。微波处理广泛应用于仓储害虫除害、竹材料的杀虫防霉等方面。但应注意微波处理的时间会对种子的发芽率产生影响。

（4）辐照处理。辐照处理是原子能和平利用技术的一部分，受到越来越多的国家和国际组织的关注，现有 40 多个国家批准了 100 多种辐照食品。辐照处理相对熏蒸处理具有安全可靠、操作方便、无污染、经济适用等优点。目前，美国是唯一有辐照检疫处理商业化的国家，应用的是 X 射线辐照设施，该技术具有成本低、效益高、安全性强等优点。

（5）高低压处理。该技术是结合熏蒸剂应用的一种物理处理方法，即借助增减二氧化碳的气压对一些粮食作物进行除虫处理，原理是利用高压状态下突然减压造成物体的膨胀。当稻谷放进处理槽后，通入二氧化碳，这样二氧化碳就会渗透到谷粒中，将压强升高到 3 兆帕，数分钟后突然减压，此时大多害虫就会因身体膨胀破裂而死。

二、农业防治

农业防治指在不减损作物应有产量的前提下，改变人力能够控制的诸多因素，使害虫的虫口密度保持在经济危害水平以下。农业防治是从农业生态系统的总体观念出发，以作物增产为中心，通过有意识地运用各种栽培技术措施，创造有利于农业作物生产和天敌发展、不利于害虫发生的条件，把害虫控制在经济损失允许密度以下。农业防治对害虫的防治作用十分明显，它采用的各种措施除直接杀灭害虫外，主要是恶化害虫的营养条件和生态环境，调节益虫和害虫的比例，达到压低虫源基数、抑制其繁殖或使其生存率下降的目的。

（一）农业防治的重要性

农业防治的理论依据是从病虫、作物、环境条件的复杂关系中抓住关键，有目的地通过农业技术措施，创造对病虫发生繁殖不利而对作物生长发育有利的条件，直接或间接地消灭或抑制病虫的发生和危害。实践证明，在绝大多数情况下，农业防治措施同高产栽培措施是一致的，具有经济有效、安全低碳、生态环保、保护环境、减少污染等优点。农业防治包括栽培制度、管理技术措施等。实行轮作换茬、合理布局品种、适时中耕松土、合理施肥、科学灌水、清洁田园、除去杂草等，可以减轻许多病虫的发生和危害。因此，农业防治在作物病虫害防治中非常重要。

（二）农业防治的基本原理

病虫害的发生与消长与外界环境条件密切相关。农业病害虫是以农作物为中心的生态系中的一个组成部分，因此，农田环境中其他组成部分的变动都会直接或间接影响农业病虫害的发生与消长。环境条件对害虫不利就可以抑制害虫的发生，避免或减轻虫害；相反，就会增加虫害。人们的农事活动，对病虫的发生和繁殖危害起着决定性的作用。某些耕作栽培措施的改变，可以抑制某些病虫害的发生。例如，改造低产田、增加土壤肥力、使作物生长健壮，就能抵抗一些病虫害的发生。相反，肥料施用不当，特别是氮肥施用过多，造成植物旺长、贪青迟熟，一般会加重病虫害。密植能增产，过度密植就会影响田间小气候的改善，造成郁闭，加重病虫害的发生。各种农业防治措施对害虫发生的影响是不一样的，每一项具体措施对害虫种群消长的作用大小，往往受到多种条件的限制。因此，在生产实践中，必须全面分析各项措施的优缺点，并与其他防治方法进行协调，才有可能收到显著的效果。

（三）农业防治的主要措施

1. 栽培制度 科学的栽培制度包括轮作、间作、套作、作物布局等方面的措施。

（1）水旱轮作。水旱轮作对迁移力小、食性单一的害虫，可恶化其食料条件；对长期生活在土壤中的地下害虫，有明显的抑制作用；对由土壤传播的旱作物病害，如棉花枯萎病、花生青枯病、甘薯瘟等都有很好的防治效果。

（2）间作和套作。间、套作能直接影响病虫害的危害程度。以麦棉套作为例，小麦上的瓢虫可以直接迁移到棉苗上捕食蚜虫，控制蚜虫的繁殖危害；棉田间种少量玉米、高粱，可以诱集玉米螟、棉铃虫集中产卵，便于集中消灭，减少化学农药的用量。

（3）合理密植。合理密植能保证作物具有适当的单株营养面积和较好的通风透光条件，促使植株生长健壮，增强植株抗病虫害的能力，产量也能相应提高，病虫危害的损失率相对降低。水稻的合理密植，还能缩短分蘖期，使抽穗整齐，减少水稻螟虫危害的机会。

（4）科学播种。害虫危害与作物生育期有密切的关系。害虫取食表现出明显的阶段性，即在作物生长的某一阶段的特别喜好，常进行大量的产卵繁殖，而有些生育阶段极少危害甚至不取食。对于一年生作物，特别是生长季节短的作物，通过调节播种期可减轻受害。如玉米或高粱晚播可减轻玉米螟的产卵量和幼虫的危害；高粱早播可减轻高粱瘿蚊的危害；晚稻早插可减轻稻瘿蚊的危害。

2. 加强田间管理 田间管理是农作物从种到收的各个生产环节，综合运用各种增产措施，可改善作物的营养条件，促进作物的健壮生长发育，提高抗病虫的能力，减少病虫危害的损失，从而达到高产稳产的目的。

（1）中耕松土。适时中耕松土，可以改善土壤的通气条件，调节地温，不仅有利于作物的根系发育，还能抑制某些病虫的发生和直接消灭土壤中的害虫。例如，通过及时中耕培土，可以防止晚疫病侵染地下马铃薯块茎；麦田适时中耕松土，可以消灭土块缝隙中的蜘蛛；棉田适时中耕松土，可以杀伤土壤中的棉铃虫蛹，减少对棉桃的危害。

（2）清洁田园。消除田间杂草可以改变病虫的寄生环境，恶化病虫的生存条件和直接消灭部分病虫。清除作物在田间的残株、枯枝、落叶、落果等，能消灭潜藏在其中的病虫。

（3）肥水管理。肥水管理失调是作物生长发育不良、诱致病虫危害的重要原因。一般肥水过多、田间湿度过大，则枝叶徒长、组织柔嫩、叶色浓绿，往往极易引起许多病虫的发生和危害，如水稻白叶枯病、稻瘟病、纹枯病、稻飞虱、叶蝉和螟虫等。排水不良、地下水温高、田间湿度大，对小麦赤霉病和马铃薯晚疫病的发生极为有利。因此，合理排灌，适时适量施肥，氮肥、磷肥、钾肥合理配比，有利于作物的生长发育，增强植株的抗病虫能力。此外，适时间苗定苗，拔除病苗、弱苗，及时整枝打杈，对病虫的防治都有一定的作用。

3. 冬季翻耕 越冬关是病虫害防治的关口，把好这一关，翌年病虫害的发生基数就会大大减少。冬耕在前茬作物收获后就要抓紧进行。冬耕不仅能改善土壤理化性状，创造适于农作物生长的环境条件，提高农作物抗病虫害的能力，还可改变土壤的生态条件，恶化害虫赖以越冬的场所。冬耕可将土中的害虫翻到土表，使之充分暴露在不适的气候之中，增加害虫的死亡率；将部分病原和害虫翻入土壤深层，使之不能出土而死亡；还可通过农机具损伤部分害虫，并破坏土壤越冬害虫的巢穴、蛹室，增加其死亡率。

4. 种植抗病虫的品种 抗病虫品种可以压低某些虫害的发生率，保护和释放天敌，害虫就会受到控制，危害程度就会下降。种植抗病虫品种是最经济有效又环保的措施之一。对采用化学防治比较困难或还没有很好的防治方法的虫害，更有积极意义。

5. 作物诱集 农作物的许多害虫，其成虫都具有趋黄性和趋味性，利用害虫的这些特性采取相应的方法进行诱蛾，即可聚而歼之，将其消灭在产卵危害之前。既可消灭害虫、保护天敌，又可减少污染、避免人畜中毒。1代棉铃虫有趋向玉米顶花产卵的特性，卵孵后2代幼虫3龄前仍集中于玉米雄穗上，可轻轻弯下玉米雄穗，让幼虫纷纷落入器具中，集中田外埋杀；小地老虎和斜纹夜蛾等成虫具有极强的趋味性，对酸、甜味很敏感，利用这一特性可配制糖醋毒浆诱杀；黏虫喜欢在黄色枯草上产卵，利用这一特性可将虫蛾诱集到草把上产卵，将草把搜集并烧毁；二斑叶螨越冬前，在根颈处覆草，翌年3月上旬将杂草收集烧毁，可大大降低越冬基数。

三、物理机械防治

物理机械防治即采用物理的方法消灭害虫或改变其物理环境，创造对害虫有害或阻隔其侵入的一种方法；应用各种物理因子如光、电、色、温度等，以及机械设备来防治害虫的方法。

（一）物理机械防治的特点

物理机械防治的理论基础是人们在充分掌握害虫对环境条件中的各种物理因子如光照、颜色、温度等的反应和要求之后，利用这些特点来诱集和消灭害虫。该法简便易行、成本较低、不污染环境、收效迅速，可直接把害虫消灭在大发生之前；或在某些情况下，作为大发生时的急救措施，可起到灭绝作用。

（二）物理机械防治的主要措施

1. 捕捉法

（1）器械捕杀。根据害虫的生活习性进行捕杀。如用铁丝钩捕树中的天牛幼虫；用拍板和稻梳捕杀稻蝶；用黏虫兜捕杀黏虫。

（2）人工捕捉。主要是根据某些害虫有活动集中、产卵集中、初孵幼虫集中取食的习性，结合田间管理，可摘除卵块和初孵幼虫群集的叶片，从而降低虫口密度。例如，甜菜夜蛾的卵块集中产在叶背，上有白色鳞毛，极易识别，且初孵幼虫都集中在叶背取食；二十八星瓢虫有假死性，可于 10:00 前至 16:00 后捕捉。

2. 诱集与诱杀 利用害虫的趋性或是其他生活习性，设计诱集，加以处理，或加入杀虫剂诱杀害虫。

（1）灯光诱杀。灯光诱杀是我国农业生产中具有悠久历史、行之有效的防治害虫的措施。它是利用害虫对光的趋性，人为设计不同的灯光诱杀害虫。大多数害虫的视觉神经对波长 330～400 纳米的紫外线特别敏感，具有较好的趋光性。灯光诱杀效果很好，可诱杀多种害虫，以鳞翅目害虫最多。

① 黑光灯。它是专门用于诱集农业害虫而设计的一类灯具。它主要发出的是近紫外线，发光效率比较高。因此，黑光灯在夜间诱捕害虫的功效远远高于其他灯具。对大多数害虫来说，黑光灯的引诱效果比日光灯好，蓝光灯的引诱效果比红光灯好。据研究，许多夜间趋光的昆虫对波长为 365 纳米左右的光波有最强的趋性。在黑光灯的光谱中，365 纳米的波长相当丰富，故诱虫力最强，可以诱到水稻螟虫、稻飞虱、稻叶蝉、稻纵卷叶螟、棉铃虫、红铃虫、金刚钻、卷叶虫、地老虎、斜纹夜蛾、蝼蛄、玉米螟、金龟子、天牛、松毛虫等各种趋光性害虫近 300 种，其中主要是鳞翅目害虫。

② 频振式杀虫灯。颇具代表性的是佳多频振式杀虫灯，它利用昆虫小眼

视柱周围色素对光具有趋性和昆虫不断释放性激素的原理，通过技术手段控制，使天然性激素引诱得到充分的利用，加上频振电波技术对生物的作用，从而解决了不同波段对昆虫有种类选择的干扰。其可诱杀棉花、水稻、小麦、杂粮、豆类、蔬菜、仓储、果树、烟草等多种作物上的 1 270 多种害虫。

（2）食饵诱杀。

① 毒饵诱杀。耕作定植前，地下害虫无食期，取 90％ 敌百虫晶体 0.25 千克，加少量水，拌豆饼或麦麸 50 千克，于闷热无雨的傍晚，每亩*用 2～4 千克撒施，连用 2～3 天，可大量杀死地老虎、蝼蛄等。

② 糖醋液诱杀。取糖醋液（糖∶酒∶醋∶水＝6∶1∶3∶10）适量、装入广口容器中，为保障诱杀效果可加入少许 90％ 敌百虫晶体，放于田间，可诱杀甘蓝夜蛾、地老虎等成虫。此外，还可以用苍蝇纸诱杀潜叶蝇。

③ 潜所诱杀。利用害虫的某种习性，制造各种适宜的场所，引诱害虫潜伏或越冬，加以消灭。在东北，将高粱秸、玉米秸每五六捆架成三脚架，或以约 70 厘米长的谷草扎紧一端成 6～10 厘米粗的草把，引诱黏虫蛾子来潜伏，清晨检查消灭。将长约 60 厘米、直径约 1 厘米的半枯萎杨柳枝、榆树枝按每 10 枝捆成一束，基部一端绑一根木棍，每亩插 5～10 把枝条，并蘸 90％ 敌百虫 300 倍液，可诱杀烟青虫、棉铃虫、黏虫、斜纹夜蛾、银纹夜蛾。

④ 作物诱集。利用害虫最喜欢的植物栽在田间小块土地上，引诱害虫群集取食或集中产卵时，加以消灭。

⑤ 性诱杀。一头成虫分泌的性外激素仅 0.005～1 微克，但却能将方圆 50～100 米内甚至更远的绝大多数异性昆虫吸引过来。利用性激素的特异性，诱杀同种异性昆虫和其他有亲缘关系的种类，在防治上能杀灭害虫而保护天敌。另外，将性外激素与黏胶、毒饵、杀虫剂、化学药剂、黑光灯等结合使用，均可大量诱杀害虫。

3. 阻隔法　根据害虫的生活习性，设置各种障碍物，防止害虫危害或阻隔害虫蔓延，便于消灭。

（1）粮面压盖。粮面覆盖草木灰、糠壳或惰性粉等，阻止害虫侵入危害。

（2）掘沟阻杀。掘沟可以阻止蝗蝻、黏虫的蔓延或迁移，并便于集中歼灭。

（3）防虫网。可以阻止害虫的侵入，从源头防治害虫。

（4）银灰膜避蚜。播种或定植前，在田间铺设银灰膜条，可有效避免有翅蚜迁入。

4. 温度的应用　持续高温能使昆虫体内蛋白质变性失活，破坏酶系统而

---

*　亩为非法定计量单位，1 亩＝1/15 公顷。

使有机体的生理功能紊乱最终导致死亡；持续低温使昆虫的生理代谢活动下降，体内组织液冷却结冰而逐渐丧失存活能力；热水处理可防治昆虫、线虫及螨类。

（1）日光暴晒。粮食充分干燥，避免储藏期间害虫的繁盛和危害，夏季太阳直射下温度可达 50 ℃左右，几乎对所有储粮害虫都有致死作用。

（2）烘烧杀虫。粮食一般可以利用烘干机加热，在 50 ℃下经 30 分钟或 60 ℃下经 10 分钟的烘干处理，即能杀死储粮害虫。

（3）蒸汽杀虫。感染储粮害虫的各种器材和仓库用具，可根据器材、用具的质料应用蒸汽消灭害虫。根据广东省的经验，用温度为 90 ℃的蒸汽处理，10～20 分钟可杀死各种储粮害虫。

（4）沸水杀虫。对于豌豆种子和蚕豆种子中的豌豆象和蚕豆象，可以用沸水处理，烫种时间豌豆是 25 秒，蚕豆是 30 秒，及时取出，并在冷水中浸过，再摊开晾干，可将豆象全部杀死而不影响种子的品质和发芽。

（5）低温杀虫。通常仓温在 3～10 ℃范围内，对一般危害储粮的害虫或螨虫类，都有抑制繁殖和减低危害活动的作用。在北方的冬季，可以利用低温杀死粮食、包装器材、仓储用具中的害虫，如将粮食在仓外薄摊，或将器材用具搬出仓外，或打开门窗，都能收到良好的杀虫效果。长时间的仓内冷冻，要求保持在－5 ℃以下的低温。

5. 气调法　气调储藏是指通过改变储藏环境中的气体成分来防治害虫的新技术。包括 CO_2 储粮、沼气储粮、CO 储粮、减压储粮、降氧储粮等。当 CO_2 浓度高于 20％或 O_2 浓度低于 3％时，均能使害虫致死。气调作用下，害虫交配次数减少，产卵量下降，产卵历期缩短，发育历期延长，后代发生畸变。

6. 微波法　微波可以在介质内部产生高温，从而达到杀虫的目的，它对害虫的各种虫态均有较好的防效。如用红外线烘烤防治竹蠹；把微波用于大面积田间处理可杀死土壤害虫；将载有一定静电量的液滴喷在蚜虫的身上，蚜虫身上的带电液滴将会在虫体上放电，电流首先击穿蚜虫的体表至其内部杀死其体内细胞，使蚜虫立即死亡。

四、化学防治

化学防治指利用化学农药防治病虫害发生发展的方法，是农作物病虫害防治的一项重要措施，具有高效、快速、方便、适用面积大等优点，在过去 50 多年采用化学杀虫剂防治病虫害取得了显著的成就。

（一）化学防治的优缺点

化学防治是利用化学药剂最快速和最有效地杀死病原体和害虫的防治方

法，尤其是当病虫害大量集中暴发时，化学防治是最简单、快捷的防治手段。化学防治可以针对不同的病虫害选择使用不同的化学药剂，并且运用不同的使用方法，快速地消灭或减少病虫害。但是，化学防治同样具有很大的缺点和危害，大量使用农药会使害虫经过长期的自然选择产生抗药性，其农药防治效果会降低；长时间地使用化学农药会杀死天敌，破坏生态平衡，病虫害会更加猖獗，同时会使次要病虫害上升为主要病虫害；长期大量地使用化学农药会污染环境，农药残留物超标会对人、畜等的健康造成危害。

（二）合理使用化学农药

1. 加强病虫害的监测预报工作 首先是要了解农作物种类、主要病虫、次要病虫、天敌组成特点等；其次是根据害虫系统监测与田间调查，时刻监测预报病虫害发生的种类和特点，在病虫害防治初期做好调查，以确定最佳的防治时期，合理选择专一性农药进行化学防治。

2. 使用专一性的农药 在使用农药之前，要根据病虫害的监测情况，准确判断病虫害的种类和特点，选择专一性的化学农药，对症下药。如防治咀嚼式口器害虫可选用具有胃毒或触杀作用的农药，防治刺吸式口器害虫可选用具有内吸作用的农药；合理使用有机磷、氨基甲酸酯类、菊酯类农药，在防治病虫害的同时又可以避免次要病虫害上升为主要病虫害。不能为了快速消灭病虫害而使用高毒、高残留、"三致"毒性的农药品种，如甲胺磷、甲基对硫磷、对硫磷、久效磷、磷胺等高毒农药。使用专一性农药可以防止因为错用农药而延误防治时期，避免造成不必要的损失，并且对于培育健康、绿色的农作物品种十分重要。

3. 选择合适的剂量和浓度 化学农药的使用应该符合一定的浓度标准，即根据病虫害发生情况进行科学配置；如果农药剂量和浓度过高，会造成农作物上残留物增加，造成大量浪费和污染；但是，若农药的剂量或浓度偏低，则对于病虫害防治没有很好的效果。同时，还要根据天气情况、温度等条件适当调整浓度。

4. 选择合适的施药时间和正确的用药方法 适时正确施药可以减少喷药次数，降低化学农药的使用率，提高病虫害防治的效率，并且还可以减少对天敌和有益微生物的伤害，维持生态平衡。合适的施药时间应是在病虫害生活中的薄弱环节和尚未造成严重危害时，而且天敌应处在较少或不活动期。很多害虫的防治关键期是在卵孵化盛期。抓住这些防治关键期用药防治1～2次即可基本控制病虫危害，发生严重时，应在第1次喷药15～20天后进行第2次喷药；雨季喷药时，药水中应加入0.3%明胶（或豆汁、豆浆），防止药液被冲洗。同时根据天气情况，选择适宜的施药时间，提高防治效果。施药方法同样十分重要，一般使用机械带动的喷施设备及液压式、气压式和熏蒸施药方式。

根据病虫害的特点选择不同的施药方法，如内吸性杀虫剂喷洒叶面残留期较短，对土壤和根茎处理时间则长；对地下害虫，可采用药剂拌种或毒饵法；对作物叶茎部病虫害用低容量喷雾的方法。在喷洒农药时，要注意提高农药的湿展性能，如乳油、油剂在植株上的黏附力较强，而水剂、可湿性粉剂的黏附力较差。在一些除草剂中，加入适量的硫酸铵，可提高展着能力。

5. 科学地轮换用药和混合用药 同一种农药在同茬作物上使用过多，会造成对该药的一种抗性，其病虫害防治效果降低。因此，不要对一种病虫害长期使用同一种药剂，可轮换使用不同的药剂，或将几种可混合的药剂混配在一起使用，以提高病虫害的防治效果。

（1）科学地轮换用药。了解不同药剂的成分和功效，根据实际病虫害的发生交替使用，可避免产生抗性，提高防治效果。了解不同农药的成分，科学地轮换用药可以提高防治效果、降低和延缓抗性产生。一般同一种药剂在一茬农作物上不能连续使用3次以上。

（2）科学地混合用药。混合用药防治效果比单一使用效果好，防止病虫产生抗药性，提高防治效果。根据实际需要合理混用农药，把2～3种不同作用的农药混合使用，配成复合制剂，可以扩大防治对象，做到一药多治，减少施药次数，提高防治效果。例如，同期内发生某种病害和虫害，选择可混用的杀虫剂和杀菌剂混喷，可提高防治效果。混用的前提是混合后无物理及化学上的不良现象，如降低药效、产生沉淀等。

五、生物防治

生物防治是利用生物或其代谢产物来控制有害动、植物种群或减轻其危害程度的方法。传统的生物防治主要包括利用病原微生物和天敌动物进行防治，现代生物防治的含义有了较大的扩展，还包括昆虫不育、昆虫激素和寄主抗性等方面。

（一）生物防治的原理

生物防治是生态学领域的一个应用学科分支。自然界中，某个特定生物种群的数量在没有剧烈的环境条件变化时，其种群数量总是在某一平均水平上下波动。并且，每个物种都占有一定的地位，在生态系统中维持相对平衡。作物病虫害的暴发实际上是打破生物间生态平衡的后果，虽然可以使用化学农药直接、迅速地消灭病原菌或害虫，但同时也消灭了环境中的天敌和其他有益微生物，形成一个暂时的"生物真空"状态，使得新的、危害性及适应性更强的病虫占领空间，暴发新的、危害性更大的病虫害。而生物防治是基于生态平衡的原理，引进有益生物基因或基因产物，达到稳定、有效地防治靶标病虫的目的。

（二）生物防治的重要性

生物防治有很多优越性，如具有预防作用，有的能够长期控制病虫害，对人畜安全，不污染环境，对植物及其他天敌无不良影响，不干扰其他防治措施。生物防治是利用天敌控制害虫，进而保持害虫与天敌的相对平衡，减少害虫的大量发生，是贯彻以防为主的必要措施。利用天敌防治害虫能长期有效地控制害虫，并通过传播和繁殖扩大受益面积。

从植物保护的角度看，有害生物危害和化学农药不合理使用是制约农业可持续发展的两大因素。虽然生物防治的效果最初可能没有化学农药那么有效、快速，但其具有稳定、经济、长效和相对安全的特点，在现代农业可持续发展道路上发挥着越来越重要的作用，成为防治病、虫、草害的重要手段之一，起到了除害增产、保护生态平衡、减轻环境污染、降低成本等作用。近年来，随着科学技术的不断进步，防治有害生物的新技术得到了很大的发展。特别是近年来通过基因工程技术扩大或增强有益生物等新技术的发展，更为生物防治增添了新内容，也为农业可持续发展提供了更可靠的理论和技术基础。

（三）生物防治的主要措施

1. 生物防治病害 主要利用抗生素、病毒制剂、病原微生物或寄生物等防治农作物病害。抗生素是抗生菌所分泌的某种特殊物质，可以抑制、杀伤甚至分解其他有害微生物。例如，用武夷菌素水剂防治瓜类白粉病、番茄叶霉病、黄瓜黑星病、韭菜灰霉病；用农用链霉素和新植霉素防治蔬菜、烟草等作物的细菌性病害；宁南霉素对蔬菜白粉病、病毒病表现出明显或较好的防治效果。

2. 生物防治虫害

（1）以虫治虫。利用自然界害虫的天敌防治虫害的方法。首先要注意保护害虫的自然天敌，提高天敌对害虫的抑制作用，尽量创造有利于害虫天敌生存的条件，或者采取人工大量饲养繁殖和释放害虫天敌，以增加天敌的数量，抑制虫害的发生。例如，赤眼蜂寄生虫卵，在害虫产卵盛期放蜂，可防治棉铃虫、烟青虫、菜青虫。

（2）以菌治虫。利用害虫的致病微生物来防治害虫，其致病微生物包括真菌、细菌、病毒等多种类群。以菌治虫是一种十分安全的防治手段，对人、畜、农作物和微生物都没有危害，有利于维持生态平衡，且防治效果非常好。例如，利用苏云金牙孢杆菌（Bt）制剂防治菜粉蝶、甘蓝夜蛾、小菜蛾、稻纵卷叶螟等多种鳞翅目害虫；用白僵菌防治鳞翅目害虫；用木霉菌制剂防治蔬菜灰霉病具有很好的效果。

（3）以抗生素治虫。抗生素是由细菌、真菌、放线菌或高等动植物在生活过程中所产生的具有抗病原体或其他活性的一类次级代谢产物，能干扰其他生物细胞发育功能的化学物质。目前，利用抗生素防治虫害也是一种十分有效的方法。例如，使用阿维菌素防治小菜蛾、菜青虫、斑潜蝇等；用核型多角体病毒、颗粒体病毒防治菜青虫、斜纹夜蛾、棉铃虫等。

（4）以植物源农药治虫。植物源农药就是直接利用植物体内能防病和杀虫的活性物质制成的农药。包括植物毒素，如烟碱等；植物源昆虫激素，具有抗昆虫保幼激素功能；拒食剂，如印楝素可阻止昆虫取食等活性物质。例如，使用哈次木霉 T39 防治黄瓜灰霉病、番茄灰霉病和葡萄灰霉病以及菌核病、叶霉病、霜霉病、白粉病等叶部病害；使用印楝素制剂、鱼藤酮或苦参碱防治菜青虫、蚜虫、螨类等。

（5）利用各种有益动物防治害虫。除了寄生性和捕食性的昆虫天敌外，用于防治农业害虫的还有其他动物，主要是捕食性节肢动物和食虫的脊椎动物。鸟类天敌有啄木鸟、灰喜鹊、山雀等，它们可以捕食不同虫态的害虫。节肢动物除了捕食性天敌的螳螂、瓢虫外，还有螨类和蜘蛛。

第四节　大豆主要病虫害及防控策略

大豆生产中除了温度、降水、光照及雹灾等自然因素对产量和品质有影响外，病虫害是另一个重要的影响因素。从某种意义上讲，人们对高温、干旱、涝灾、低温冷害等自然因素的抵御能力极其有限，尤其在北方旱作大豆产区，大豆生产对自然灾害的缓冲能力不强，但对于病虫灾害的防御和抵抗方面可控性要强得多。因此，农业生产中更应当加强这方面的管理能力，以达到最大限度地减少病虫所造成的危害及损失，来获得更高的产量和优良的品质。

一、大豆主要病虫害

迄今为止，已有报道的大豆病害 30 余种，病原主要包括真菌、细菌、线虫和病毒等，其中以真菌病害为主。按危害部位，这些病害可分为根部病害、茎部病害、叶部病害和荚粒病害等。常见的大豆病害包括大豆花叶病毒病、大豆孢囊线虫、大豆根腐病、大豆疫霉根腐病、菌核病、炭疽病、霜霉病、灰斑病、褐纹病、黑斑病、锈病、白粉病、细菌性斑点病、细菌性斑疹病和细菌性角斑病等。

田间取食大豆的昆虫和螨类多达 240 种，对大豆造成危害的害虫有 30 余种。在这些害虫中，根据危害部位及危害方式，可分为地下害虫、钻蛀害虫、食叶害虫和刺吸害虫。主要有蛴螬、地老虎、金针虫、豆秆黑潜蝇、大豆蚜、大豆食心虫、豆荚螟、豆卜馍夜蛾、豆小卷叶蛾、二条叶甲、豆芫菁、豆荚野螟、豆卷叶野螟、大造桥虫、银纹夜蛾、斑缘豆粉蝶、蓝灰蝶和白雪灯蛾等。

大豆整个生育期均可遭受病虫害的危害,但各大豆产区因地域和种植制度不同,主要种类也存在差异。由于大豆的补偿能力较强,能使大豆造成较大经济损失的病虫害,在各产区不过 8～10 种。病虫害的发生与危害程度与大豆产地的气候、土壤特点、轮作体系、管理技术及种植品种特性关系较大,即与病虫源、品种抗性和环境条件这 3 个要素密切相关。因此,在生产上要针对当地的这些特点,有针对性地开展系统的防御和控制。

二、大豆主要病害发生特点和防控策略

大豆病害防控策略要紧紧围绕病源、品种抗性和环境条件这 3 个要素来进行。在大豆产区,尤其是主产区,由于种植历史悠久、连作普遍,常发生的和主要的病害病原菌在土壤和地表的病残体中长期存活,一般的病害基本每年都有发生,遇到适宜气候就会发生严重并造成较重的损失。大豆病害与温度、湿度及降雨的关系极为密切,由于气候不容易控制,就要从减少病原菌、提高大豆品种的抗病能力入手,配合种植管理来调整田间小气候。以此来制定病害的防控策略,达到可持续、综合控制病害的目的。第一,减少病原菌。包括减少土壤中病原菌、种子带菌、病残体残留病原菌等。土壤中病原菌和病残体残留病原菌可以通过耕翻土壤、与非寄主作物轮作或间作等方式进行控制,叶部和全株病害严重地块可在收获后及时清理病株和残体,再进行翻埋病株。种子病原菌控制可以在选种上下功夫,通过种植前进行药剂拌种来控制。第二,控制田间小气候,主要目的是降低土壤湿度和遇涝排水,采用的策略包括选择适当的种植密度,不要过密;当田间降雨多时,及时排涝。第三,加强抗病品种培育。大豆病害中的孢囊线虫病、灰斑病及病毒病利用抗性控制病害的效果较明显,在病害重病区,一定要种植抗病品种。但不同的病害由于病原特点,决定了防控技术的差异。因此,对于不同的病害要有针对性地采用相应的策略。

大豆病害的综合控制策略主要包括注意选择无病种子、留种田要选无病的地块、尽量轮作或 2 年连作、结合种植技术进行耕翻土壤以减少病源、施肥管理到位、培育壮苗、加强田间管理;除根部病害外,叶部和成株发生病害要及时喷施药剂,密切注意天气,防止再次侵染。

三、大豆主要虫害发生特点和防控策略

大豆虫害的发生程度也由虫源、品种抗性和环境条件这 3 个因素决定。但与病害不同的是,害虫的发生时段性强,可造成危害的种类不像病害那样多。因此,抗虫品种应用不太普遍,田间害虫出现的种类较多,但可造成危害的很少。害虫大发生多与气候关系密切,如干旱条件下蚜虫发生严重、土壤湿度大时食心虫发生量大。也有具有突发性和暴发性的害虫,以及由外地迁飞来的虫

源。大豆害虫控制策略的制定也要从减少虫源、利用抗虫品种和改变环境条件这 3 个方面出发，积极主动地进行可持续性和综合防治。由于大豆补偿能力强及品种资源丰富，加之田间害虫天敌种类及数量较多，因此，防治大豆害虫时应尽可能发挥其自然控制的力量，在不得不进行防治时，必须综合大豆生理上的补偿能力变化来确定防治指标，选用对天敌杀伤力小的生物农药和具有选择性的化学农药。

虫源控制：田间害虫的虫源有很大一部分来自豆田和路边的杂草，有的杂草是害虫的转主寄主。所以，及时铲除田间和路边杂草对于控制害虫非常重要，如草地螟、黄条跳甲、大豆蚜虫的发生都与路边杂草有关。大豆连作会导致害虫在土壤中积累虫源，如蛴螬、地老虎等地下害虫以及根蛇潜蝇、食心虫等。所以，减少连作年限和实行轮作可有效地控制害虫。由于土壤中有越冬虫源，秋季及时耕翻也可有效地减少虫源。

环境控制：针对有些害虫在土壤中越冬、早春气温影响害虫密度、大豆早播成虫密度大的特点，可采用适时晚播。控制大豆食心虫则采用 7～8 月中耕培土，可堵塞羽化孔，使成虫不能出土。

药剂防治：对于害虫的控制还要根据天气做好虫情预报，以指导田间害虫防治。根据害虫发展态势和气候制定防治策略，不能引起经济损失的害虫不必见虫就施药，但对于蚜虫和红蜘蛛要及时防治，将害虫控制在点片阶段。施药时要注意保护天敌。药剂的选择要有针对性，根据害虫的特点施药，如控制蚜虫、蓟马和红蜘蛛等刺吸式口器的害虫要用内吸型药剂，控制食叶性害虫要选用胃毒剂或触杀剂。对于突发性的害虫用药要及时，最好在暴食期之前施药。地下害虫采用药剂拌种或颗粒剂防治。

四、结合种植技术进行病虫害联防

从大豆病虫害的发生特点看，二者具有极其相似的特点。因此，生产上应提倡结合大豆种植技术进行病虫害联合防控。主要技术包括选用抗性品种，各种植区根据当地重要的病害或虫害进行选择；实行轮作，这是控制病虫害的重要手段；应用耕翻技术，可有效地减少病虫源；药剂控制要针对性强、及时。

第二章　主要根部病害防控措施

第一节　疫霉根腐病

大豆疫霉根腐病（Soybean phytophthora root rot）是一种世界性大豆病害，也是大田作物中唯一危害严重的疫霉病害。1948 年首次在美国印第安纳州发现，随后在澳大利亚、加拿大、巴西、阿根廷、日本、意大利、新加坡、俄罗斯、白俄罗斯、乌克兰、哈萨克斯坦、匈牙利、德国、英国、法国、瑞士、新西兰、埃及、尼日利亚、印度、中国和朝鲜等国家有病发报道。该病迅速成为一种在全世界蔓延的大豆病害。目前，该病在美国流行面积最大，危害最为严重。在美国中北部大豆产区，41%～57%的大豆被大豆疫霉根腐病原菌所侵害。

一、危害症状

大豆疫霉根腐病可引起种子腐烂、出苗前腐坏、出苗后枯萎或生长发育的其他时期植株生活力下降并逐渐死亡。大豆在整个生育期均可感染大豆疫霉根腐病，尤以苗期最易感病。感病品种萌发期被侵染，下胚轴和根部出现水渍状，最初为红色，后逐渐转为褐色并发生缢缩，最后变为黑褐色，子叶不张开；严重时，出土前就失去活力，枯萎腐烂。幼苗期病原菌侵染茎部，在茎节处出现水渍状褐斑，向上、向下扩展，病部绕缩，最后变为黑褐色，病健交界处明显，引起病部及以上部位的叶片萎蔫、下垂，顶梢低头下弯，最终整株枯死，叶片不脱落。成株期被侵染引起植株生长缓慢、明显矮化；严重时，整株叶片从下部开始向上部萎蔫，叶柄缓慢下垂，与茎秆呈"八"字形，顶端生长点低垂下弯，最终枯萎死亡，叶片不脱落。幼嫩的豆荚受到侵染后会枯萎发黄，最后脱落。荚皮出现水渍状向下凹陷的褐斑，并且逐步扩展成不规则的病斑，病健交界处明显，籽粒发育不良，最后形成瘪荚、瘪粒。种子受侵染后干瘪、不饱满。大雨后，该病原菌还可引起叶片萎蔫，病斑呈浅褐色，边缘黄色。感病品种幼苗期整个叶片黄化，病斑在较老的叶片上限于局部，此所谓的成株期抗性。这种病症可导致高达 40%的产量损失，一般成条或成块发病，很少单株发病。

二、病原

大豆疫霉根腐病原菌（*Phytophthora soja* Kaufmann & Gerdemann）是一种真菌，属于鞭毛菌亚门卵菌纲霜霉目腐霉科疫霉属。该病原菌除侵染大豆外，在温室人工接种的条件下，还可以造成苜蓿草、甜三叶草的猝倒死亡，对菜豆、老鹳草也有致病力。大豆疫霉根腐病原菌的幼龄菌丝无隔多核，老龄菌丝有隔，菌丝分枝近直角，基部缩溢。孢子囊无色，呈倒梨形，大小为（42～65）微米×（32～53）微米，孢子囊萌发形成泡囊，泡囊壁很薄，内含大量游动孢子，很快伸长开裂。有的游动孢子留在泡囊内，并在其内萌发，形成芽管穿过泡囊壁。孢子囊有时直接萌发产生芽管，其作用类似分生孢子或直接由顶端孔口释放出游动孢子，在老的空孢子囊内一般形成新孢子囊，也可形成厚垣孢子。游动孢子多为肾形，一端或两端钝圆，侧面平滑，前面一根鞭毛，后面一根比前者长 4～5 倍，游动孢子游动缓慢，从运动到形成休眠孢子需数天。

三、发生规律

（一）侵染循环

1. 病原物侵染　大豆疫霉根腐病原菌为典型的土传病原菌，病原以抗逆性很强的卵孢子在土壤中的大豆残体中越冬。卵孢子在土壤中可存活多年，当条件适宜时，萌发产生大量的游动孢子囊和游动孢子进行初侵染。

2. 病原物传播　大豆疫霉根腐病原菌在田间可以通过流水进行远距离传播，以侵染大豆根部为主，但带菌土壤颗粒随风雨飞溅可引起叶片发病。湿度大时，可蔓延至叶柄和基部。大豆生长季节，在病部不断产生大量的孢子囊和游动孢子，可进行多次再侵染。另外，大豆疫霉根腐病原菌可通过病残体、土壤及种子表面黏附的卵孢子，甚至种皮内的卵孢子作远距离传播。

（二）环境因子影响

1. 温、湿度　该菌已划分出 24 个生理小种。菌株的最适生长温度为 25～28 ℃，最高为 32～35 ℃，最低为 5 ℃。产生游动孢子的最适温度为 20 ℃，最低温度为 5 ℃，最高温度为 35 ℃。孢子囊直接萌发的最适温度为 25 ℃，间接萌发的最适温度为 14 ℃。卵孢子形成和萌发的最适温度为 24 ℃。菌丝体生长的时期，在温湿度条件适宜的时候，进行无性繁殖，产生孢子囊，在作物的生长季节可以重复多次地进行再侵染。当外界环境条件不适宜时，便产生厚垣孢子，或者由雌雄配子体配合形成卵孢子，以休眠的状态抵御不良环境。卵孢子可以在土壤中存活多年，当外界条件适宜时，卵孢子可直接萌发产生芽管。当接触到固体表面时，芽管膨大产生附着胞，然后马上从附着胞上产生菌丝。休眠孢子也可产生孢子囊，当下大雨或灌溉土壤、水分饱和时，孢子囊释放大量的游动孢子，游动孢子附着于种子或幼苗根上，进而萌发侵染。所以，水分饱和的土壤是侵染的必要条件。

2. 品种抗性　当前栽培大豆品种间有明显的抗感差异，品种的感病性是导致大豆疫霉根腐病发生的主要因素之一。

3. 土壤环境　黏重、紧实、易涝土壤最易发生此病。耕作也会影响大豆疫霉根腐病的发生，土壤不耕作或者减少耕作会加重病害，疏松的土壤发病较轻。

四、防治措施

(一) 加强植物检疫

因病原菌可随种子远距离传播，应加强植物检疫，禁止从疫区调运种子、植物及其植物产品等，避免病情蔓延。

(二) 农业防治

1. 选用抗、耐性品种　利用抗、耐性品种仍然是最有效的防治手段，国内外对抗性资源的大量筛选工作以及对抗性遗传的分析结果表明，抗病品种可完全控制病害，并且抗性基因易于转育，但单基因抗性强，对病原菌的选择压力大，促进了新小种的出现，从而使原来的品种抗性丧失，利用具有多个抗性的单基因系的品种可以延长其抗性保持年限。

2. 合理轮作　大豆疫霉根腐病原菌是土壤习居菌，大豆的连作为病原菌生长提供有利条件，加重了病害的发生。此外，连作田块的根茬腐解物、根系分泌物等恶化了土壤环境，制约了有益微生物的活动，导致植株生长不旺盛。由于病原菌寄主范围窄，因此，应与非寄主作物进行不少于 3 年的轮作，严禁重茬和迎茬，可显著控制病害的发生。

3. 耕作栽培　土壤湿度是影响大豆疫霉根腐病的关键因素。在雨量充足的条件下，排水良好可以防止该病。只有在土壤水分饱和的情况下，病原菌的游动孢子才能萌发，侵染体才能传播。因此，一切可以降低土壤含水量的措施都可以有效防止该病的发生，如加强春耕提高土壤疏松度、建立有效的排水系统等。适期播种、保证播种质量、合理密植、宽行种植和及时中耕增加植株通风透光是防止病害发生的关键措施。

(三) 化学防治

1. 种子处理　用含有福美双、多菌灵有效成分的药剂进行拌种，药剂用量为种子质量的 1%～2%；或使用 25% 噻虫嗪精甲、62.5 克/升精甲咯菌腈悬浮种衣剂，或用 350 克/升精甲霜灵种子处理乳剂和 2.5% 咯菌腈悬浮种衣剂的混剂拌入种子中。每亩用 2 千克大豆根保菌颗粒剂与种肥混合施用，或用大豆根保菌剂 100 毫升与每亩所使用的种子混拌，结合耕作措施，使药效充分发挥，促使新根生长。

2. 药剂喷施 必要时，喷洒或浇灌 70％代森联干悬浮剂 700 倍液，或 80％代森锰锌可湿性粉剂 700 倍液，或 25％甲霜灵可湿性粉剂 800 倍液，或 58％甲霜灵·锰锌可湿性粉剂 600 倍液，或 64％噁霜·锰锌可湿性粉剂 500 倍液，或 72％霜脲·锰锌可湿性粉剂 700 倍液，或 69％烯酰吗啉·锰锌可湿性粉剂 900 倍液等对田间进行 2～3 次的喷施。

（四）生物防治

通过生物制剂控制根腐病是一种环境友好型的现代技术。目前，在生物制剂中应用效果较好的为 Harpins 蛋白，但该生物制剂的生产还未规模化，防治成本相对较高，适用于病害严重的地块。在实际生产中，成本相对较低且可操作性强的生物制剂为恩德碧。该生物制剂可促进根系生长、减轻根部腐烂的症状，并且可用作种子包衣，使用方便，技术简单。生物防治针对性强，作用时间长，长达 70 天。然而，应用生物制剂控制病害见效相对于药剂防治较慢，而且不易批量生产。因此，不能作为主要防治方法。

第二节 红冠腐病

大豆红冠腐病（Red crown rot of soybean）是一种危害大豆的重要病害，在环境有利于病害发生条件下可导致大豆减产。目前，大豆红冠腐病主要分布于美国、日本、中国、韩国、喀麦隆等多个国家和地区。在美国，大豆红冠腐病主要分布在路易斯安那州和密西西比州，为该地区重要的大豆病害。在我国江苏省、云南省和广东省的一些地区已报道大豆红冠腐病的发生。广东省的大豆红冠腐病主要分布在博罗县和梅州市等地。夏大豆结荚期最易感病，且发病较普遍和严重，使大豆产量和品质降低。

一、危害症状

大豆红冠腐病通常发生在大豆结荚期之后，在田间形成明显的发病中心。发病初期，罹病植株叶片叶脉间变黄，随即萎蔫、落叶，植株枯萎。病株根系及近地面的茎基部变红褐色，沿茎干向上扩展，近地面茎皮层腐烂，严重的甚至木质部组织也变褐色腐烂；拔起植株，可见根系变黑腐烂；植株茎基部的病部表面有大量红橙色球状子囊壳聚生。茎基部变红褐色和红橙色子囊壳为该病害诊断的典型特征；发病后期，整个植株根系腐烂，最终植株死亡。

二、病原

寄生柱枝孢菌（*Cylindrocladium parasiticum* Crous，Wingfield & Alfenas），

隶属于半知菌门丝孢纲丝孢目丝孢科柱枝孢属；有性态为冬青丽赤壳菌（*Calonectria ilicicola* Boedijn & Reitsma），隶属于子囊菌门粪壳菌纲肉座菌目丛赤壳科丽赤壳属。分生孢子梗直立，细长，呈扫帚状，简单分支，具有初生孢子梗和次生孢子梗，顶端为产孢细胞，瓶状，分生孢子从产孢细胞内生出。分生孢子圆柱形，无色，（54.1~76.3）微米×（4.9~7.4）微米，1~3 个分隔。菌丝末端膨大，产生球形泡囊，直径为 4.0~13.0 微米。厚垣孢子褐色，成串聚集，形成深褐色微菌核，（33.3~311.1）微米×（22.2~133.3）微米。病原菌为同宗配合，子囊壳红色至橙红色、椭圆形至倒卵形，表面粗糙，有孔口，单生，（212.1~454.5）微米×（111.1~333.3）微米。轻压子囊壳后可见大量子囊喷出，子囊具长柄，棍棒形，（121.0~200.8）微米×（11.5~25.6）微米，子囊内有 8 个镰刀形的具 1~3 个隔膜的子囊孢子，子囊孢子线形，大小为（29.5~73.8）微米×（4.9~9.8）微米。菌丝的最适生长温度为 26~28 ℃，最低为 8 ℃，高于 35 ℃时菌丝不生长。微菌核形成的最适温度为 24~28 ℃，低于 12 ℃和高于 32 ℃均不形成微菌核。分生孢子产生的最适温度为 28 ℃。28~30 ℃的较高温度容易产生子囊壳。

三、发生规律

大豆红冠腐病原菌的传播扩散靠子囊孢子、分生孢子和微菌核。田间排水和雨水与病原菌传播有密切关系，雨水冲刷和田间排水可以把子囊孢子、分生孢子和微菌核冲到以前未被侵染的土壤。子囊壳产生与否和环境湿度有很大关系，高湿度有利于子囊壳的形成。子囊孢子和分生孢子对干燥的环境较敏感，子囊孢子暴露在 33 ℃空气中 30 分钟后，存活率小于 0.1%，田间也很少观察到分生孢子。当携带有子囊孢子、分生孢子和微菌核的植物组织在土壤中存留 8 个月后，只有微菌核仍然存活。因此，子囊孢子和分生孢子在病害循环中只能短距离传播。病原菌主要以微菌核在土壤和植物病残体上越冬和长距离传播。温度 20~30 ℃最适合病害发生。温度在 20 ℃以下或 30 ℃以上时，病害发病程度会下降；当温度达到 40 ℃时，基本上不发病。因为当土壤温度高于 35 ℃时，病原菌所有营养体和各种孢子都无法存活。适当推迟大豆种植的时间，大豆红冠腐病的发病率可显著下降。当土壤温度持续 4~5 周低于 5 ℃或土壤水分结冰时，微菌核数量会减小。大豆和花生轮作会增加田间微菌核的数量，加重病害的流行和发生。

四、防治措施

（一）农业防治

大豆不能与花生轮作，否则会增加田间微菌核数量和加重病害的发生。在大豆红冠腐病发生的地区，大豆种植时间应参考当地的土壤温度。如果适当推迟播种时间，土壤温度将随之升高，这样可以减轻大豆红冠腐病的发生。在大豆播种前，使用草甘膦除草，可以减轻和控制大豆红冠腐病。

（二）化学防治

在大豆播种前 2 周，使用威百亩、异硫氰酸甲酯、叠氮化钠和氯化苦等杀菌兼杀线虫剂进行土壤熏蒸，可以减少土壤微菌核数量，降低病害的发生。

第三节　孢囊线虫病

大豆孢囊线虫病（Soybean cyst nematode，SCN）又称大豆根线虫病、黄萎病，俗称"火龙秧子"。在我国，主要分布于东北和黄淮海两个大豆主产区，是仅次于大豆花叶病毒病的第二大病害。该病于 1899 年在我国东北首次发现，其后亚洲、美洲和欧洲各国相继报道了该线虫病害的发生和危害，在美国、巴西、加拿大和中国等几个大豆主产国，由大豆孢囊线虫病引起的损失比其他任何一种单一病害所造成的损失都大，该病害一般使大豆减产 10％～30％，严重地块可达 70％～90％，甚至造成绝产。此种病害在我国东北三省、内蒙古和黄淮海大豆主产区严重发生，是一种极难防治的土传病害，对大豆生产构成巨大威胁。

一、危害症状

大豆孢囊线虫病在大豆整个生育期均可发生。病原线虫寄生于大豆根上，直接危害根部。由于根系被害，造成植株地上部分表现出症状，苗期叶片发黄，生长缓慢，病株明显较健康植株矮小。成片的植株茎叶变黄，叶片早期脱落，生长衰弱。受害轻时，大豆虽能开花，但结荚少或不结荚；严重时，大豆花期植株矮缩、萎黄，以致停止生长发育而死亡，田间出现大片缺株死苗的空地。寄主植物地下部症状：初期在根系表面出现小的褐色斑点，线虫在根系内定殖后，根系发育较弱且不发达，侧根减少，须根增多，根瘤明显减少，如果线虫数量较多，或雌虫成熟以后，虫体露出根表皮，根系开始变褐、腐烂，同时由于侵入时携带有其他病原物或雌虫突破根表皮，在伤口处感染其他病原物，根系迅速腐烂，造成地上部分黄化枯死。在根上可发现白色或淡黄色的比小米粒还小的肉质小颗粒，这是线虫的成熟雌虫。

二、病原

大豆孢囊线虫病是由大豆孢囊线虫（*Heterodera glycines* Ichinohe）引起。按照 Chitwood（1950）的分类系统，大豆孢囊线虫在分类地位上属线虫纲垫刃目；按照 Hooper（1978）的分类系统，属垫刃亚目异皮总科异皮亚科异皮线虫属。由于形成孢囊，也称孢囊线虫属。孢囊柠檬形或梨形，起初为白色或米黄色，后变为黄褐色，孢囊大小为（416～808）微米×（318～612）微米，有不规则横向排列的短齿花纹。大豆孢囊线虫可分为卵、幼虫、成虫 3 个阶段。卵淡黄白色，初为圆筒形，后来发育成长椭圆形（蚕茧状），一侧稍凹，皮透明，藏于卵囊或孢囊内。幼虫 1 龄在卵内发育，蜕皮成 2 龄幼虫；2 龄幼虫 s 形折叠于卵壳内，头钝，尾部细长；3 龄幼虫腊肠状，生殖器开始发育，雌雄可辨；4 龄幼虫在 3 龄幼虫的旧皮中发育，不卸掉蜕皮的外壳。雌成虫黄白色，柠檬形，后期变为深褐色；雄成虫线形，皮膜质透明，尾端略向腹侧弯曲。

三、发生规律

（一）侵染循环

大豆孢囊线虫以卵在孢囊内越冬。春季温度 16 ℃以上时，卵发育孵化成 1 龄幼虫，折叠在卵壳内，蜕皮后成为 2 龄幼虫，从寄主幼根根毛中侵入，侵入大豆幼根皮层直到中柱后为止，用口针刺入寄主细胞营内寄生生活。第 2 次蜕皮后成为 3 龄幼虫，虫体膨大成豆荚形。第 3 次蜕皮后成为 4 龄幼虫，雌虫体迅速膨大成瓶状，呈白色，大部分突破表皮外露于根外，只是头颈部插入根内。此时雄虫虫体逐渐变为细长蠕虫状，卷曲于 3 龄雄虫的蜕皮中，在根表皮内形成突起。4 龄幼虫最后一次蜕皮后成为成虫，雄成虫突破根皮进入土中寻找雌成虫交尾。交配后的雌虫继续发育，生殖器官退化，体内充满卵粒，部分排入身体后部胶质的囊中形成卵囊，大多卵粒仍在虫体内，虫体体壁加厚，虫体逐渐变为褐色孢囊，成熟孢囊脱落在土中。孢囊中的卵成为当年再侵染源和来年初侵染源。在没有寄主的情况下，孢囊内的卵保持活力时间最长可达 10 年，并可逐年分批孵化一部分，成为多年的初侵染源。大豆孢囊线虫的发育速率与温度成正比，完成一个世代需大于 10 ℃以上的积温 330～350 ℃。在作物生长季节中，如环境条件适应，大豆孢囊线虫完成一个世代仅需 25～35 天。在黑龙江省中南部地区和吉林省中北部地区一年发生 3 代，辽宁省大多数地区、江苏省北部、安徽省北部、山西省太原地区、吉林省白城地区和河南省夏大豆区一年可发生 4 代，河北省春大豆区一年可发生 6 代。

（二）环境因子影响

1. 温、湿度　温度高、土壤湿度适中，通气良好，线虫发育快，最适宜的发育及活动温度为 18～25 ℃，低于 10 ℃幼虫便停止活动，最适的土壤湿度为 60%～80%，过湿则氧气不足，易使线虫死亡。

2. 土壤条件　在冲击土、轻壤土、沙壤土、草甸棕壤土等粗结构通气良好的土壤和老熟瘠薄地、沙岗地、坡地等,孢囊密度大,线虫病发生早而重,减产幅度大。碱性土壤更适合线虫生活,pH<5 时线虫几乎不能繁殖;pH 高的土壤其孢囊数量也多。

3. 轮作制度 大豆孢囊线虫在土壤内大豆耕作层中垂直分布。因此,多年连作地土壤内线虫数量逐年增多,危害也逐年加重。禾本科作物根系分泌物能刺激线虫卵孵化,使 2 龄幼虫孵化后找不到寄主而死亡,故与禾本科作物轮作可以防止此病。

四、防治措施

(一) 农业防治

1. 种植抗耐病品种 多年的研究与生产实践证实,应用抗病或耐病品种是目前防治大豆孢囊线虫最经济且简单易行的措施。耐病或较抗病品种在发病条件下比生产上的常规品种一般要增产 10%～30%,在重病地块也可成倍增产。不同抗性大豆品种对田间大豆孢囊线虫发育均有较大的影响。一个抗病品种在病区连续种几年后,其抗性会逐渐消失。这可能是由于新的小种的产生。因此,种植抗病品种也必须有多个品种交替使用,防止新小种的产生,延长抗病品种的使用年限。

2. 种子检验 大豆种子上黏附线虫(如泥花脸豆)、种子间混杂有线虫土粒以及农机具调运是造成远距离传播的主要途径。所以,要做好种子的检验检疫,杜绝带线虫的种子进入无病区。

3. 合理轮作 轮作是指感病植物与抗病植物或免疫植物交替种植,线虫在作物轮作或休闲条件下因得不到适宜的食物而死亡,轮作是目前已知的最有效的控制大豆孢囊线虫病的措施。短期轮作对土壤中 SCN 孢囊数量的影响较小,随着轮作年限的增加,土壤中 SCN 孢囊数量有所降低,并趋向动态平衡,采取长期轮作以控制 SCN 对大豆的危害有一定作用。与玉米、小麦、棉花等非寄主作物轮作可有效地控制大豆孢囊线虫病害的发生。避免重茬和迎茬,在黑土轻病区坚持 3 年以上的轮作,在盐碱土和沙土地区要实行 5～6 年以上的轮作。

4. 栽培管理 加强栽培管理,注意适当增施有机肥和钾肥,并适当补充锌和锰等微量元素,提高大豆抗孢囊线虫病的能力;加强豆茬耕翻,降低虫源。另外,可以调整播期,错过线虫盛发期或使线虫不能完成生活史。施肥和漫灌对大豆孢囊线虫病有一定的控制作用,因为土壤含水量为 40%～60% 适宜线虫生活,土壤水分过高,则大豆孢囊线虫死亡。在干旱条件下,大豆孢囊线虫的繁殖力强,虽然其耐旱性较差,但不能从根本上控制大豆孢囊线虫病。施肥使植株生长健壮,促进根系发育,提高抗病性和产量,能在一定程度上达到防治大豆孢囊线虫的作用。

（二）化学防治

1. 种子处理　播种前3～5天对大豆种子进行包衣。严格按照包衣说明进行包衣。可选用30%或35%多福克悬浮种衣剂，按药种比1∶（60～80）进行拌种或包衣；或选用5%淡紫拟青霉水剂，按照种子重量的1.5%拌种，闷种24小时后播种。

2. 土壤处理　可用3%甲基异柳磷颗粒剂120～150克/亩或10%噻唑磷颗粒剂2～3千克/亩，与适量细土或细沙混匀；或每亩用5亿活孢子/克的淡紫拟青霉颗粒剂1.5～2千克，按5%的比例与干土混匀，均匀穴施或条施在种子或幼苗附近。

（三）生物防治

寄生性真菌、阿维菌素等都是很好的防治线虫的生物制剂。大豆保根菌剂，每亩用100～150毫升拌种，以高剂量防效更好。

第四节　根结线虫病

大豆根结线虫病（Soybean root‐knot nematode）在各大豆产区均有发生，在福建、湖北等南方大豆种植区更为普遍，尤以沿海、沿江、滨湖的沙壤土中最重。除寄生大豆、花生外，还可危害马铃薯、菜豆、黄麻、红麻、烟草等14科80多种植物。

一、危害症状

大豆根结线虫主要危害大豆根尖，使根组织增生膨大，成为不规则形或串珠状根结，这是其主要危害的特征。根结的形状和大小，因在其内的虫口数和种数不同而略有差异。北方根结线虫的根结较小，形如小米粒，根结上长有侧生毛根；而南方根结线虫、爪哇根结线虫和花生根结线虫的根结则较大或稍大，但根结形成大量时均造成根系过度分叉、纤细、徒长、畸形紊乱、纠结成团，称为根结团。发病轻微者大豆植株表现发育不良，叶色淡；严重者萎黄不长，矮化，田间成片黄黄绿绿，参差不齐，开花期早衰枯死。

二、病原

病原主要有南方根结线虫（*Meloidogyne incognita* Chitwood，Kofoid and White）、花生根结线虫（*M. arenaria* Chitwood，Neal）、北方根结线虫（*M. hapla* Chitwood）和爪哇根结线虫（*M. javanica* Chitwood，Treub）4种，均

属植物寄生线虫。北纬 35°~40°以北方根结线虫为主，北纬 35°以南方根结线虫为主，也有花生根结线虫；北纬 25°以南方根结线虫、花生根结线虫和爪哇根结线虫并存。成虫雌雄异形，雌虫鸭梨形，大小（0.36~0.85）毫米×（0.2~0.56）毫米；雄虫线形，大小（1~1.6）毫米×（0.028~0.04）毫米。卵椭圆形，无色，较孢囊线虫大。幼虫线形。会阴花纹和吻针形态是区别不同种类线虫的重要特征。

1. 南方根结线虫 雌虫体呈梨形、袋囊状或球形。排泄孔位于口针基部球后平均为 1 个口针长处（开封群体）或半个口针长处（崂山群体），头区无明显环纹。背、腹中唇和唇盘融合成对称的哑铃形构造。中唇边缘圆，侧唇呈三角形。口针基部球与杆部界限明显。杆部从前向后略增粗，锥部中间向背略成钝角弯曲，前 1/2 段粗细均匀，后 1/2 段自前向后逐渐增粗。两群体会阴花纹略有不同。开封群体典型的会阴花纹特征是背弓纹高，波纹走向呈波浪形或较直，较粗而疏，侧线不明显，有时也可明辨，背、膜纹在侧线相遇处往往分叉，在肛后区常有明显可见的涡纹；崂山群体典型的会阴花纹特征是背弓纹高而平，纹较细密，波浪形或 Z 形，常为连续，侧线不明显，阴门下线纹往往向阴门唇弯曲，肛后有时可见涡纹。

雄虫体蠕虫形。头区与体躯界限明显，具 1~3 个环纹。头帽较高，背腹面观前缘平，侧面观前缘中间略凹陷，宽度与头区相近。口针基部圆球形，与杆部界限明显，口针杆部近基处变细。

幼虫体蠕虫形。头部侧面观截平。侧唇与中唇相连，唇盘圆形，中唇和唇盘组成对称的哑铃形结构。半月体紧靠排泄孔前，直肠膨大，尾部向后渐变细，末端钝圆，在透明区常有 2~3 个绕痕。

2. 花生根结线虫 雌虫体呈梨形、袋囊状或球形。排泄孔位于口针后 1~2 个口针长处。头区无明显环纹，背、腹中唇和唇盘融合成对称的哑铃形结构，中唇背、腹缘呈弧线形，侧缘呈一钝角，侧唇近三角形或半圆形。口针杆部与基部球界限明显或不明显，口针锥部向背成弧线形弯曲，从前端向后渐增粗。典型的会阴花纹全貌呈不平滑近圆形，背弓纹低，侧线不明显或可见，背、腹纹在侧线处相接成角，在近侧线处往往有不规则排列的短线纹，有时在肛后两侧形成"翼"。

雄虫体蠕虫形。头区具 1~3 个不完全环纹，与体躯界限明显，头帽高，侧面观呈圆弧形，背腹面观前缘平，唇盘圆形，高于中唇，中间略隆起，中唇呈新月形，略向头区外缘延伸，侧唇痕迹可辨。口针基部球与杆部界限明显，杆部粗细均匀或近基部略增粗。

幼虫体蠕虫形。头端侧面观平至略圆形。中唇和唇盘组成对称的哑铃形结构。半月体紧靠排泄孔前，直肠膨大，尾部向后渐变细，末端削尖，具 1~3

个缢痕，侧面观常为 2 个，其中 1 个较明显。

3. 北方根结线虫　雌虫体呈球形、梨形或袋囊状，以球形为主，颈部较短。排泄孔位于口针基部球后约 1.5 个口针长处。口针基部球与杆部界限明显，杆部自前向后渐增粗，锥部略弯曲。会阴花纹背弓纹平或圆，线纹细、平滑而连续，中心区无纹。肛后区有刻点，侧线常不明显，有时在尾端一侧或两侧沿侧线位置向外形成"翼"。

雄虫体蠕虫形。头区比体躯明显窄，与体躯界限明显。头帽低，侧面观前缘圆弧形，比头区窄，背腹面观前缘平。口针基部球与杆部界限明显，杆部自前向后略增粗。

幼虫体蠕虫形。头端侧面观平或略呈圆形。唇盘呈长方形，中唇外缘呈不光滑的圆形，侧唇三角形。半月体紧靠于排泄孔之前，直肠不膨大，尾部向后渐变细，常有 2～3 个缢痕，近尾端形状变化较大，有锤形、棒形、二叉状和平滑钝圆形。

4. 爪哇根结线虫　雌虫会阴花纹图形圆，背弓中等高度，主要特征为双侧线从肛门上方向两侧斜下延伸，呈明显的"八"字形，将背区与腹区分开。

三、发生规律

大豆根结线虫以卵在土壤中越冬，带虫土壤是主要初侵染源。翌年气温回升，单细胞的卵孵化形成 1 龄幼虫，蜕一次皮形成 2 龄幼虫出壳，进入土内活动，在根尖处侵入寄主，头插入维管束的筛管中吸食，刺激根细胞分裂膨大，幼虫蜕皮形成豆荚形 3 龄幼虫及葫芦形 4 龄幼虫，经最后一次蜕皮性成熟成为雌成虫，阴门露出根结产卵，形成卵囊团，散入土中，通过农机具、人畜作业以及水流、风吹随土粒传播。该虫孤雌生殖，一般认为雄虫作用不大。南方根结线虫在大豆上发育速率比在适生寄主（番茄）上低，在大豆上，繁殖适温 24～35 ℃，一季大豆 3～4 代，以第 1 代危害最重，是一种定居型线虫，由新根侵入，温度适宜随时都可侵入危害。根结线虫在土壤内垂直分布可达 80 厘米深，但 80％线虫在 40 厘米土层内。连作大豆田发病重，偏酸或中性土壤适于线虫生育，沙质土壤、瘠薄地块有利于线虫病发生。

四、防治措施

（一）农业防治

与非寄主植物进行 3 年以上轮作。在鉴别清楚当地根结线虫种类的基础上有效轮作。北方主要根结线虫分布区与禾本科作物轮作；南方主要根结线虫分布区宜与花生轮作，不能与玉米、棉花轮作。因地制宜地选用抗线虫病品种，同一地区不宜长期连续使用同一种抗病品种。

（二）化学防治

1. 种子处理 用种子重量 0.1%～0.2% 的 1.5% 菌线威颗粒剂，兑过筛湿润细土 100～200 倍，然后进行拌种。拌种最好用拌种桶，每桶拌种量不得超过半桶，每分钟 20～30 转，正倒转各 50～60 次，使药剂均匀黏着在种子表面，拌种后可直接播种。

2. 药剂防治 重病田块可施药进行土壤处理。要求将药剂施于表层 20 厘米的土壤中，与种子分层施用。每亩可用 3% 呋喃丹颗粒剂 5 千克，或 3% 克线磷颗粒剂 5 千克。此外，也可用 98% 棉隆 6 千克或 D-D 混剂 40 千克，在播前 15～20 天沟施，用细土拌匀后施入土中。应严格控制施药量，以免产生药害；以上农药毒性均较大，使用时严禁加水制成悬浮液直接喷洒。也可参照孢囊线虫防治方法进行防治。

（三）生物防治

寄生性真菌、线虫必克、阿维菌素等都是很好的防治线虫的生物制剂。大豆保根菌剂，每亩用 100～150 毫升拌种，以高剂量防效更好。

第五节 白 绢 病

白绢病（Southern blight）又称菌核性根腐病和菌核性苗枯病，是一种在热带、亚热带地区普遍发生的植物病害。白绢病常分布在雨季高温的热带和亚热带地区，如美国南部、印度、中国南部、澳大利亚以及中美洲、南美洲、非洲地中海周围的国家。

一、危害症状

白绢病病原菌能危害多种植物，但感病植物的症状基本相似。病害主要发生在幼苗近地面的根茎部。初发生时，病部的皮层变褐，逐渐向四周发展。在病斑上产生白色绢丝状的菌丝，菌丝体多呈辐射状扩展，蔓延至附近的土表上。植株发病后，茎基部及根部皮层腐烂，水分和养分的输送被阻断，叶片变黄凋萎，全株枯死。枯死根茎仅剩下木质纤维组织，似乱麻状，极易从土中拔出。在土壤较干燥的条件下，病部呈灰白色干朽状，有时可见白色霉层；潮湿时，病部布满白色菌丝体，甚至周围地表也覆盖一层菌丝体，并形成油菜籽状菌核。

二、病原

白绢病病原的无性阶段是半知菌亚门的孢目小菌核菌属齐整小菌核菌（*Scleritium rolfsii* Sacc），该菌是腐生性很强的土壤习居菌。病原的有性阶段属于担子菌亚门伏革菌属的白绢伏革菌（*Corticiumrolfsii* Curzi）。该病自然条件下很少出现，只在湿热环境中，偶见病斑边缘产生担子和担孢子。菌核表生，球形或椭圆形，直径 0.5～1.0 毫米，球形菌核直径平均 959.0 微米，椭圆形菌核平均 1 141 微米×941 微米。极易脱落，平滑而有光泽，先为白色，继变为淡褐色，最后为黄褐色。菌核内部灰白色，结构紧，构成细胞多角球形，直径 6.0～9.0 微米，边缘细胞褐色，形状较不规则。菌丝体白色，有绢丝般光泽，呈羽毛状，从中央向四周辐射状扩展。镜检菌丝呈淡灰色，有横隔膜，细胞长 23.5 微米，宽 1.0 微米，分枝常呈直角，分枝处微缢缩，离缢缩不远处有一横膜。菌核的大小与受害寄主及部位有关，与菌核所处环境下的营养状况密切相关。

三、发生规律

（一）侵染循环

该病原菌一般以成熟菌核在田间越冬为主，也可以菌索、菌丝等形态越冬。越冬场所有土表、病部基质外、病残体内等。在温暖的地区，可以营养菌丝形态在未腐烂的有机残体上越冬，如在我国南方保护地越冬。通常病原菌借植株、土壤及水流传播，以菌丝体在土中蔓延，侵入苗木根部及根茎部。菌核作为初次侵染源，在 25～35 ℃、相对湿度 90％以上时萌发，侵染寄主，形成次生菌核，作为翌年的初侵染源。菌核可借水漂流或借风、昆虫等传播，造成再侵染。

（二）环境因子影响

1. 温、湿度　菌丝生长和菌核萌发的温度范围为 15～35 ℃，菌丝生长最适温度 25～35 ℃，菌核萌发最适温度 20～35 ℃，高温有利于菌丝生长和菌核萌发。高温、大雨或连续阴雨后的初晴天有利于该病发生。所以，本病在6～9月发生重。

2. 土壤状况　沙质土易发病；黏性较强的土壤发病轻；富含钙的土壤发病轻；土壤 pH 大于 8 或小于 1.4 时，菌核不能萌发。

3. 耕作栽培　连作地块发病率高，与禾本科作物轮作，特别是水旱轮作能显著降低发病率。

四、防治措施

（一）农业防治

施用腐熟有机肥，适当追施硝酸铵。及时拔除病株，集中深埋或烧毁，并向病穴内撒施石灰粉。定植前进行深耕，加强田间管理，避免荚果直接与地面接触。保持地面干燥，防止地面积水。

（二）化学防治

发病初期，配制药土，用 15％三唑酮可湿性粉剂，或 40％五氯硝基苯可湿性粉剂，或 20％甲基立枯磷可湿性粉剂 1 份，兑细土 100～200 份，混合均匀，撒在病株根茎处，防效明显。必要时，也可喷洒 20％三唑酮乳油 200 倍液，或 20％利克菌乳油 1 000 倍液，隔 7～10 天 1 次，防治 1～2 次。

第六节　立　枯　病

大豆立枯病（Soybean seedling blight）是在大豆种植上常见的病害，又称"死棵""猝倒""黑根病"，在我的各大产区均有发生，立枯病一般发生在大豆苗期，发病植株比较矮小，生长发育迟缓。发病严重时，病部缢缩，植株折倒枯死。田间死株率 5％～10％，重病田死株率达 30％以上，个别田块甚至绝产。

一、危害症状

大豆立枯病主要危害幼苗的茎基部或地下根部，发病初病斑多为椭圆形或不规则形状，呈暗褐色，发病幼苗在早期是呈现白天萎蔫、夜间恢复的状态，并且病部逐渐凹陷、缢缩，甚至逐渐变为黑褐色。当病斑扩大绕茎一周时，整个植株会干枯死亡，但仍不倒伏。发病比较轻的植株仅出现褐色的凹陷病斑而不枯死。病害严重时，外形矮小，生育迟缓，靠地面的茎赤褐色，皮层开裂，呈溃疡状。当苗床的湿度比较大时，病部可见不甚明显的淡褐色蛛丝状霉。

二、病原

病原有性态为瓜亡革菌（*Thanatepephorus cucumeris*），属担子菌亚门亡革菌属。无性态为立枯丝核菌 AG－4 和 AG1－IB 菌丝融合群（*Rhizoctonia solani* Kühn），属半知菌亚门丝核菌属。菌落开始为无色，后转为灰白色、棕褐色、灰褐色或深褐色，有的有同心轮纹，后期形成菌核。菌丝发达，初期无色、较细，宽 5～6 微米，近似直角分枝，离分枝点不远处生有 1 个隔膜；经染色观察，一般每个细胞内有 3～6 个细胞核，多为 4～5 个。老熟菌丝黄褐色，较粗壮，宽 8～12 微米，常形成一连串的桶形细胞，分枝处也多呈直角分枝。菌核不规则形，褐色至暗褐色，由许多桶状细胞交织而成，并靠绳状菌丝相联系，大小为 0.5～1.0 毫米。自然情况下很少发现其有性态，只在酷暑和高湿情况下偶尔出现。在人工诱发情况下可产生担子和担子孢子。担子无色，单胞，圆筒形或长椭圆形，顶生 2～4 个小梗，其上各生 1 个担子孢子。担子孢子椭圆形或卵圆形，无色，单胞。病原菌的生长温度幅度较宽，0～40 ℃都可生长，最适温度17～28 ℃。pH在3.4～9.2范围内都能发育，以pH 6.8最适。病原菌可抵抗高温、冷冻、干旱等不良环境条件，适应性很强，一般能存活2～3年或更长，但在高温条件下只能存活4～6个月，耐酸碱性强，湿度适宜的土壤更适合菌体生长，5～10厘米的土层是其分布的密集区。

三、发生规律

（一）侵染循环

立枯丝核菌主要为寄生生活，但在土壤中有很强的腐生生活能力，菌丝可在土中自由扩展，并随水扩散。当外界条件不利于菌丝生长时，菌丝体可形成菌核，菌核细胞可萌发多次，繁殖迅速。菌核的存活期长，在土壤中可存活几个月至几年。立枯病的初侵染源主要来自土壤、农作物的病残体和肥料等，病原菌以菌丝体或菌核在病株残体或土壤中腐生越冬。翌年，病原菌在萌动的幼苗根部分泌物的刺激下开始萌发，以直接侵入或从自然孔口及伤口侵入寄主，侵入的菌丝在苗上扩展很快，侵入十几个小时就出现症状，2～3天后即可造成死苗。

（二）环境因子影响

1. 温、湿度　立枯丝核菌喜湿，土壤含水量较高时极易诱发此病。当苗期低温多雨，低洼积水，发病重；高温高湿、光照不足也易发病。

2. 品种抗性　种子质量差发病重，凡发霉变质的种子一定发病重，立枯病的病原可由种子传播，并与种子发芽势降低、抗病性衰退有关。

3. 栽培管理　地下害虫多、土质瘠薄、缺肥和大豆长势差的田块发病重。播种越早，幼苗田间生长时期长发病越重。连作发病重，轮作发病轻。因病原菌在土壤中连年积累增加了菌量。用病残株沤肥未经腐熟，能传播病害且发病重。

四、防治措施

防治大豆立枯病，应采取"预防为主、综合防治"的植保方针，认真抓好农业、化学等综合防治措施。

（一）农业防治

实行轮作，与禾本科作物实行3年轮作减少土壤带菌量，减轻发病；秋季应深翻25～30厘米，将表土病原菌和病残体翻入土壤深层腐烂分解可减少表土病原菌，同时疏松土层，以利于出苗；适时灌溉，雨后及时排水，防止地表湿度过大，浇水要根据土壤湿度和气温确定，严防湿度过高，时间宜在上午进行。低洼地采用垄作或高畦深沟种植，适时播种，合理密植减少病害的发生；提倡施用酵素菌沤制的堆肥和充分腐熟的有机肥，增施磷钾肥，避免偏施氮肥；施用石灰调节土壤酸碱度，使种植大豆田块酸碱度呈微碱性。

（二）化学防治

1. 种子处理 药剂拌种是比较好的预防大豆立枯病的有效措施之一，能够将病害消灭在发病初期，精选良种，并用种子重量 0.3% 的多菌灵＋福美双（1∶1）拌种减少种子带菌率。

2. 药剂喷施 在发病初期开始喷洒 75% 百菌清可湿性粉剂 1 000 倍液，或 50% 多菌灵可湿性粉剂 600 倍液，或 64% 杀毒矾可湿性粉剂 500 倍液，或 70% 乙磷·锰锌可湿性粉剂 500 倍液，或 58% 甲霜灵·锰锌可湿性粉剂 500 倍液，69% 安克·锰锌可湿性粉剂 1 000 倍液，隔 10 天左右 1 次，连续防治 2～3 次，并做到喷匀喷足。

第七节　枯　萎　病

大豆枯萎病（Soybean fusarium wilt）1917 年由美国 Cromwell 首次报道，其后 Armstrnog、Dunleavy、French 等又陆续报道了不同致病源、致病力、侵染循环、寄主、发病条件、品种间抗病性差异等。世界上各大豆产区均有发生，国内主要分布于东北以及四川、云南、湖北等地，一般零星发生，但危害很大，常造成植株死亡。最初报道在 1974 年，黑龙江省林口县奎山良种场从国外引入阿姆索品种死株率达 29%。

一、危害症状

大豆枯萎病是系统性侵染的整株病害，病害发病初期叶片由下向上逐渐变黄至黄褐色萎蔫。幼苗发病后先萎蔫，茎软化，叶片褪绿或卷缩，呈青枯状，不脱落，叶柄也不下垂；成株期病株叶片先从上往下萎蔫黄化枯死，一侧或侧枝先黄化萎蔫再累及全株。病根发育不健全，幼苗幼株根系腐烂坏死，呈褐色并扩展至地上 3～5 节。成株病根呈干枯状坏死，褐色至深褐色。剖开病部根系，可见维管束变褐。病茎明显细缩，有褐色坏死斑，病健部分明显，在病健结合处髓腔中可见粉红色菌丝，病健结合处以上部水渍状变褐色。后期在病株茎的基部产生白色絮状菌丝和粉红色胶状物，即病原菌丝和分生孢子。病茎部维管束变为褐色，木质部及髓腔不变色。

二、病原

大豆枯萎病病原菌为尖镰孢菌（*Fusarium oxysporum* Schlecht），属真菌界半知菌类（无性类）丝孢纲瘤座孢目瘤座孢科镰孢属真菌。菌丝无色，分隔。有大小两型分生孢子。大型分生孢子镰刀形，平直或略弯，具隔膜 3～6

个，多为 3～4 个，顶孢稍尖，有脚孢或无；小型分生孢子无色，具 1 个分隔或无，椭圆形或长椭圆形，大小为（5～12.5）微米×（1.5～3.5）微米。厚垣孢子分圆形和椭圆形两种，前者直径 8～12 微米，椭圆形的大小为（7～10）微米×（5～7.5）微米，厚垣孢子单个顶生或串生在菌丝中间。

三、发生规律

（一）侵染循环

病原菌以菌丝体和厚垣孢子随病残体遗落在土中越冬（种子也能带菌），能在土中进行很长时间的腐生生活。病原菌借助灌溉水、农具、施肥等传播，从伤口或根冠部侵入，在维管束组织的导管中繁殖，并向上扩展。病原菌发育适温为 27～30 ℃，最适 pH 为 5.5～7.7。发病适温为 20 ℃以上，最适宜温度为24～28 ℃。在适温范围内、相对湿度在 70％以上时，病害发展迅速。

（二）环境因子影响

1. 温、湿度 生育期间降水量偏少，气温偏高易发病，反之不易发病或发病轻；在大豆生长期出现连续阴雨天气时就易发病，连阴雨过后骤晴发病迅速，可引起大面积萎蔫死亡。低洼潮湿地或地块受涝，往往发病严重，如同一地块的同一品种，坡上地比低洼地相对发病轻。

2. 品种 不同品种间抗病性有较大差异。

3. 土壤状况 土壤团粒结构差、土壤通透性不好导致植株根系生长发育不良，长势弱、植株瘦小、呈淡黄色，营养严重缺乏，抗逆性降低易感病。

4. 耕作栽培 种植密度大、通风透光不好，发病重。重茬种植每年都消耗土壤中相同的养分，土壤养分单一消耗，引起土壤部分营养元素缺失，不易满足大豆生育期间对土壤养分的要求；多年重茬大豆根部虫害也加重，如大豆孢囊线虫、根蛆、蛴螬、跳甲幼虫等，这些害虫会给大豆根部造成伤口从而加重枯萎病的发生。

四、防治措施

（一）农业防治

选用抗病品种和无病、包衣的种子，如未包衣则种子须用拌种剂或浸种剂灭菌；播种前或收获后，清除田间及四周杂草，集中烧毁或沤肥；深翻地灭茬、晒土，促使病残体分解，减少病源和虫源；与禾本科作物进行轮作；选用排灌方便的田块，开好排水沟，达到雨停无积水；大雨过后及时清理沟系，防止湿气滞留，降低田间湿度，这是防病的重要措施；土壤病原菌多或地下害虫严重的田块，在播种前撒施或沟施灭菌杀虫的药土；施用酵素菌沤制的堆肥或腐熟的有机肥，不用带菌肥料，施用的有机肥不得含有豆科作物病残体；采用测土配方施肥技术，适当增施磷钾肥，加强田间管理，培育壮苗，增强植株抗病力，有利于减轻病害；及时防治害虫，减少植株伤口，减少病原菌传播途径；发病时，及时清除病叶、病株，并带出田外烧毁，病穴施药或生石灰；高温干旱时，应科学灌水以提高田间湿度。严禁连续灌水和大水漫灌。

（二）化学防治

1. 种子处理 浸种：用40%福尔马林200倍液浸30分钟，然后冲净晾干播种。

拌种：用种子重量0.3%的50%福美双粉剂，或70%甲基托布津可湿性粉剂，或0.2%的50%多菌灵可湿性粉剂拌种。

2. 药剂喷雾 及时防虫：及时喷施除虫灭菌药，杀灭蚜虫及地下害虫，断绝害虫传菌途径。

发病时及时灌药：用20%萎锈灵乳油800倍液，或用25%萎锈灵可湿性粉剂1 000倍液，或用70%甲基托布津可湿性粉剂1 000倍液，或用50%多菌灵可湿性粉剂800倍液，或用50%甲基硫菌灵悬浮剂500倍液灌根，隔7～10天灌1次，连续灌根2～3次。

3. 药土 用25%萎锈灵可湿性粉剂，或百菌清，或托布津，或多菌灵可湿性粉剂1份＋克线丹或米乐尔颗粒剂1份＋干细土50份，充分混匀撒在病株根部。

（三）生物防治

用3%多抗霉素可湿性粉剂600～900倍液，或用25%阿米西达悬浮剂1 000～2 500倍液，或用2%农抗120（抗菌霉素120）水剂100～200倍液，或用2万亿活孢子/克木霉可湿性粉剂1 500～2 000倍液灌根防治。

第三章　主要茎部病害防控措施

第一节　菌　核　病

大豆菌核病（Soybean sclertinia rot）又称白腐病，是大豆的常见病害之一，在全国各地均可发生，尤其在黑龙江和内蒙古发生较重。由于大豆栽培面积不断扩大，使大豆重迎茬面积占大豆播种面积 70％以上，加之油菜、向日葵、马铃薯等经济作物面积不断扩大，加剧了大豆菌核病的发生，发病面积呈上升趋势，在流行年份减产 20％～30％，严重地块减产达 50％～90％，甚至绝产。

一、危害症状

大豆苗期到成株期均有发生，尤其开花结荚后危害较重，危害地上部分茎秆，造成茎腐，也可产生苗枯、叶腐、荚腐等症状，一般病部先表现深绿色湿腐状。潮湿条件下可产生白色棉絮状菌丝体，逐渐使病部变白，进而在被害部内外产生黑色鼠粪状菌核。幼苗先在茎基部发病，后向上扩展蔓延，病部呈深绿色湿腐状，其上生白色菌丝体，后病势加剧，幼苗倒伏、死亡。成株一般在茎部或茎基部产生暗褐色不定形成条状病斑，扩大后可绕茎一周成一段段病斑，后呈苍白色以致枯死，可造成茎秆折断。潮湿条件下病部生白色棉絮状菌丝体，其中杂有大小不等鼠粪状菌核。病茎内部中髓变空，菌丝充满其中，并有菌核散生。后期遇干燥条件茎部皮层纵裂，维管束外露呈乱麻状。病重时全株枯死、绝产，病轻时部分分枝和豆荚提早枯死而减产。叶片被害，呈湿腐状，也可产生白色棉絮状菌丝体和黑色菌核。叶柄分枝均可发病，病部苍白，后期表皮破裂也呈乱麻状，其上也有白色菌丝体和黑色菌核。豆荚病部变褐，后呈白色，结小粒或不结粒，大多荚内种子腐败干缩。

二、病原

大豆菌核病的病原 *Sclerotinia sclerotiorum* 称核盘菌，属子囊菌亚门盘菌纲柔膜菌目真菌。菌核圆柱状或鼠粪状，大小为（3～7）微米×（1～4）微米，内部白色，外部黑色。子囊盘盘状，上生栅状排列的子囊。子囊棒状，内含 8

个子囊孢子。子囊孢子单胞，无色，椭圆形，大小为（9～14）微米×（3～6）微米。侧丝无色，丝状，夹生在子囊间。菌丝在 5～30 ℃均可生长，适温20～25 ℃。菌核萌发温限 5～25 ℃，适温 20 ℃。菌核萌发不需光照，但形成子囊盘柄需散射光才能膨大形成子囊盘。病原菌不形成无性孢子，下部有柄，从菌核长出。此菌寄主范围特广。除侵染大豆外，还可侵染向日葵、油菜等十字花科蔬菜，小豆、绿豆等豆科植物以及胡萝卜等 64 科 300 多种植物。

三、发生规律

（一）侵染循环

在土壤中和病残体中越冬的菌核，是主要初次侵染来源。病原菌在土壤中可存活 2 年，混杂于种子间的菌核，可随种子进行远距离传播，也可引起初侵染。在潮湿土壤中菌核存活时间较短。气候适宜，土壤表层的菌核陆续萌发产生子囊盘，子囊成熟后可弹射出大量子囊孢子，进行初侵染。孢子弹射高度可达到 0.8 米，借风、雨传播得更高、更远，孢子外有黏液，可黏附于寄主组织上，条件适合，孢子萌发主要从伤口或肩质层侵入寄主，尤其衰老叶片和衰弱的茎以及凋萎的花朵最易被病原菌侵染。子囊孢子在田间可存活 12 天，因本菌不产生无性孢子，但可以菌丝体接触，进行再侵染。所以，倒伏可使大豆病株上的菌丝接触健株而加重病情。由于病原菌侵染寄主后，可分泌果胶酶、纤细素酶和毒素，使病部软化腐烂。菌核在田间土壤深度 3 厘米以上能正常萌发，3 厘米以下不能萌发，在 1～3 厘米的深度范围内，随着深度的增加，菌核萌发的数量递减。子囊盘柄较细弱，形成的子囊盘也较小。

（二）环境因子影响

1. 温、湿度 菌核从萌发到弹射子囊孢子需要较高的土壤温度和大气相对湿度。要求适宜的土壤持水量为 27% 至饱和水，过饱和不利于菌核萌发，却会加快菌核腐烂。要求大气相对湿度 85% 以上，低于这个湿度子囊盘干萎，不能弹射囊孢子。本病发生流行的适温为 15～30 ℃、相对湿度 85% 以上。当旬降雨量低于 40 毫米，相对湿度小于 80%，病害流行明显减缓；旬降雨量低于 20 毫米，相对湿度小于 80%，子囊盘干萎，菌丝停止增殖，病斑干枯，流行终止。

2. 品种 大豆品种不同，自身对环境的适应性与抗御性也有所不同，通过对不同品种间抗病性的调查，其结果是在轮作中前茬相同、播种期相近的情况下，不同品种的抗病能力差异很大，发病率最高的达 14%，最低的品种仅为 0 或 0.2%。

3. 栽培措施 一般菌源数量大的连作地或低洼地块、栽植过密的地块、通风透光不良的地块发病重。田间土壤菌核数量的多少取决于土壤、肥料、病残体和种子带菌的数量。因此，连作地块发病重，轮作地块发病轻，在气候相同条件下，连作大豆发病率高达 76％，而轮作 2 年地块发病率低于 20％；可与禾本科作物轮作，不能与向日葵、油菜、十字花科蔬菜轮作；积水低洼地块、偏施氮肥植株徒长或栽培过密田间郁闭发病重。

四、防治措施

（一）农业防治

1. 选用耐病品种 选用株形紧凑、尖叶或叶片上举、通风透光性能好的耐病品种。从无病留种田留种或清除混杂在种子间的菌核。

2. 轮作倒茬 大豆与禾本科作物轮作倒茬，可显著减少田间菌核的积累。发病严重的地块，应与禾谷类作物轮作 3 年以上，避免重茬、迎茬，不能与菜豆、马铃薯、油菜、向日葵等轮作。

3. 加强田间管理 深耕可以将菌核深埋在土壤中，抑制菌核的萌发，减少侵染来源。排水不良的地块，应平整土地、及时排水，降低大豆田间湿度。在封垄前中耕培土，破坏萌发的子囊盘。适当地控制氮肥量，增施钾肥。大豆收获后，将病残体收集烧毁，消灭病原菌来源。

（二）化学防治

菌核发病初期以 50％速克灵可湿性粉剂 1 500 倍液，或 40％菌核净可湿性粉剂 1 000 倍液叶面喷雾，或 50％扑海因可湿性粉剂 1 200 倍液喷洒防治，每隔 7 天喷 1 次，共喷 2～3 次，效果更好。农利灵＋速克灵 2 种药剂混用防效明显高于 1 种药剂单用。当地块发病率达到 15％以上时，要及时喷洒 70％甲基托布津 600 倍液。

第二节 黑 点 病

大豆黑点病（Soybean pod and stem blight）是一种常见病害，全世界各大豆产区皆有分布。国外分布于北美和南美（美国、加拿大、阿根廷、巴西），以及印度、日本、朝鲜等国，国内分布于东北、华北以及江苏、湖北、四川、云南、广东、广西等地。

一、危害症状

主要危害茎、荚和叶柄。茎部染病，初在茎基及下部分枝上出现灰褐色病斑，边缘红褐色，渐变为略凹陷的红褐色条纹，后变为灰白色，长条形或椭圆形，严重时扩散至全茎，上生成行排列的小黑点，即分生孢子器，较其他病原菌的黑点为大。豆荚染病，初生近圆形褐色斑，后变灰白色干枯而死，其上也生小黑点，剥开病荚，里层生白色菌丝，豆粒表面密生灰白色菌丝，豆粒呈苍白色萎缩，失去发芽能力。

二、病原

大豆黑点病病原为大豆拟茎点霉（*Phomopsis sojae* Lehman），属半知菌亚门真菌。有性态为菜豆间座壳大豆变种（*Diaporthe phaseolorum var. sojae*），属子囊菌亚门真菌。分生孢子器形成在单腔的子座里，分生孢子梗瓶状，较简单，无色。分生孢子有两种：α型分生孢子无色梭形、β型分生孢子无色丝状。子囊壳球状，底略平，具长而末端尖细的喙。子囊长棒状，子囊孢子释放前子囊溶化成黏液。子囊孢子梭形，双细胞，无色。子囊壳在越冬后的病茎上形成。

三、发生规律

病原菌以休眠丝体在大豆或其他寄主残体内越冬，翌年在越冬残体或当年脱落的叶柄上产生分生孢子器，初夏在越冬的茎上产生子囊壳。病原菌侵入寄主后，只在侵染点处直径2厘米范围内生长，待寄主衰老时才逐渐扩展。α型分生孢子、子囊孢子都可侵染。多数染病的种子是在黄荚期受侵染引起的。结荚至成熟期气温高于20 ℃持续时间长有利于其传播，造成种子染病，感染病毒或缺钾可加速种子腐烂。成熟期湿度大延迟收获也使病情加重。干湿交替天气促使荚衰老、开裂，有利于病原菌侵染，发病重。

四、防治措施

（一）农业防治

选用无病种子。重病田实行与禾本科作物轮作。增施磷、钾肥，提高植株的抗病力。及时收割，要及时清理田间掉落的病残体，尤其是感染黑点病的地块，以此来减少田间菌源，起到预防效果，并进行深耕。

（二）化学防治

1. 种子处理　用种子重量0.3%的50%拌种双或50%福美双可湿性粉剂拌种。

2. 药剂喷施　田间发现病情及时施药防治，生长后期温暖潮湿时，可以喷洒50%多菌灵可湿性粉剂800倍液＋65%代森锌可湿性粉剂500倍液，或50%腐霉利可湿性粉剂800倍液＋75%百菌清可湿性粉剂800倍液，或50%异菌脲可湿性粉剂800倍液＋50%福美双可湿性粉剂500倍液，或50%咪鲜胺锰络化合物可湿性粉剂1 000～2 000倍液。视病情间隔7～10天1次，连续防治2～3次。

第三节　羞 萎 病

大豆羞萎病（*Septogloeum sojae* Yoshii & Nish）首次报告于日本，1957年发现于吉林省，现除吉林省外尚见于黑龙江省和湖北省。1966年在吉林省双阳县调查，发病重的豆田里病株率达92.6%，减产70%以上。1973年在黑龙江省密山县调查，个别发病严重的地块病株率达75%，减产50%左右。

一、危害症状

该病从苗期到成株期均可发病，主要危害叶片、叶柄和茎，荚和种子也可受侵染。叶片染病沿脉产生起初褐色细条斑，后变为黑褐色。叶柄染病从上向下变为黑褐色，有的一侧纵裂或凹陷，致叶柄扭曲或叶片反转下垂，基部细缢变黑，造成叶片凋萎，但不易脱落。茎秆常在叶柄结合处弯曲，呈蛇爬行姿势，植株顶端向下弯曲，呈"害羞"状，整株大豆萎缩。茎部染病，首先在第1至第2节发病，表皮呈黑褐色条斑，稍用力挤压易凹陷，剥开内部，维管束变黑褐色，髓部呈褐色、中空或脱节，并由下逐渐向上发展。茎基部染病常形成疮痂，易折断，断处呈褐色。发病重的植株矮小、弯曲、萎缩，病部长出霉层呈粉状，叶柄及茎秆上都有分布，粉状物自植株下部向上发展，霉层自一侧环茎一周后，羞萎的大豆逐渐枯萎死亡，出现绝产现象。豆荚染病从边缘或荚梗处褐变，扭曲畸形，结实少或病粒瘦小变黑，即是人们俗称的"臭豆"，没有发芽能力。种子受害轻者仅脐部变褐，并有菌丝层，发病较重的籽粒，脐部周围也有褐色病斑。病部常产生黄白色粉状颗粒即为病原菌的分生孢子，逐渐变成粉色。

二、病原

大豆羞萎病病原为大豆黏隔孢（*Septogloeum sojae*），属半知菌亚门真菌腔隔孢纲黑盘孢目黏隔属。分生孢子盘聚生在大豆表皮下，后突破寄主表皮外露，形成粉状霉层。分生孢子梗短棍棒形，无隔膜，大小为（18～36）微米×（3.6～5.4）微米。分生孢子长圆柱形至长梭形，无色，直或略弯，两端略尖或钝圆，1～6个隔膜，大小为（20～51）微米×（3～5.9）微米。

三、发生规律

（一）侵染循环

病原菌以分生孢子盘在病残体上越冬，也可以菌丝在种子上越冬，成为翌年的初侵染源。在大豆苗期，病原菌通过伤口或气孔、自然的孔口侵染，在大豆植株上繁殖后，成为当年新的侵染源，经农事耕作、铲趟等人为传播，也能借助昆虫或飞禽传播，风或水流也可传播。连作地土壤通透性差，微量元素与营养元素失衡，土壤微生物菌群结构遭到破坏，致使大豆羞萎病等次生病害逐年加重。大豆播种过早过深，遇低温出苗慢，长势差，易受病害侵染。苗期阴雨，低洼内涝地，大豆长势弱，抗逆性降低，羞萎病发生严重。

（二）环境因子影响

1. 温、湿度　苗期多雨、低温、寡照大豆长势弱，病害发生重；苗期风大而多，出土的幼苗多被摔伤或土粒打伤，给病原菌侵入创造了更多的机会，因此发病重。

2. 虫害　苗期害虫多易发病。这是因为如蓟马、蚜虫、红蜘蛛、网目沙潜、根绒粉蚧、地老虎、孢囊线虫等害虫危害大豆造成的伤口和其他原因导致的伤口，都会成为病害侵染的绿色通道，引起发病。

3. 土壤状况　沼泽土等质地黏重、偏酸、土壤团粒结构差的土壤，通透性不好，植株根系发育不良，易发病。秋整地质量好、地力好的地块发病轻于整地质量差、地力差的地块。地势低洼、排水不良、长期浸泡在水中的大豆植株，表现生长发育不良，长势弱，植株瘦小、淡黄，营养严重缺乏，根系呈褐色或湿腐状，没有新生根，这样的大豆植株易感病。

4. 耕作栽培　多年重茬地块，田间病残体多，一旦适宜发病条件，首先发病，成为初侵染源。播种过深的大豆植株茎秆细，而且长势弱、发病重，而播种浅的大豆虽然出苗晚，但发病轻。种植密度大、通风透光不好的田块，大豆植株抗逆性差，生长不健壮，田间高温、高湿的小气候，有利于病原菌的繁殖及病害的发生蔓延。同时，也不利于药剂防治，易发病。

四、防治措施

采取"预防为主、综合防治"的植保方针，做到生态控制和化学防治相结合，努力达到"公共植保、绿色植保"的要求。

（一）农业防治

建立无病留种田，选用无病种子；对种子要严格检疫，严禁随意调运种子，防止随种子传播蔓延；与小麦、玉米等禾本科作物实行3年以上轮作；收获后清除田间的病株残体，集中烧毁或沤肥；深翻地灭茬、晒土，促使病残体分解，减少菌源和虫源；及时排水，达到雨停无积水；大雨过后及时清理沟系，防止湿气滞留，降低田间湿度；采用测土配方施肥技术；培育壮苗，增强植株抗病力，有利于减轻病害。

（二）化学防治

1. 种子处理　用2.5%咯菌腈悬浮种衣剂100毫升+35%多克福种衣剂

600～700 毫升，拌 75～100 千克种子，既预防种子带菌，也预防苗期害虫。或选用 70％多福合剂，按种子重量 0.5％拌种；或用 40％拌种双或 50％多菌灵可湿性粉剂，按种子重量 0.4％拌种。

2. 药剂喷施　在发病初期，喷施 25％咪鲜胺水乳剂 20 毫升＋43％戊唑醇悬浮剂 5 毫升/亩。必要时，在结荚期喷洒 50％苯菌灵可湿性粉剂 1 500 倍液，或 36％甲基硫菌灵悬浮剂 600 倍液，或 50％多菌灵可湿性粉剂 600～700 倍液。

生长期喷杀虫剂确保大豆苗壮生长提高抗病力。大豆出苗后及时喷施有效药剂，除虫灭菌，阻断害虫传毒及传菌途径。喷施拟除虫菊酯类、毒死蜱、吡虫啉或啶虫脒等杀虫剂，杀死蓟马、椿象、网目沙潜、蚜虫、根绒粉蚧、豆荚螟等苗期害虫及蛴螬、蝼蛄、金针虫等地下害虫。

第四节　菟　丝　子

大豆菟丝子（Soybean dodder）又称黄丝藤、金钱草和无根草，是一种世界性杂草，在国际上被列为植物检疫对象。法国、俄罗斯、中国（东北地区、香港和台湾等地）、韩国、日本和美国等国家均有报道。大豆菟丝子普遍分布于我国各大豆产区，以东北地区、山东等地危害严重。一株菟丝子常常可以缠绕 100 株以上大豆，多的可达 300 株，一般减产 5％～10％，重者达 40％以上，个别严重地块高达 80％，甚至颗粒不收。

一、危害症状

大豆菟丝子藤茎丝线状，黄色或淡黄色，先端能旋转，接触到大豆等寄主就缠绕在寄主茎上，生长吸根伸入寄主皮内，吸收大豆体内养料和水分，使大豆生长不良或枯死。菟丝子果实球形，内有种子 2～4 粒，种子表面粗糙，淡褐色。大豆从幼苗期即可被害，被害大豆矮小，茎叶变黄，结荚少，籽粒不饱满。重者豆株上缠满黄色菟丝子，全株萎黄甚至枯死。在田间大豆常成片成簇地被菟丝子蔓延茎缠绕而呈黄色。

二、病原

病原为菟丝子，属旋花科菟丝子属，是一年生寄生草本植物。在我国危害大豆的菟丝子有 2 种：一种是中国菟丝子（*Cuscuta chinensis* Lam.），主要发生在东北、华北、西北；另一种是欧洲菟丝子（*C. anstralis* R. B.），发生在新疆、湖北等地。菟丝子除危害大豆外，还危害胡麻、亚麻、豆科、茄科、藜科和蓼科等多种作物与杂草。种子椭圆形，大小为（1～1.5）毫米×（0.9～

1.2)毫米，浅黄褐色。茎细弱，黄化，无叶绿素，其茎与寄主的茎接触后产生吸器，附着在寄主表面吸收营养。花白色，花柱2条，头状。萼片具脊，脊纵行，使萼片现出棱角。萼片背面具纵脊。雄蕊与花冠裂开互生。蒴果成熟后被花冠全部包住，破裂时呈周裂。

三、发生规律

(一) 侵染循环

菟丝子种子与大豆同时成熟，落入土中或混在大豆种子内越冬；落在土里的可存活几年，家畜吃了随粪便排出后仍有活力。翌年5～6月发芽，长出幼茎蔓延危害，而且嫩茎割、拉成碎段仍能继续生长危害，因而扩繁很快。与寄主建立寄生关系的菟丝子每一个生长点在一昼夜之间能伸长10厘米以上，阴雨天生长更快。所以，低洼地、多雨潮湿天气，菟丝子危害严重。大豆菟丝子实生苗缠绕大豆后，1～2天即在面向大豆一侧形成圆锥状突起，并逐步增大形成吸盘，吸器从盘中央穿出，侵入大豆体内建立寄生关系，此期一般需3～4天；建立寄生关系18～20天后便开始转株危害。大豆菟丝子侵染依靠动物、雨水和农事器材带种传播，混在大豆种子里的菟丝子种子可进行远距离传播。

(二) 环境因子影响

1. 温、湿度 大豆菟丝子种子萌芽的起点温度为8℃，最适温度为25℃，低于8℃或高于40℃则不能萌发。适温范围内，温度越高萌芽越快。菟丝子种子在土壤含水量15%～35%的萌发率为33%～76%，土壤含水量低于10%则不能萌发；土壤墒情越好，出苗越多，反之则少。

2. 寄主 大豆菟丝子的寄主植物颇广，除危害大豆、黑豆、豇豆、荆芥外，还可寄生藜、绿藜、野苋、龙葵、旋花、辣蓼、马齿苋、蒺藜、反枝苋、苍耳、马唐等多种杂草，其中大部分能完成生活史，部分只能完成营养生长。因此，大豆田杂草丛生，有利于大豆菟丝子对大豆的危害，杂草起到临时桥梁作用。

3. 栽培措施 菟丝子出苗率低，常年出苗率只有5%，在土壤中有大量种子积累的情况下才能发生较严重的危害。因此，连作豆田易遭菟丝子危害。

四、防治措施

大豆菟丝子为我国植物检疫对象，应合理地运用植物检疫、农业防治、物理防治、化学防治和生物防治等综合方法防除。

(一) 控制来源

加强检疫，精选豆种。大豆菟丝子是检疫对象，调运含有菟丝子种子的大豆种子是无病田发病的主要来源。所以，调种时应严格检查，防止大豆菟丝子传入新区。大豆菟丝子种子小，千粒重仅 1 克左右，通过筛选、风选均能清除混杂在豆种中的菟丝子种子。

（二）农业防治

1. 结合人工防除实行轮作换茬　由于大豆菟丝子不能寄生在禾本科作物上，因此，与禾本科作物实行 3 年以上轮作，或与水稻实行水旱轮作 1～2 年，可以较好地消灭田里的菟丝子，切断其侵染源。大豆菟丝子出苗后 2～3 天，若找不到合适的寄主就会死亡。据此，大豆宽行条播种植，可以降低菟丝子幼苗成活率，减轻危害。大豆出苗后经常踏田检查，发现有菟丝子缠绕在大豆上，及时将受侵染大豆植株拔除，并将菟丝子残体清除，一并带出田外销毁。

2. 深翻土壤　大豆菟丝子种子在土表 5 厘米以下不易萌发出土，因此，深耕 15 厘米以上，将土表菟丝子种子深埋，使菟丝子难以发芽出土，可以减少发生量。

3. 肥料腐熟　因为大豆菟丝子种子经过畜禽消化道后仍有生命力，所以含有菟丝子的畜禽粪肥必须充分腐熟后才能施入豆田。

（三）化学防治

1. 土壤处理　每亩用 48％地乐胺 120～200 倍液。若天气干旱时墒情差，采取大豆播前施药，施药后立即浅耙松土，把药物混入 2～4 厘米土层中，然后播种。如果雨水调和、墒情好时，则在大豆播后苗前将药液喷施于土表即可。

2. 茎叶处理　在菟丝子开始转株危害时，用 41％农达 400 倍液，或 10％草甘膦 400 倍液，或 48％地乐胺 75 倍液，喷施有菟丝子寄生的植株，喷施时不要让药液沾到其他植株上，否则会产生药害。施药后，每隔 10～15 天再查治一次，共查治 2～3 次。

（四）生物防治

"鲁保一号"为寄生在菟丝子上的一种炭疽菌制剂，用生物制剂"鲁保一号"防治大豆菟丝子收到良好效果。使用时，要求当年产品含真菌孢子个数为 19.24 亿/克以上，活孢率 83.5％以上，以田间温度 25～27 ℃、相对湿度 90％为宜。

第四章 主要叶部病害防控措施

第一节 花叶病毒病

大豆花叶病毒病（Soybean mosaic virus，SMV）是众多大豆病毒病害中影响最大、地域分布最广的病毒病害，在几乎所有种植大豆的地区都有发生。在我国，大豆花叶病毒病的危害从北到南逐渐加重。SMV 严重影响大豆产量，它引起的产量损失一般在 15％左右，严重时可达 70％，甚至绝产。

一、危害症状

大豆花叶病毒病的症状因品种、植株的株龄和气温的不同，差异很大。轻病株叶片外形基本正常，仅叶脉颜色较深；重病株则叶片皱缩，向下卷，出现浓绿、淡绿相间，起伏呈波状，甚至变窄狭呈柳叶状。接近成熟时叶变成革质，粗糙而脆。播种带病种子，病苗真叶展开后便呈现花叶斑驳。老叶症状不明显，后期病株上出现老叶黄化或叶脉变黄的现象。在感病品种上，受病 6～14 天后出现明脉现象，后逐渐发展成各种花叶斑驳，叶肉隆起，形成疱斑，叶片皱缩。严重时，植株显著矮化，花荚数减少，结实率降低。在抗病力强的品种上症状不明显，或仅新叶呈轻微花叶斑驳。病株矮化的现象仅出现于种子带毒和早期感毒而发病的植株，后期由蚜虫传播而发病的植株不矮化，只新叶出现轻微花叶斑驳。花叶症状还与温度的高低有关，气温在 18.5 ℃左右，症状明显，29.5 ℃时症状逐渐隐蔽。SMV 的侵染也可导致大豆种皮的斑驳，籽粒斑驳有淡褐色、深褐色、赤褐色、黑色等多种颜色，但多数与种子的脐色接近。斑驳的形状一般呈不规则斑块状。斑驳与 SMV 株系以及环境条件密切相关，但与种子的带毒率没有严格对应关系，病株上产生的斑驳种子可能携带病毒，但并非所有斑驳种子都携带病毒，通过淘汰斑驳种子减少病毒初侵染来源的方法并不十分可靠。大豆不同生育期感染 SMV 所受的危害程度不同。生育早期感染 SMV 产量损失最大，因为出苗至开花期是大豆花叶病毒病敏感期；大豆苗期感病不仅潜育期短、发病速度快，而且病害症状也很严重，常出现花叶、皱缩及矮化等现象。另外，大豆苗期感染 SMV 会影响大豆根瘤的大小，减弱根瘤固氮效果，营养生长受阻，产量随病级升高而以 20％的水平递减；

而开花期以后，大豆植株抗病性明显增强，病害的潜育期大大延长；鼓粒后期感病，对植株的生长无明显影响。感病品种接种 SMV 后，株高、主茎节数、分枝数、单株荚数、百粒重、单株叶面积、根瘤重、茎叶干重、根干重、蛋白质含量及含油量等均减少，种子褐斑粒率、种子传毒率增加。植株鲜重降低 35%～73%，成熟期延迟，产量降低。

二、病原

大豆花叶病毒病的病原为大豆花叶病毒（Soybean mosaic virus，SMV），属马铃薯 Y 病毒属（*Potyvirus*），是大豆主要的种传病毒。病毒颗粒线状分散于细胞质和细胞核中，大小大多为（650～750）纳米×18 纳米，平均为 700 纳米×16 纳米，病毒钝化温度为 55～60 ℃，有的分离物可达 66 ℃，病液在常温条件下，根据不同分离物，侵染性为 3～14 天，钝化 pH 小于 4 或大于 9，感染 2～3 周病叶细胞内产生内含体为风轮状，大小为 12～14 纳米，病毒核酸的含量为 6%～7%，核酸分子量为 $6.5×10^6$ u。

三、发生规律

（一）侵染循环

大豆花叶病毒在种子内越冬，病毒存在于成熟种子的胚部和子叶内，成为初次侵染来源。播种带毒种子，幼苗期即可发病，之后发展成系统性侵染，为第 1 次侵染。在作物种类少的一季作物地区，如东北，种传病苗是田间唯一的初侵染来源；其他地区冬季种植的蚕豆、紫云英等寄主上的病毒，也可成为侵染大豆的毒源。在田间，病毒扩大再侵染，为第 2 次侵染，主要通过蚜虫传播，包括大豆蚜、豆蚜、桃蚜、马铃薯长管蚜及玉米蚜等。此外，汁液摩擦也可传播大豆花叶病毒病。从带毒种子长出的幼苗，单叶期即可出现花叶，有的病苗到第 2 片复叶展开才表现出症状，种传病苗在田间出现最早，危害最严重，病株常显著矮化。

（二）环境因子影响

SMV 在田间流行与否主要取决于 SMV 株系的致病性、大豆品种抗性及种子带毒率、介体蚜虫的种类及数量、环境条件（特别是温度）。SMV 年度间传播主要通过种子带毒，同一年份田间传播主要靠有翅蚜虫。

1. 温、湿度　结荚初期温度越高，相对湿度越大，种皮斑驳粒率越低。感病植株在幼荚形成期如处于 20 ℃，种粒斑驳率最高。

2. 病毒株系　大豆的褐斑粒与病毒一般呈正相关，即病毒高的褐斑粒率也高，但也有病毒高而褐斑粒率不高，或褐斑粒率高而病毒并不高的现象存在。

3. 品种 大豆品种对大豆花叶病毒病的抵抗能力有明显的差异，有的品种高感 SMV，有的则高抗 SMV。不同品种的种子斑驳率、种传率有明显差异，感病品种的植株不仅受害重，病株率高，收获大豆的产量和品质也受影响。

4. 种子 播种种子的传毒率与田间发病程度高度相关。播种种子的传毒率越高，田间发病越重，收获种子的传毒率也越高。在大豆感病的生育期内，感病越早，种传率越高。大豆开花前发病种子带毒率较高，种子带毒率的高低因大豆品种和大豆被侵染时期的不同而不同，平均 30% 左右，最高达 70%（种子带毒在 4%～77.5% 者也有报道）。多数品种盛花期后感病种子不再传毒，但某些高感品种初荚期发病仍有较低种传率。

5. 蚜虫 蚜虫以非持久方式传播。田间杂草不传毒，蚜虫传播 SMV 距离多在 100 米以内，大豆蚜是传播 SMV 的主要介体，对病害田间流行有重要影响。其他介体蚜虫有豆蚜、桃蚜、茄无网蚜、绣线菊蚜、棉蚜、萝卜蚜、禾谷缢管蚜、玉米蚜、麦二叉蚜和三叶草彩斑蚜。介体蚜虫得毒 30～60 秒的传毒效率高，以 40～50 秒最高。多数介体蚜虫 1 次得毒后只能传毒致病 1 株，就失去传毒能力。桃蚜偶尔能以很低的概率（2.94%）传毒致病第 2 株。传毒效率以豆蚜最高，为 58.33%，桃蚜为 47.66%，大豆蚜为 33.33%。大豆感染 SMV 系统显症前介体不能传毒。SMV 显症率主要决定于温度，显症起始温度为 9℃，最适温度为 26℃。当有翅蚜迁飞降落量大，同时田间病株率高时，SMV 日侵染率最高达 49.57%。翅蚜迁飞频率与 SMV 流行速率密切相关，蚜虫迁飞峰出现在大豆开花期前，SMV 发病增长率与蚜虫迁飞量呈显著线性正相关；蚜虫迁飞峰出现在大豆开花期后，SMV 发病增长率与蚜虫迁飞量没有显著线性相关。蚜虫发生初期单次传播的距离不远，主要传播至病株附近的豆株；但蚜虫发生多时，迁飞较远，传病距离也增加，病害可通过多次重复侵染传播至几百米以外。田间有翅蚜发生和迁飞降落高峰一般在 7 月，此时的迁飞降落蚜量和 SMV 的种子带毒率决定病害流行的程度。种子的带毒率为 0.5%，显著推迟 SMV 流行的时期。田间有翅蚜发生和迁飞降落高峰期若推迟到 8 月，则种子带毒率为 0.2% 和 0.1%，可控制 SMV 的流行危害。

6. 感病时期 生育早期感染 SMV，症状型严重；开花前感染 SMV，产量降低，种传率可达 45%，种子斑驳率增加；大豆品种营养生长的 V4（从单叶着生的叶算起，主茎上有 4 个节的叶片充分生长）时期以前感染 SMV，种子传毒率最高，营养生长的 V7（从单叶着生算起，主茎上有 7 个节的叶片充分生长）时期接种，斑驳率最高；而开花后感染则影响很小，种子传毒率很低或基本不传毒。

四、防治措施

大豆花叶病毒病的防治应采取加强种子检疫、种植抗病毒品种、建立无毒种子田和治蚜防病的综合防治策略。

（一）加强种子检疫

由于大豆花叶病毒为种传病毒，因此，应加强地区间调运大豆种子的检验检疫。我国大豆种植面积广、品种多，种植季节、种植方式及地理气候条件差异大，有利于病毒产生侵染性分化，形成适应力较强的毒株；在各地调种或交换品种资源时，将可能引入非本地病毒或非本地病毒的株系，这种大豆种子的引入必然造成大豆花叶病毒病流行的广泛性及严重性。因此，引进种子必需隔离种植，应留无毒种子，再作繁殖用。检疫及研究单位应加强大豆花叶病毒病的检疫技术，并积极采取有效措施对其进行预防。

（二）农业防治

1. 种植抗病毒品种　大豆对 SMV 的抗性在品种间存在明显差异，推广抗 SMV 品种是目前最经济有效的防治手段。我国十分重视抗大豆花叶病毒品种选育，曾选育出可以抗几乎所有我国 SMV 株系的齐黄 1 号和科丰 1 号。目前，我国已育成的高产、抗 SMV 的国审大豆品种有汾豆 56、汾豆 60、汾豆 78、汾豆 79、邯豆 8 号、合豆 5 号、华春 5 号、吉农 27 号、冀豆 17 号、冀豆 18 号、冀豆 19 号、晋豆 34 号、晋遗 31 号、科豆 1 号、奎丰 1 号、临豆 9 号、鲁黄 1 号、苏豆 8 号、潍科 998、天隆 2 号、徐豆 14 号、徐豆 18 号、浙鲜豆 4 号、中豆 32 号、中豆 40 号、中黄 24 号、中黄 36 号、中黄 47 号、中黄 57 号、周豆 19 号、南农 46 号等，这些抗病品种的种植推广对 SMV 防控起到了重要作用。但改良品种在连年种植过程中，大豆花叶病毒病的发病逐年严重，这可能是由种植品种抗性的衰退或当地侵染病毒株系的变化引起的，所以应对改良品种提纯复壮或改种适合当地的抗病品种。

2. 建立无毒种子田　大豆花叶病毒可经大豆种子播种传播，因此，种植无毒种子是防治病毒病的有效防治方法。建立无毒种子田的要求包括种子田 100 米以内无该病毒的寄主作物（包括大豆）；种子田在苗期去除病株，后期收获前发现少数病株也应拔除，收获种子要求带毒率低于 1%；病株率高或带毒率高的种子，不能作为翌年种植种子使用。

3. 驱蚜避蚜　大豆花叶病毒在田间的流行主要通过蚜虫传播，而传播病毒主要以迁飞的有翅蚜为主，且多是非久持性传播。因此，采取避蚜或驱蚜（有翅蚜不着落于大豆田）措施比防蚜措施效果好。目前最有效的方法是用银膜覆盖土层，或银膜条间隔插在田间，具有驱蚜避蚜作用，此法可在种子田使用。

（三）化学防治

在发病前或发病初期喷药防治大豆花叶病毒病，用 2％菌克毒克水剂 200～300 倍液，做到均匀喷雾、无漏喷，连续施药 2 次，每次间隔 7～10 天；或用 20％毒 A 可湿性粉剂 500 倍液，均匀喷雾，每隔 7～10 天喷 1 次，连喷 3 次。

在发病重的地区，也可喷洒 0.5％抗毒丰菇类蛋白多糖水剂 300 倍液，或 10％病毒五可湿性粉剂 500 倍液，或 1.5％植病灵Ⅱ号乳油 1 000 倍液，或 NS·83 增抗剂 100 倍液，或 2％氨基寡糖素 1 000 倍液等药剂进行防治。

在大豆生长后期，发生蚜虫时，应采用防蚜措施，及时喷施杀蚜剂。在 7～8 月，可结合防治病害的药剂防治蚜虫，进行喷雾防治，消灭传毒介体。常用的药剂有 3％啶虫脒乳油 1 500 倍液，或 2％阿维菌素乳油 3 000 倍液，或 40％乐果乳油 1 000～2 000 倍液，或 2.5％溴氰菊酯乳油 2 000～4 000 倍液，或 50％抗蚜威可湿性粉剂 2 000 倍液，或 10％吡虫啉可湿性粉剂 2 500 倍液等。这些药剂与"天达 2116"混配，效果更佳。此外，应注意几种杀蚜药剂交替使用，防止多次使用单一药剂，使蚜虫产生抗药性。

第二节　霜　霉　病

大豆霜霉病（Soybean downy mildew）是国内外大豆生产上重要病害之一，分布于我国各大豆产区，以大豆生长期间冷凉多雨的地区发生较重。东北和华北地区发生普遍，多雨年份病情加重。由于霜霉病的危害，病叶早落，大豆产量和品质下降，可减产 6％～15％。

一、危害症状

大豆霜霉病危害大豆幼苗、叶片、荚和籽粒。最明显的症状是叶片正面是褪绿斑而叶背产生霜霉状物。种子带菌经系统侵染引起幼苗发病，但子叶不表现症状，当幼苗第一对真叶展开后，沿叶脉两侧出现淡黄色的褪绿病斑，后扩大至半个叶片，有时整叶发病变黄，天气多雨潮湿时，叶背密生灰白色霉层。成株期叶片表面产生圆形或不规则形、边缘不清晰的黄绿色斑点，后变褐色。病斑常汇合成大的斑块，病叶干枯死亡。豆荚表面常无明显症状，剥开豆荚，内壁有灰白色霉层，重病荚的荚内壁有一层灰黄色的粉状物，即病原菌的卵孢子。病荚所结种子的表面无光泽，并在部分种皮或全部种皮上附着一层黄白色或灰白色菌层，为病原菌的卵孢子和菌丝体。霜霉病对大豆的危害主要是幼苗、叶片和种子，其中种子的发病率比较高，减产严重。病种子的发病率为 10％～50％。百粒重减轻 4％～16％，重者可达 30％左右。病种子发芽率下降

10%以上，含油量减少 0.6%～1.7%，出油率降低 2.7%～7.6%。

二、病原

大豆霜霉病病原为东北霜霉（*Peronospora manschurica* Sydow），属鞭毛菌亚门。大豆霜霉病除侵染大豆外，还可侵染野大豆。病原真菌的孢囊梗自气孔伸出，单生或数根束生，大小为（240～424）微米×（6～10）微米，无色（在叶片上呈灰色至淡紫色），呈树枝状，主枝占全长 1/2 以上，基部稍大，顶端作 3～4 次二叉状分枝，主枝呈对称状，弯或微弯，小枝呈锐角或直角，最末的小枝顶端尖锐，其上着生一个孢子囊。孢子囊椭圆形或倒卵形，少数球形，无色或略带淡黄色，单胞，多数无乳头突起，大小为（14～26）微米×（14～20）微米。有性世代产生卵孢子。卵孢子球形，外壁厚而光滑，黄褐色，内含一个卵球，直径 29～50 微米。孢子囊抗逆性较差，寿命短。在温度 15～20 ℃、湿度 70%～80% 的条件下，孢子囊可存活 20 天。

三、发生规律

（一）侵染循环

病原菌可以在患病的籽粒和组织中存活，度过冬季，多数病原菌都是在种子上以卵孢子的形式生存。患病籽粒上的卵孢子在过冬之后就会产生游动孢子，对幼苗进行侵袭，大豆生长过程中菌丝也开始增加，逐渐会对真叶、腋芽造成危害。大豆叶片展开的最初 5～6 天最易感病，展开 8 天以上的叶片则较抗病，病原菌不易侵染，或产生病斑而不形成孢子囊。幼苗被侵害的概率受到温度的影响，当卵孢子处于 13 ℃以下的环境中，具有较高的致幼苗发病概率，约为 40%；温度超过 18 ℃，则不会造成幼苗发病。患病的幼苗上存在较多的孢子囊，风吹和雨打能够让其飞散到附近的植株上，造成成株的叶片感染。孢子囊在新的叶片上落下后萌发芽管，对表皮造成侵袭，在细胞间隙内生长，菌丝不断增加。真菌侵入到植株内部后，其叶片褪绿的情况开始出现，1 周左右便会形成孢子囊，继续扩大侵害范围。该病害不适合在高温区域发生，虽然全国的大豆种植区域均有发病情况，但是以危害东北、华北地区为主，在每年 6 月中下旬开始发病，7～8 月的时候是该病害发生的高峰期，东北和华北在 7～8 月雨水较多。因此，霜霉病的病害情况比较严重，而东北地区的早晚温度跨度大，给该病害的孢子囊形成和传播提供了较好的机会，长江以南地区虽然雨水多，但温度也高，相对于北方发病情况要轻一些。

（二）环境因子影响

1. 气象因素　光照对于大豆霜霉病原菌的孢子囊萌发会产生较大的影响，光照时间越长，萌发就越快，光照时间越短，萌发就越慢。播种后低温有利于卵孢子萌发和侵入种子，温度 15 ℃时，幼苗发病率为 16％，20 ℃时为 1％，25 ℃时为 0，即不能发病。孢子囊形成的适宜温度为 10～15 ℃，10 ℃以下或 30 ℃以上均不能产生孢子囊，发病适温为 20～22 ℃。湿度也是孢子囊形成、萌发和侵入的必要条件。只有在被害叶面呈湿润状态时才能形成孢子囊，10 小时的露水最有利于孢子囊的大量形成。因此，多雨、湿度大的年份大豆霜霉病发生较重。

2. 品种抗性 品种不抗病是大豆霜霉病流行的重要因素。高抗品种种子不带菌，而感病品种种子带菌率可达 40％以上。感病品种发病时病斑大，发展迅速，而且危害性大；抗病品种即使发病，病斑也较小，发展慢，危害轻。

3. 种子带菌率 带菌种子是第 2 年发病的主要侵染源。种子带菌率高又遇到适宜发病条件时，发病重而且早。不带菌或带菌率低的种子，可不发病或发病轻。

4. 叶龄 大豆叶片展开的最初 5～6 天最易感病，展开 8 天以上的叶片则较抗病，病原菌不易侵染，或产生病斑而不形成孢子囊。

四、防治措施

(一)农业防治

1. 选育和推广抗病品种 现已知较抗病的品种有早丰 5 号、白花锉、九农 9 号、九农 2 号、丰收 2 号、丰地黄、合交 1 号、牧师 1 号、东农 6 号、东农 36 号、哈 75 - 5048、合丰 25 号、黑农 21 号、郑长叶豆 (18)、吉林 21 号等。尤其是绥农 4 号、绥农 6 号、绥 76 - 5187、绥 78 - 5035、绥 79 - 5345、抗霉 1 号等品系对大豆霜霉病表现免疫。

2. 合理轮作 霜霉菌卵孢子可在大豆病茎、叶上残留，在土壤中越冬。提倡秋收后，彻底清除田间病株残体并进行土壤翻耕，与禾本科作物实行 3 年以上轮作，减少初侵染源。

3. 加强田间管理 增施磷、钾肥以及排除豆田积水等，可以减轻发病。中耕铲地时注意铲除系统侵染的病苗，减少田间侵染源。

(二)化学防治

1. 种子处理 在无病田或轻病田留种的基础上，播前要注意精选种子，并进行药剂拌种。可用种子重量 0.1％～0.3％的 35％甲霜灵（瑞毒霉）拌种剂，或 80％三乙磷酸铝（美帕曲星、乙磷铝）拌种，防治效果均可达到 100％。也可用 50％多菌灵可湿性粉剂和 50％多福合剂拌种，用量为种子重量的 0.7％。

2. 药剂喷施 在发病初期落花后，用 75％百菌清可湿性粉剂 700～800 倍液，或 50％烯酰吗啉可湿性粉剂 200 倍液，或 25％甲霜灵可湿性粉剂 750 倍液，或 250 克/升醚菌酯悬浮剂 1 000 倍液，或 72.2％霜霉威水剂 800 倍液，或 20％嘧菌酯悬浮剂 1 500 倍液，或 10％氰霜唑悬浮剂 1 200 倍液，或 70％霜脲氰锰锌可湿性粉剂 600 倍液，或 68.75％氟吡菌胺悬浮剂 1 000 倍液喷雾防治。每 15 天喷 1 次，连喷 2～3 次。

第三节　锈　病

大豆锈病（Soybean rust）是全球性的、专性寄生病害，可引起严重的产量损失。该病的危害在发病地区不亚于大豆花叶病毒病和大豆孢囊线虫病。大豆锈病于 1891 年首次报道在非洲发现，1903 年在日本也报道发现该病，是亚洲首次记录。大豆锈病原来主要分布在东半球热带和亚热带地区，亚洲和大洋洲发生危害较重。近年来，在非洲、南美洲、北美洲有逐步扩大和加重的趋势。目前，大豆锈病主要发生在中国、日本、韩国、菲律宾、朝鲜、印度、斯里兰卡、巴基斯坦、尼泊尔、越南、柬埔寨、加拿大和美国等 39 个国家和地区。我国有 23 个省份报道有大豆锈病发生，发生严重地区主要在北纬 27°以南，主要省份有广西、海南、台湾、广东、福建、云南、贵州、四川、浙江、江西、湖南、湖北及江苏等。常发生地区还有河南、安徽、山西、山东、陕西、甘肃等。东北三省及河北偶有报道，但生产田中很少发现，其他省份未做调查。据不完全统计，我国大豆锈病大多发生在南方大豆种植较分散的省份，由于大豆生态的特殊性，给抗病育种及示范推广带来一定难度。另外，大豆锈病危害期主要在结荚期，大豆种植者常与后期影响产量不大的叶部病混淆不清，结荚、鼓荚期大豆植株叶片因锈病变黄落叶，往往误认为是大豆成熟的过程，而锈病造成空荚，荚数减少，百粒重降低等，种植者又不认为是病害造成，也就没有直观损失的概念，忽视病害造成的损失。所以，大豆锈病的危害不可忽视。

一、危害症状

大豆锈病主要侵染叶片、叶柄和茎，叶片两面均可发病，一般情况下，叶片背面病斑多于叶片正面，初生黄褐色斑，病斑扩展后叶背面稍隆起，即病原菌夏孢子堆，表皮破裂后散出棕褐色粉末，即夏孢子，致叶片早枯。生育后期，在夏孢子堆四周形成黑褐色多角形稍隆起的冬孢子堆。侵染叶片，主要侵染叶背，叶面也能侵染。最初叶片上出现灰褐色小点，以后病毒入侵叶组织，形成夏孢子堆，叶上呈现褐色小点，到夏孢子堆成熟时，病斑隆起于叶表皮层呈红褐色到紫褐色或黑褐色病斑。病斑大小在 1 毫米左右，由一至数个孢子堆组成。孢子堆成熟时，叶表皮破裂散出粉状可可色夏孢子。干燥时，呈红褐色或黄褐色。冬孢子堆的病原菌在叶片上呈不规则黑褐色病斑，由于冬孢子聚生，一般病斑大于1毫米。冬孢子堆多在发病后期，气温下降时产生，在叶上与夏孢子堆同时存在。冬孢子堆表皮不破裂，不产生孢子粉。在温度、湿度适于发病时，夏孢子多次再侵染，形成病斑密集，周围坏死组织增大，能看到被叶脉限制的坏死病斑。坏死病斑多时，病叶变黄，造成病理性落叶。病原菌侵染叶柄或茎秆时，形成椭圆形或棱形病斑，病斑颜色先为褐色、后变为红褐色，形成夏孢子堆后，病斑隆起，每个病斑的孢子堆数比叶片上病斑的孢子堆数量多，且病斑也大些。多数病斑都在1毫米以上。当病斑增多时，也能看到聚集一起的大坏死斑，表皮破裂散出大量可可色或黄褐色的夏孢子。大豆花期后发病严重，植株一般先从下部叶片开始发病，后逐渐向上部蔓延，直至株死。病斑严重的中下部叶片枯黄，提早落叶。造成豆荚瘪粒，荚数减少，每荚粒数也减少，百粒重减轻，如早期发病几乎不能结荚，造成严重减产。

二、病原

大豆锈病的病原目前认为有 2 种，即亚洲锈病原菌（*Phakopsora pachyrhizi* Sydow）和美洲锈病原菌（*P. meibomiae* Arthur）。它们均属锈菌目（Uredinales）栅锈科（Melampsora）层锈属（*Phakopsora*）。2 种大豆锈病病原在症状上无法区分，DNA 分析是鉴别以上 2 个锈病病原的唯一方法。亚洲锈病（*P. pachyrhizi*）发生范围比较广，可引起严重的产量损失，美洲锈病原菌（*P. meibomiae*）目前只在美洲有报道，对大豆产量影响不大。美洲锈病菌很少引起病斑，巴西主要发生在温度平均 25 ℃、相对湿度较高、海拔在 800 米以上的地区。而亚洲锈病菌则发生在较高温度（30 ℃以上）的情况下，在大豆叶背面出现 10 小时以上湿润情况下可引起严重的病斑。美洲型通常表现为 RB 型，夏孢子形成很少。亚洲型则表现为 Tan 型，产生大量的夏孢子，在不利条件下再侵染或在耐病品种上可能产生 RB 型病斑。大豆锈病在自然条件下，只发现夏孢子和冬孢子阶段，夏孢子是寄主的传染源，冬孢子存在于寄主叶片上。夏孢子堆呈圆形、卵圆形或椭圆形，密集生长在一起，呈梨形，在不同时期呈米色或淡黄色，在不同时期形成的夏孢子堆大小有差异。夏孢子卵圆形，大小因采集品种地点不同而有差异。冬孢子堆着生在大豆叶组织表皮下，散生或聚生，栅状排列，呈褐色至深褐色。冬孢子淡黄色、表面光滑、长柱状。

三、发生规律

（一）侵染循环

大豆整个生育期内均能被侵染，开花期到鼓粒期更容易感染。锈病的流行是由病原菌的多重侵染特性和夏孢子巨大的繁殖能力决定的，夏孢子 10~14 天便可完成一个侵染循环，一个夏孢子堆成熟后可释放出成千上万个夏孢子。因此，适合夏孢子生长萌发和侵染的环境条件，如温度、降水量和雨日数是造成流行的主要因素。

（二）环境因子影响

1. 气象因素　当日平均气温在 15~26 ℃时，夏孢子开始萌发并繁殖，日平均气温低于 15 ℃或高于 27 ℃均不利于夏孢子的萌发和侵染。降水量和雨日数是影响内陆或平原地区大豆锈病发生的主要因素，当雨季推迟或雨量减少时，锈病的发生会随之推迟并减弱；当雨季提前或阴雨连绵时，锈病的发生则相应提前。长时间的雾、露天气也有利于夏孢子的侵染和繁殖，有研究表明，在 20 ℃时与露水接触 1.5 小时，夏孢子即可萌发。我国福建、浙江、广西、云南等沿海和山区大豆锈病的流行均与这些地区常年的雾、露天气密切相关。在每天 14 小时光照与自然日照（每天 11.2 小时）对比条件下，比较大豆锈病的发展速率。前者长日照延迟了植株的生长，在每天 14 小时光照下，由于生理发育的推迟，锈病发生推迟，降低了锈病发病速率。然而，比较相对时间（播种天数与成熟期之比），大豆锈病发展速率保持不变。大豆锈病发展速率与播种后的天数、相对生长期呈高度正相关。大风有利于病原菌的传播。据在我国丘陵地区观察，发病初期所见两丘之间的凹地，发病地带呈喇叭形扩散至全田。

2. 海拔　海拔与锈病的发展有关，通常山区的锈病比平原地区严重，在海拔 600 米以下，锈病严重度与海拔呈正相关；在海拔 600 米以上，锈病普遍比较严重。

3. 发病时期　大豆在整个生育期均可受到大豆锈病原菌侵染，但以花期最为敏感，病原菌侵染速率与植株生育期呈正相关。

4. 田间管理　田间的病情严重度与地势、排水状况、灌溉方式以及种植密度相关。增加田间湿度的因素如畦田、冲田、排水不畅或漫灌等均可加重病害程度。

四、防治措施

（一）农业防治

1. 控制大豆锈病最有效的方法是应用抗（耐）病品种。因此，大豆抗锈病品种筛选和抗锈病育种研究尤为必要。

2. 适当提早播种，避开环境有利于病害发生的季节，缩短播种期，避免种植密度过高，以利于田间喷洒杀菌剂。

3. 加强田间管理，开好排水沟，达到雨停无积水；大雨过后及时清理沟系，防止湿气滞留，降低田间湿度，这是防病的重要措施。

4. 采用测土配方施肥技术，适当增施磷、钾肥。培育壮苗，增强植株抗病力，有利于减轻病害。

（二）化学防治

发病初期，喷洒 75％百菌清可湿性粉剂 600 倍液，或 70％代森锰锌 500 倍液，或 36％甲基硫菌灵悬浮剂 500 倍液，或 10％抑多威乳油 3 000 倍液，隔 10 天左右 1 次，连续防治 2～3 次。上述杀菌剂不能奏效时，可喷洒 15％三唑酮可湿性粉剂 1 000～1 500 倍液，或 50％萎锈灵乳油 800 倍液，或 25％肟菌酯悬浮剂 1 000 倍液，或 25％丙环唑乳油 3 000 倍液，或 6％氯苯嘧啶醇可湿性粉剂 1 000～1 500 倍液，或 40％氟硅唑乳油 8 000 倍液。

第四节　灰斑病

大豆灰斑病（Soybean frogeye leaf spot）又称蛙眼病、褐斑病或斑点病，该病首先在日本发现，此后相继在美国、英国、中国、加拿大、澳大利亚、巴西、委内瑞拉、危地马拉等国发生。截至目前，大豆灰斑病已成为一种世界性病害。我国大豆灰斑病主要分布在黑龙江、吉林、辽宁、河北、山东、安徽、江苏、四川、广西、云南等大豆种植区，尤以黑龙江最为严重。该病是一种间歇性流行病害，近年来，由于大豆重迎茬面积的增加，灰斑病的发生越来越严重。一般发生年可使大豆减产 12％～15％，严重发生年可减产 30％，个别可达 50％。同时，灰斑病还严重影响大豆品质。

一、危害症状

灰斑病可危害大豆幼苗子叶、叶片、茎、荚和豆粒。幼苗子叶上的病斑圆形、半圆形或椭圆形，深褐色，略凹陷。天气干旱，病斑常不扩展；苗期低温多雨，子叶上的病斑迅速扩延至幼苗的生长点，使幼苗顶芽变褐枯死；成株期叶片病斑呈圆形、椭圆形或不规则形，中央灰色，边缘红褐色，状如薄纸而透明。病斑与健全组织分界明显，呈蛙眼状，故大豆灰斑病又称为"蛙眼病"。气候潮湿时，病斑背面生有密集的灰色霉层，为病原菌的分生孢子及孢子梗。病斑刚出现时为红褐色小点，后逐渐扩大，严重时叶片布满斑点，互相合并，使叶片干枯脱落；茎上病斑呈圆形或纺锤形，灰色，边缘黑褐色，密布微细黑点，并有不太明显的霉状物；荚上病斑呈圆形或椭圆形，扩大可呈纺锤形，灰褐色；粒上病斑轻者只产生褐色小斑点，重者病斑呈圆形或不规则形，灰褐色，边缘暗褐色，中部为灰色，严重时病部表面粗糙，可突出种子表面并生有细小裂纹。

二、病原

大豆灰斑病为真菌性病害，病原为大豆尾孢菌（*Cercospora sojina* Hara），属半知菌亚门尾孢属真菌，分生孢子为棍棒状或圆柱形，具隔膜 1~11 个，无色透明，分生孢子梗 5~12 根成束从气孔伸出，不分枝，褐色，具 0~3 个隔膜。病原菌的寄主范围窄，只能侵染栽培大豆、野生和半野生大豆。该菌有生理分化现象，美国已鉴定出 11 个生理小种，巴西已鉴别出 20 多个，目前我国生理小种有 14 个以上，生理小种的改变易引起病害的大流行。

三、发生规律

（一）侵染循环

病原菌以菌丝体或分生孢子在病残体或种子上越冬，成为翌年初侵染来源。带菌种子长出幼苗的子叶即见病斑，大豆灰斑病受气候条件影响很大，高温高湿条件下，子叶上病斑处形成的分子孢子借风、雨传播，进行再侵染。豆荚从嫩荚期开始发病，鼓粒期为发病盛期，遇高温多雨年份发病重。分生孢子 2 天后侵染力下降 26%，6 天后失去生活力。生产上该病害的流行与品种抗病性关系密切，如品种抗性不高又有大量初侵染菌源，重茬或邻作、前作为大豆，前一季大豆发病普遍、花后降雨多、湿气滞留或夜间结露持续时间长等很容易造成大发生。

（二）环境因子影响

1. 温、湿度　当温度适宜、平均气温在 19 ℃以上时，病斑直径可达 3~4 毫米。当温度适宜、平均温度在 20 ℃以上和相对湿度在 80% 以上时，则潜育期短，病斑小，有的只有一个褐色斑点。因而，在大流行年份，叶片的病斑小而多。降雨和湿度条件是灰斑病流行极为重要的因素。尤其是病粒率的多少更是取决于盛荚期至鼓粒中期的降水量和降雨日数。这个时期降雨日数多，又有连续降雨，病粒率将会增高，损失会增加。7~8 月多雨高温（相对湿度＞80%）可造成病害流行。

2. 品种　品种对发病影响很大，高感病品种在田间发病早、蔓延快、病斑多，形成孢子量大。耐病品种即使在该病流行年份，叶部病斑也很少。灰斑病生理小种容易变异，使大豆品种抗性丧失。近年来，分子生物学技术尤其是分子标记技术的不断发展，为大豆灰斑病抗病育种开拓了新的思路。国内外已对部分灰斑病生理小种抗性基因进行了 RAPD、AFLP 和 SSR 等分子标记，期望找到与抗病基因紧密连锁的分子标记，进而应用于分子标记辅助抗病育种，尽快培育出优良抗病品种，减少灰斑病对大豆生产造成的经济损失。

3. 栽培因素 大豆种植密度过大，通风条件差，易导致局部温、湿度大，有利于病原菌的繁殖，增大发病概率。在田间越冬菌源量大的重迎茬和不翻耕豆田，大豆灰斑病发生早且重。前茬作物对大豆灰斑病的发生有很大影响，因为大豆灰斑病病原菌的寄主范围窄，若连年种植大豆会使病原菌积累，感病品种遇到高温高湿的环境条件，会导致灰斑病的大发生。大豆灰斑病初侵染来源是病株残体和带菌种子。因此，应清除菌源、合理轮作、种植抗病品种及做好预测预报。大发生年及时喷药保护，可以减轻发生危害。

四、防治措施

（一）农业防治

1. 大豆的一般品种与抗病品种对灰斑病的抗病差异仅表现在被害程度上，抗病品种与非抗病品种相比表现在单叶病斑少、病斑小、受害轻。因此，选用抗病品种是防治灰斑病的一条很重要措施。

2. 合理轮作施肥，一般可采用麦-麦-豆、麦-杂-豆或麦-豆-杂的轮作换茬方式，尽量避免重迎茬，以减少田间菌源量，增施有机肥，辅以化肥，增强大豆长势，提高抗病能力，种地养地相结合，实行均衡增产。

3. 防除田间杂草，田间杂草过多，会影响田间的通风透光，使田间小气候湿度加大；合理密植，由于密度加大，倒伏严重，田间通风透光不良，有利于病情蔓延；做好秋季耕翻整地，排除田间积水，降低湿度，提高地温。

（二）化学防治

1. 种子处理 可用种子重量 0.3% 的 50% 福美双可湿性粉剂，或 50% 多菌灵可湿性粉剂拌种，能达到防病保苗的效果，但对成株期病害的发生和防治作用不大。

2. 药剂喷施 目前，应用的药剂有 40% 多菌灵悬浮剂 800～1 000 倍液，或 70% 甲基硫菌灵可湿性粉剂 800～1 000 倍液喷雾，或 50% 异菌脲可湿性粉剂 800 倍液，或 2.5% 溴氰菊酯乳油 2 500 倍液＋50% 多菌灵可湿性粉剂 1 000 倍液混合喷雾，可兼防大豆食心虫。

第五节 褐 纹 病

大豆褐纹病（Soybean brown spot）别称褐斑病、斑枯病，大豆最主要的叶部病害之一，多发生于冷凉地区，在世界各大豆产区均有不同程度发生。我国以黑龙江省东部发生较重，一般地块病叶率达 50% 左右，病情指数 15%～35%，严重地块病叶率达 95% 以上。

一、危害症状

褐纹病的典型症状是叶部产生多角形或不规则形，大小1～5毫米，褐色或赤褐色小型斑，病斑略隆起，中部色淡，稍有轮纹，表面散生小黑点。病斑周围组织黄化，发生重的地块叶片多数病斑可汇合成褐色斑块，使整个叶片变黄，病叶发生发展的顺序是自下而上地发生，直至叶片脱落。茎和叶柄染病生暗褐色短条状边缘不清晰的病斑。病荚染病上生不规则棕褐色斑点。其中，不同叶子的危害症状不同。子叶病斑呈不规则形，暗褐色，上生很细小的黑点。真叶病斑棕褐色，轮纹上散生小黑点，病斑受叶脉限制呈多角形，直径1～5毫米，严重时病斑愈合成大斑块，致叶片变黄脱落。

二、病原

大豆褐纹病病原为大豆壳针孢（*Septoria glycines* Hemmi），属半知菌亚门真菌。分生孢子器埋生于叶组织里，散生或聚生，球形，器壁褐色，膜质，直径为64～112微米。分生孢子无色，针形，直或弯曲，具横隔膜1～3个，大小为（26～48）微米×（1～2）微米。病原菌发育温限5～36℃，24～28℃最适。分生孢子萌发最适温度为24～30℃，高于30℃则不萌发。

三、发生规律

（一）侵染循环

该病是一种在低温条件下容易发生的气传病害，病原菌以菌丝体和分生孢子器在病残体上越冬，从伤口、气孔直接穿透组织表皮侵入大豆叶片。种子带菌引致幼苗子叶发病，在病残体上越冬的病原菌释放出分生孢子，借风雨传播，先侵染底部叶片，后进行重复侵染向上蔓延。侵染叶片的温度范围为16～32℃，28℃最适，潜育期10～12天。温暖多雨，夜间多雾，结露持续时间长，发病重。该病每年有2个发病高峰：7月上旬为第1个高峰期，7月中旬至8月中旬病害增长速率非常缓慢，8月下旬以后，随着气温降低，病情快速增长；8月末至9月初进入第2个高峰期，发病严重时，9月上旬大豆叶片自下而上全部黄化脱落。

（二）环境因子影响

病害发生轻重，主要取决于病原菌的菌源数量、气象条件、耕作和栽培技术等。

1. 气象因素　春季气温低，多雨、高湿、日照时数少，则大豆生育前期发病重；开花结荚后，降温较快，遇多雨、高湿，大豆生育后期发病则较重。

2. 品种　尚未发现免疫和高抗品种，但品种间的抗病性有明显差异。

3. 菌源数量 一般种子带菌率高，幼苗、子叶和单叶上发病率也较高。田间越冬病残体多，成株期发病较重。所以，大豆连作地比轮作地发病重。此外，进行秋、春翻地比不翻地的豆田，由于菌源少，发病较轻。

四、防治措施

(一)农业防治

1. 选择适宜品种 根据当地种植条件及气候，选择合适的品种，虽然目前还没有高抗品种，但是可以选择抗病性表现较好的品种。

2. 栽培措施 根据大豆的长势，进行合理的大田管理，科学施肥、合理灌溉，要实行 3 年以上的轮作。

(二)化学防治

此病属于气流传播为主，多循环病害，在合理轮作和合理施肥的基础上，防治方法应以药剂防治为重点。6 月中旬喷药可控制前期叶部病害，8 月 20～25 日喷药可控制后期病害。发病前及中后期各进行 1 次药剂防治，防病增产效果最佳。发病初期，喷洒 75％百菌清可湿性粉剂 600 倍液，或 50％琥胶肥酸铜可湿性粉剂 500 倍液，或 14％络氨铜水剂 300 倍液，或 77％可杀得微粒可湿性粉剂 500 倍液，或 47％加瑞农可湿性粉剂 800 倍液，或 12％绿乳铜乳油 600 倍液，或 30％绿得保悬浮剂 300 倍液，隔 10 天左右防治 1 次，防治 1 次或 2 次。

第六节　灰　星　病

大豆灰星病 (Soybean phyllosticta leaf spot) 在我国发生比较普遍，对大豆叶危害极大，且能在病株残体上越冬，严重者会造成叶片枯死，大量减产。该病在东北、华北地区和广西、湖北、江苏、广东等省份均有发生。大豆灰星病是普遍发生的一种病害，严重时使叶片枯死，引起落叶，造成减产。

一、危害症状

大豆灰星病在叶上产生圆形或不规则形病斑，起初淡褐色，后期灰白色，周围有一较细的暗褐色边缘；病斑内有黑色小点，为病原菌的分生孢子器或子囊壳。有些病斑破裂成孔。病害也常从边缘开始发病，病斑常汇合并围有一共同的褐色圈。条件适合或在高感病品种上，病害发展极其迅速，自叶片边缘先呈青色水浸状，然后变褐，再变灰白色；内有一堆堆黑点，为病原菌的分生孢子器，周围亦有一褐色圈，此种病斑可迅速扩展至半个或大半个叶片；严重感染的叶片提早脱落。茎、叶柄和荚也受感染。茎和叶柄上病斑呈长条形，浅灰色至黄褐色，有一窄的褐色或紫褐色边。荚上病斑呈圆形，周围有红色边缘。

二、病原

大豆灰星病的病原为大豆灰星病菌，分为两个阶段。有性阶段（*Pleosphaerulina sojaecola* Miura）属子囊菌亚门真菌；无性阶段（*Phyllosticta sojaecola* Massal）属半知菌亚门真菌球壳孢目。分生孢子器生于叶正面，球形或近球形，器壁薄，褐色，有孔口，直径64~128微米。器孢子单孢，椭圆形或卵圆形，直或弯曲，无色透明，二端钝圆或一端稍尖，大小为（5~10）微米×（2~3）微米。有性阶段的子囊壳与分生孢子器混生于病斑里，球形或近球形，直径77~112微米，暗褐色，具孔口；子囊椭圆形，无色，大小为（56~70）微米×（28~35）微米，子囊里含有8个子囊孢子；子囊孢子排列不整齐，无色或淡绿色黄色，椭圆形或圆筒形，有2~4个横隔，0~2个纵隔，呈砖格状，隔膜处略细缩，大小为（24.5~31.5）微米×（7~14）微米。

三、发生规律

病原菌以分生孢子器在病株残体上越冬，成为翌年的初侵染源。来年环境适合，病斑上产生分生孢子，借风、雨传播进行多次再侵染。在寄主感病、菌源多和气候、栽培条件充分有利于发病时，易造成病害的流行。在冷凉、湿润的气候条件下，发病重，可引起早期落叶。

四、防治措施

（一）农业防治

因地制宜选用抗病品种。精选无病种子和种子消毒。秋收后及时清除田间的病株残体，消灭菌源。实行3年轮作。

（二）化学防治

发病初期，喷洒75%百菌清可湿性粉剂750倍液，或50%甲基硫菌灵·硫黄悬浮剂700倍液，或50%苯菌灵可湿性粉剂1000倍液，或70%代森锰锌可湿性粉剂500倍液，或25%多菌灵可湿性粉剂500倍液。7~10天1次，连续2~3次。也可试用防治灰星病叶斑病新药25%氟硅唑·咪鲜胺500倍液。

第七节　叶　斑　病

大豆叶斑病（Soybean leaf spot）可以由很多种真菌侵染发生，主要危害大豆叶片。大豆球腔菌叶斑病在我国四川、河南、山东、江苏等地都有发生，秋大豆发生较多。

一、危害症状

以危害叶片为主，在发病初期，叶片上会出现小病斑，颜色为灰白色居多，形状不规则；随着病害的加重，小斑点会慢慢变大，扩展后大小为2～5毫米，颜色也由灰白色变成了褐色（四周为深褐色，中间为浅褐色），在叶片上很明显，容易判断；病害在严重的情况下，这些病斑会导致叶片出现干枯现象，并且在病斑部位，出现黑色的小粒点，即病原菌子囊壳。最后叶片枯死脱落。大豆的光合作用受阻，产量必然会受到影响。

二、病原

大豆叶斑病病原为大豆球腔菌（*Mycosphaerella sojae* Hori），属子囊菌亚门真菌。子囊壳黑褐色，球形至近球形，近表生，壳壁膜质，有孔口，大小为70～130微米，子囊束长在子囊壳里，圆筒形至棍棒状，大小为（35～73）微米×（8～13）微米，无侧丝，子囊内含有子囊孢子8个，排成双行，子囊孢子无色，梭形至纺锤形，具隔膜1个，隔膜处略缢缩，大小为（13～23）微米×（4～9）微米。

三、发生规律

(一)侵染循环

大豆球腔菌以子囊壳在病残组织里越冬，成为翌年初侵染源。该病多发生在生育后期，导致早期落叶，个别年份发病重。对种子胚根生长有抑制作用，对幼苗有致萎作用，也可侵染成株叶片，产生大量病斑，降低产量。

(二)环境因子影响

1. 温、湿度　当一些大豆种植区域遇到长时间的连阴雨天气时，再加上田间排水不良，导致田间湿度过大，也容易感染叶斑病。病原菌还会通过风雨和气流进行传播。

2. 品种　抗病性较强的品种，在病害发生时，同等情况下，比普通的品种发病概率和发病程度要小一些，起到一定的预防效果。

3. 栽培措施　当某些地块，常年种植大豆，田间病原菌的数量多，抗性大，发生叶斑病的概率和危害也会加大。当大豆种植过密时，等到生长中后期，田间基本上被叶片所覆盖，通风性、透光性都较差，不利于大豆正常生长，有利于病害的发生。轮作3年以上后，再种植大豆，病害会大大减轻。

四、防治措施

（一）农业防治

收获后及时清除病残体，集中深埋或烧毁。深翻土壤，实行 3 年以上轮作。大豆种植过程中，水肥的施用要合理。干旱时，及时灌溉浇水；遇到连阴雨天气时，及时排水。另外，底肥＋追肥＋叶面喷施肥要跟上，以此来保证大豆的正常生长，提高自身抗性，减轻病害的危害。

（二）化学防治

在发病初期喷药防治，可使用 50％多菌灵可湿性粉剂 600 倍液，或 50％福美双可湿性粉剂 700 倍液，或 69％安克锰锌可湿性粉剂 600 倍液，或 50％甲霜铜可湿性粉剂 600 倍液，或 90％乙磷铝可湿性粉剂 500 倍液，或 70％乙·锰可湿性粉剂 400 倍液，或 60％吡唑代森联水分散粒剂 800 倍液，或 50％烯酰吗啉可湿性粉剂 1 500 倍液，或 58％甲霜·锰锌可湿性粉剂 500 倍液，或 70％代森锰锌可湿性粉剂 700 倍液，或 70％甲基托布津可湿性粉剂 1 000 倍液，或 75％百菌清可湿性粉剂 700 倍液等药剂喷雾防治，每 7 天 1 次，连续防治 2～3 次。

第八节　靶　点　病

大豆靶点病（Soybean target disease），国外分布于美国、加拿大、日本、德国，国内在吉林、黑龙江、山东、四川等省份均有发生。感病品种发病严重时可减产 18％～32％。

一、危害症状

主要危害叶、叶柄、茎、荚及种子。大豆幼苗的地下茎部和根部呈深褐色的条斑或梭形斑，严重的全根变褐；病根弯曲、变细，根毛稀少；地上部植株瘦小，叶子发黄，长势弱。成株期叶上病斑圆形至不规则形，斑点大小变化大，淡黄褐色，病斑周围常具淡黄绿色晕圈；大的病斑常具清晰的轮层，造成叶片早落；叶柄和茎上斑点状，暗褐色；荚上病斑呈圆形，略凹陷，严重时豆荚变黑褐色，湿度大时，可产生黑色霉层。

二、病原

大豆靶点病病原为山扁豆生棒孢（*Corynespora cassiicola*），属半知菌亚门丝孢纲丝孢目暗色孢科棒孢属。分生孢子梗褐色，单生或束片，直立偶有分枝，梗长 62～218 微米，直径 7～11 微米，具多个隔膜。分生孢子淡褐色至深褐色，倒棍棒状至圆柱状，直或略弯，一头钝圆，一头平截形；脐部明显，黑褐色，大小为（42～222）微米×（7～13）微米，具 3～20 个假隔膜，一般为 5～6 个假隔膜以上；孢子顶生，偶有 2～3 个串生。据记载，此菌分布广，除危害大豆外，还寄生豇豆、番茄、黄瓜、甜瓜、西瓜、辣椒、小豆、菜豆、木薯、番木瓜、橡胶树等多种植物，引起叶斑病。根据病原菌在大豆和豇豆上的致病性不同，认为至少有 2 个生理小种。

三、发生规律

病原菌以菌丝体或分生孢子在病株残体上或土壤中越冬，翌年春遇到合适的发病条件就会萌发侵染种子和幼根。病原菌在土壤中可存活 2～3 年，并能在很多土中植株残余上繁殖，来年产生分生孢子借风雨传播，进行侵染。同一品种的相邻地块，低洼地易发病，高岗地没有发现此病。另外，周围树荫遮挡、土壤湿度相对较大的地块也容易发病。可见，地块处在低洼、土壤长期处在潮湿状态、多雨是发病的主要因素。

四、防治措施

（一）农业防治

选种抗病品种，从无病株上留种并进行种子消毒。田间发现病株及时拔除并烧毁。与非豆科作物实行 3 年以上轮作。秋后清除病残体，深耕翻地，减少菌源。

（二）化学防治

发病初期用 50％腐霉利・多菌灵可湿性粉剂 1 000 倍液，或 50％腐霉利可湿性粉剂 1 500 倍液，或 69％安克锰锌可湿性粉剂 600 倍液，或 50％甲霜铜可湿性粉剂 600 倍液，或 50％异菌脲可湿性粉剂 1 000 倍液，或 70％甲基硫菌灵可湿性粉剂 800 倍液等药剂喷雾。每 7 天 1 次，连续防治 2～3 次。

第九节　细菌性斑点病

大豆细菌性斑点病（Soybean bacterial blight）又名大豆细菌性疫病，在南美洲中部、欧洲、北美洲、亚洲中北部和非洲等地危害严重。近年来，国内大豆细菌性斑点病主要在黄淮海地区发生，随着气候变暖，东北三省大豆主产区也发生了细菌性斑点病，尤以黑龙江省发病严重。该病在哈尔滨、宾县、牡丹江、绥化、佳木斯、海伦、富锦、黑河等地均有不同程度的发生，其中，在哈尔滨、牡丹江、绥化、佳木斯发病较重。大豆细菌性斑点病的大面积发生严重导致产量损失和品质下降。易感品种可减产 5％～10％，发生严重年份减产达 30%～40%；可使籽粒变色，大幅度降低大豆商品价值。

一、危害症状

大豆细菌性斑点病病原菌在大豆各生育时期均可侵染。带病种子表现为侵入点呈灰白色，周围褐色油渍状扩展；子叶发病一般表现为病斑中央褐色，周围褪绿，呈水渍状；三出复叶发病表现为多角形水渍斑或褐色坏死斑，周围出现褪绿圈，同时可以侵染大豆叶片、幼苗、叶柄、茎、豆荚，其主要危害对象是叶片。叶片症状特点为病斑初为褪绿的小斑点，呈半透明的水渍状；然后转为黄色至淡褐色，扩大成直径 3～4 毫米、红褐色至黑褐色的病斑，呈多角形或不规则形，且边缘有明显的黄色晕圈，同时在病斑背面有白色的菌脓溢出；病斑常汇合成枯死的大斑块，一般在老病斑中央处撕裂脱落，造成下部的叶片早期脱落。豆荚上的病斑特点初为红褐色小点，后变成黑褐色，大部分集中在豆荚的合缝处。籽粒上病斑特点为不规则形、褐色，上面覆有一层菌脓往往出现在种子的一端，形状很像"蛙眼"。茎和叶柄上病斑为黑褐色、水渍状条斑。

二、病原

大豆细菌性斑点病病原菌为丁香假单孢菌（*Pseudomonas syringae* pv. *glycinea*），属细菌。菌体杆状，大小为 0.6～1.7 微米，有荚膜，无芽孢，极生 1～3 根鞭毛，好气性，革兰氏染色反应阴性。在肉汁胨琼脂培养基上，菌落圆形乳白色，有光泽，稍隆起，表面光滑边缘整齐。不能液化明胶，石蕊牛乳实验变蓝色不胨化，在葡萄糖和蔗糖里产酸。

三、发生规律

（一）侵染循环

细菌主要在种子上越冬，在未腐烂的被害叶上也可存活到下一年。细菌对土壤微生物的拮抗作用敏感，因此，细菌一般不能在土壤中生存很久。播种带病种子，能引起幼苗发病，病害的扩大再侵染是通过风、雨传播的。全生育期均可发生，病情发展快，发生严重。病原细菌从气孔侵入，在寄主叶组织的细胞间生长，病原菌的黏液和寄主组织的汁液很快充满这些空腔。6 月中旬田间植株发病率 15%～30%，出现一个高峰期；8 月下旬以后，随着气温降低，后期发病重，发病田块达 50% 以上。

（二）环境因子影响

1. 温、湿度　大豆细菌性斑点病病原菌主要在种子和土壤表层的病株残体中越冬，对土壤中微生物的拮抗作物特别敏感，土壤中病组织腐烂后病原菌很快死亡。土壤湿度越大、土层越深，病原菌死亡越快。因此，病原菌在北方土壤内的残株中可越冬，而在南方则不能在残体中越冬。病原菌发育适温为25～27℃，最高为37℃，最低为8℃，致死温度为47℃。气温低、多雨露天气有利于发病，暴风雨有利于该病传播和侵染。病原菌可由雨滴反溅带到叶片，也可在叶面潮湿时通过田间作业或收获而传播。天气阴冷潮湿有利于病害发展，干热天气病害受抑制，暴风雨后病害常暴发，高温多雨发病重。

2. 品种抗性 大豆品种不同，自身对环境的适应性和防御性也有所不同。不同大豆品种对大豆细菌性斑点病的抗病性表现差异较大，抗、感反应明显。抗性好的品种主要表现为过敏性坏死反应（hypersensitive reaction），抑制病原细菌的生长、繁殖和扩张；抗性差的品种则表现出症状明显，叶部发病较重，叶部发病重时病斑可连接成片。在生产上适当考虑利用抗病品种，可预防细菌性病害的发生。

3. 菌源 田间遗留病残株残体多，田间菌源就比较充足，只要气象条件适宜就可大量流行。

4. 耕作栽培 大豆种植密度大会加快病原菌的侵染速度；连作田间存在大量菌源，病害发生严重；如果种植品种单一、面积过大或者是只考虑产量，未考虑品种的抗病性而引入高度感病品种，则会造成病害流行。

四、防治措施

大豆细菌性斑点病在不同的地区发生和危害程度不一样，因此，根据大豆细菌性斑点病的发生规律，应该本着"预防为主、综合防治"的方针去防治大豆细菌性斑点病。

（一）农业防治

1. 种子处理 播前精选种子，并进行种子消毒，剔除病粒坏粒，进行药剂拌种。用大豆种衣剂对种子进行包衣或播种前用种子重量0.3%的50%福美双拌种。

2. 消灭菌源 与禾本科作物合理轮作，轮作年限达3年以上，大豆和玉米进行间作可以减轻病害的发生。合理密植，调整播种期，以减轻病害的发生。收获后及时收集田间的病株落叶做燃料或堆肥。秋翻土地，将病株残体深埋，促使病残体加速腐烂，消灭菌源。田间的积水要及时排出。合理施肥，氮、磷、钾肥配合施用，实践证明，施用腐熟农家肥也可以控制或减轻病害的发生。

（二）化学防治

发病初期用药剂防治，可选用12%松脂酸铜乳油800倍液，或47%春雷霉素·王铜可湿性粉剂600～800倍液，或77%氢氧化铜可湿性粉剂400倍液，7～10天喷1次，连喷3～4次。还可以喷施多菌灵、代森锌、1∶1∶160

波尔多液或 30％碱式硫酸铜悬浮液 400 倍液，视病情防治 1～2 次。

第十节　细菌性斑疹病

大豆细菌性斑疹病（Soybean bacterial pustule），又名大豆细菌性叶烧病、大豆叶烧病。生长季节温暖和频繁有阵雨的条件下易于发生。大豆细菌性斑疹病在世界范围内均有发生，若栽培技术不合理，在温暖湿润的条件下，会使病原菌迅速生长。该病在我国南北方均有发生，南方大豆比北方大豆发病严重。我国南方大豆产区细菌性斑疹病经常造成较大损失。据统计，发生比较重的年份导致大豆减产达 15％～20％。

一、危害症状

该病从幼苗到成株均可发病，主要侵染叶片、豆荚，也可危害叶柄和茎。叶片发病初生浅绿色小点，后变为大小不等的多角形红褐色病斑，大小为 1～2 毫米，病斑逐渐隆起扩大，形成小疱状斑，干枯，表皮破裂后似火山口状，形似斑疹，周围无明显黄晕。隆起的疱斑是该病害鉴别标志。严重时大量病斑汇合，组织变褐，枯死，似火烧状。豆荚发病，初生红褐色圆形小点，后变成黑褐色枯斑，稍隆起。斑疹病与斑点病的区别在于斑疹病的病斑初期不呈水渍状，并且中央常有一突起的小疹，病斑周围也没有黄色晕圈。

二、病原

大豆细菌性斑疹病病原菌为（*Xanthomonas campestris* pv. *glycines*），属细菌。菌体杆状，大小为（1.3～1.5）微米×（0.6～0.7）微米，无荚膜，无芽孢，极生单鞭毛，革兰氏染色反应阴性，好气性。在肉汁胨琼脂培养基上形成黄色圆形菌落，表面光滑，全缘，似奶油状；能液化明胶，石蕊牛乳实验凝固变蓝色；水解淀粉，不产生亚硝酸盐，产生硫化氢和氨。病原菌发育适温 25～32 ℃，最高 38 ℃，最低 10 ℃。

三、发生规律

（一）侵染循环

大豆细菌性斑疹病病原菌在种子和土壤表层的病残体中越冬，成为翌年的初侵染源。在杂草上也有发现，但存活时间不长，随着病组织的腐烂，病原菌逐渐死亡。带菌种子和带有病残体的农家肥可使幼苗子叶被侵染，病部的细菌借风雨传播，从寄主气孔侵入，在薄壁细胞内大量繁殖，进行再侵染，扩大危害。当病组织腐烂后，其中的病原菌很快死亡。大豆开花期至收获前发生较多。首先底部基叶发病，开花后逐渐严重，鼓粒期达到高峰。

（二）环境因子影响

1. 气候条件 斑疹病病原菌主要在大豆种子和病残体中越冬，在杂草上也有发现，但存活时间不长。随着病组织的腐烂，病原菌逐渐死亡。带病种子播种后会引起幼苗发病，以风雨为主要传播途径，通过气孔、水孔和伤口进行扩大再侵染。因此，在大豆生长期，温暖和多雨的条件易于细菌性斑疹病的发生，暴风雨更有利于伤口形成，致使斑疹病发生严重，如 2004 年新疆伊犁哈萨克自治州新源县兵团 71 团大豆发病，就是由于在大豆生长期多数天气的平均气温都在 25 ℃以上，8 月天气条件又比较潮湿，适宜细菌斑疹病的发生。

2. 耕作栽培 大豆种植密度大会加快病原菌的侵染速度；连作田间存在大量菌源，病害发生严重；如果种植品种单一、面积过大或者是只考虑产量未考虑品种的抗病性而引入高度感病品种，则会造成病害流行。

3. 防治措施 大豆的病害防治方法要合理，且要了解喷药的注意事项。若喷药错过了最佳防治时期、没有按照药品说明规范化使用农药或是选用了质量难以保证的药剂，会使得防治效果不明显，致使大豆细菌性斑疹病局部流行。

四、防治措施

大豆细菌性斑疹病主要从以下方面进行防治。

（一）农业防治

1. 选用无病、包衣的种子，如未包衣则种子须用拌种剂或浸种剂灭菌。

2. 播种前或收获后，清除田间及四周杂草，集中烧毁或沤肥；深翻地灭茬，促使病残体分解，减少病源。与禾本科作物轮作，水旱轮作最好。适时早播，早移栽、早间苗、早培土、早施肥，及时中耕培土，培育壮苗。

3. 选用排灌方便的田块，开好排水沟，降低地下水位，达到雨停无积水，大雨过后及时清理沟系，防止湿气滞留，降低田间湿度，这是防病的重要措施；高温干旱时应科学灌水，严禁连续灌水和大水漫灌。

4. 施用酵素菌沤制的堆肥或腐熟的有机肥，不用带菌肥料；采用配方施肥技术，适当增施磷、钾肥，加强田间管理，培育壮苗，增强植株抗病力，有利于减轻病害。

5. 土壤病原菌多或地下害虫严重的田块，在播种前撒施或沟施灭菌杀虫的药土。

6. 采用无病种子及种子消毒。建立无病种子田或从无病田留种，以保证种子不带菌。如在轻病田取种，则种子必须进行消毒处理。

（二）物理防治

45 ℃恒温水浸种 15 分钟，捞出后移入冷水中冷却、播种。

（三）化学防治

1. 种子处理　用种子重量 0.3% 的 50% 福美双可湿性粉剂拌种，100 千克种子用药 0.3 千克。

2. 药剂喷施　14% 络氨铜水剂 300 倍液，或 77% 氢氧化铜可湿粒粉剂 500 倍液，或 47% 春雷霉素·王铜可湿性粉剂 800 倍液，或 30% 碱式硫酸铜悬浮剂 400 倍液，或 50% 琥胶肥酸铜可湿性粉剂 500 倍液，隔 7～10 天防治 1 次，连续防治 2～3 次。采收前 3 天停止用药。

（四）生物防治

1. 浸种剂　用硫酸链霉素 500 倍液，浸种 24 小时后播种。

2. 喷施剂　90% 新植霉素可溶性粉剂 4 000 倍液，或 72% 农用硫酸链霉素可溶性粉剂 3 000 倍液，或 10% 乙蒜素乳油 1 000 倍液。

第十一节　细菌性角斑病

大豆细菌性角斑病（Soybean angular leaf spot），别名大豆细菌性叶斑病，大豆细菌性凋萎病。国外分布于日本和朝鲜。国内主要分布在东北、黄淮海各大豆主要产区。本病是由细菌性斑点病的一个日本变种引起。因此，两者症状有较大的相似性。

一、危害症状

细菌性角斑病可侵染幼苗、叶片、叶柄、茎秆和豆荚。叶片染病初生圆形至多角形暗绿色小斑点，略显水渍状，后逐渐扩大径达 1～2 毫米，渐变成深褐至黑褐色小斑，边缘多具有一狭窄的褪绿晕圈，发病严重时叶片枯死脱落。子叶、叶柄、茎秆和豆荚上症状与叶部症状相似，病部中央稍凹陷并渗出菌脓。它与细菌性斑点病的症状区别主要表现是病斑颜色较细菌性斑点深，褪绿晕圈不十分明显，细菌性斑点病叶背常溢出菌脓，呈透明薄膜状。

二、病原

大豆细菌性角斑病病原菌为丁香假单胞杆菌大豆日本致病变种细菌（*Pseudomonas syringae* pv. *pachyrihizus*）。病原细菌杆状，两端钝圆，大小为 0.6 微米×0.9 微米，有 1～3 根端生鞭毛，好气性，革兰氏染色反应阴性，有荚膜，无芽孢。在肉胨琼脂培养基上菌落乳白色，圆形，稍隆起，光滑，呈弱绿荧光。不能液化明胶，淀粉不水解，硝酸盐不还原，产氨，不形成吲哚和硫化氢，石蕊牛乳实验变碱凝固，不胨化。在葡萄糖、蔗糖、甘露醇、山梨醇、果糖里产酸，在纤维二糖、乳糖和半乳糖里微产酸，在苯甲酸钠、海藻糖、阿拉伯糖、鼠李糖、水杨苷、乳酸钠里均不能利用，在酒石酸钾及柠檬酸钠里能产碱。病原细菌发育适温是 25～27 ℃，最高是 37 ℃，最低是 3 ℃，致死温度是 47 ℃。本病原细菌大小比斑点病细菌形小，在乳糖里前者稍有生长，而后者则不能生长，前者不形成吲哚，后者少量产生。这是两菌种在形态和生理性状上的主要区别，其他性状基本一致。寄主植物除大豆外，尚能侵染菜豆属植物、小豆和豇豆等，而斑点病细菌只侵染大豆。其他的传播途径、发病条件和防治方法等均与细菌性斑点病一样。

三、发生规律

(一)侵染循环

病原菌主要在种子及病残体上越冬。带菌种子为重要的传染源，条件适宜时即可形成初侵染，由气孔、水孔或伤口侵入寄主。发病后借风雨传播进行重复侵染。

(二)环境因子影响

1. 温、湿度　病原菌生长最适温度为 25～27 ℃。多雨有利于细菌的侵染、传播，病害发生重，天气干燥抑制发病。天气阴冷潮湿有利于病害发展，暴风雨后病害常暴发，高温多雨发病重。

2. 品种抗性　不同大豆品种的抗病性表现差异较大，抗性好的品种能抑制病原细菌的生长、繁殖和扩张；抗性差的品种则表现出症状明显，叶部发病较重，叶部发病重时病斑可连接成片。

3. 耕作栽培　大豆种植密度大会加快病原菌的侵染速度；连作田间存在大量菌源，病害发生严重。

四、防治措施

(一)农业防治

选择适宜于本地区相对抗、耐病品种。采用无病种子，实行 2～3 年以上轮作，收获后及时清除田间病株残体，深翻土地，消灭菌源。

(二)化学防治

1. 种子处理　播种前进行种子处理，可用 1％稀盐酸液浸种 3～4 小时后洗净播种，也可用种子重量 0.3％的 47％春雷霉素·王铜可湿性粉剂拌种。

2. 药剂喷施　发病初期及时进行药剂防治，可选用 47％春雷霉素·王铜可湿性粉剂 800 倍液，或 77％氢氧化铜可湿性粉剂 500 倍液，或 50％福美双可湿性粉剂 500 倍液，或 25％噻枯唑可湿性粉剂 800 倍液，或 25％二噻农＋碱性氯化铜水剂 500 倍液，7～10 天防治 1 次，视病情连续防治 2～3 次。

第五章　主要荚粒病害防控措施

第一节　紫　斑　病

大豆紫斑病（Soybean seed purple stain）是目前大豆生产中的重要病害之一。1921年首次在朝鲜半岛发生，1924年在美国发现该病，现在世界各大豆产区均有分布。紫斑病在我国大豆产区发生普遍，是我国南方大豆产区常见的一种病害，北方大豆产区也时有发生，在东北大豆产区多次流行，对大豆出口造成了很大损失。主要分布于我国的黑龙江、吉林、辽宁、河北、河南、山西、陕西、湖南、湖北、山东、江苏、浙江、广东、广西和甘肃等地。

一、危害症状

大豆紫斑病可危害其叶、茎、荚与种子，以种子上的症状最明显。子叶被危害后，叶片上起初发生圆形紫红色斑点，散生，扩大后变成不规则形或多角形，褐色、暗褐色，边缘紫色，主要沿中脉或侧脉的两侧发生；条件适宜时，病斑汇合成不规则形大斑；病害严重时叶片发黄，湿度大时叶正反两面均产生灰色、紫黑霉状物，以背面为多。茎秆染病，发病初始，产生红褐色斑点，扩大后病斑形成长条状或梭形，严重的整个茎秆变成黑紫色，上生稀疏的灰黑色霉层。荚上病斑近圆形至不规则形，与健康组织分界不明显，病斑灰黑色，病荚内层生有不规则形紫色斑。荚干燥后变黑色，有紫黑色霉状物。大豆籽粒上病斑无一定形状，大小不一，多呈紫红色。病轻的在种脐周围形成放射状淡紫色斑纹；病重的种皮大部变紫色，并且龟裂粗糙。病斑仅对种皮造成危害，不深入内部。籽粒上的病斑除紫色外，尚有黑色及褐色两种，籽粒干缩有裂纹。有些抗病性差的品种，严重时紫斑率达25%左右，使籽粒大部分或全部种皮变紫色，严重影响商品质量。

二、病原

大豆紫斑病病原为菊池尾孢（*Cercospora kikuchii* Matsumoto et Tomoy）属半知菌亚门真菌。病原菌子实体着生叶片正反两面，子座小，分生孢子梗簇生，不分枝，暗褐色，多隔膜，大小为（45～200）微米×（4～6）微米。分生孢子无色，鞭状至圆筒形，顶端稍尖，具分隔，多的达20个以上。大豆紫斑病原菌在侵染大豆过程中可产生一种非专化毒素——尾孢毒素（Cercosporin），是一种聚酮化合物，也是重要的致病因子。尽管有的大豆品种不易感染叶或荚期侵染的真菌，但是没有品种对毒素表达抗性。

三、发生规律

（一）侵染循环

病原菌主要以菌丝体潜伏在种皮内越冬。带病种子播后，在幼苗子叶便感病，成主要初侵染来源。其次，病株组织内的子座也可越冬，翌年春天产生分生孢子，也为初侵染来源，但病原菌脱离寄主，很快失去生活力。

病组织上产生分生孢子，随气流传播，引起再侵染。结荚期多雨，温度偏高，病重。一般下部荚发病率比上部高，受害重。病势发展以子叶发病至三出复叶期为多，其后减少，结荚期发病再度严重，荚内籽粒的发病，在荚变黄以后增加。此外，收获期晚，脱粒前遭雨，荚内紫斑病粒也会增加。

（二）环境因子影响

1. 温、湿度　紫斑病的发生与降雨和气温有很大关系，如果大豆开花到结荚成熟期，温度高于40 ℃或低于14 ℃，雨水过多，田间持水量达80%以上，均会导致紫斑病，尤其是鼓粒到成熟期阴雨天气会加重紫斑病的发生。

2. 品种差异　抗病性差的品种发病率较高。晚熟大豆品种紫斑病发生很轻或不发病，可能是因为避开了病害发生的有利时期。

3. 栽培措施　连作地块发病重；过于密植、通风透光不良地块发病较重。

四、防治措施

（一）农业防治

1. 选用抗病性好的优良品种，如铁丰19号、齐黄26号、豫豆24号、周豆12号、文丰7号、九农5号、西农69号、黑农41号、垦农18～30号和垦鉴豆37号、鉴豆38号、鉴豆41号、鉴豆42号、鉴豆43号等均是优质高产抗紫斑病的大豆品种；或选用早熟品种，有明显的抗病作用。

2. 及早清除田间病残株叶，土地深耕深翻，减少病源；与禾本科或其他非寄主植物2年轮作，最好是3年内不种植大豆，可减轻受害；适时早播、合理密植；加强田间管理，注意清沟排湿，防止田间湿度过大，及时防治病虫害。

（二）化学防治

1. 种子处理　剔除带病种子，播前对种子进行处理，除选用抗紫斑病品种外，播种前要精细选种，剔除紫斑病粒，并用种子重量0.3%～0.8%的

50％福美双粉剂拌种，或用 0.3％的 40％大富丹或 70％敌克松拌种，也可用
2.5％咯菌腈悬浮种衣剂 10 毫升兑水 150～200 毫升，混匀后拌种 5～10 千克，
包衣后播种。

2. 药剂喷施　在叶发病初期和开花结荚期喷药，每隔 7～10 天防治 1 次，
连续防治 2～3 次。药剂可选用 50％多菌灵可湿性粉剂 800 倍液，或 70％甲基
托布津可湿性粉剂 1 000 倍液，或 65％代森锰锌 400～500 倍液，或 160～200
倍等量式波尔多液，或 50％苯来特 1 000 倍液，注意要喷在豆荚上。

多雨季节，在蕾期到嫩荚期或发病初期，喷洒 75％百菌清可湿性粉剂或
65％代森锌可湿性粉剂 500～1 000 倍液，一般每隔 10～15 天喷 1 次，喷 2～
3 次。

第二节　炭　疽　病

大豆炭疽病（Soybean anthracnose）是大豆生产的常见病害，普遍发生于
巴西、印度、泰国，我国东北、华北、华东、西北和华南各大豆产区均普遍发
生，一般南方重于北方。潮湿温暖条件下，病害症状及病情严重度增加。能够
引起大豆炭疽病的病原菌有平头炭疽菌、菜豆炭疽菌、毁灭炭疽菌、毛核炭疽
菌、胶孢炭疽菌及禾谷炭疽菌等。平头炭疽菌（*Colletotrichum truncatum*）
是引起大豆炭疽病的主要病原菌。该病原菌于 2009 年由荷兰学者鉴定得出。
1961 年，由平头炭疽菌引起的大豆炭疽病首次报道。从 2001 年开始，炭疽病
作为一种继发性病害持续存在，长期对大豆产量造成严重的损失。据报道，巴
西北部炭疽病发病率每增加 1％便造成 6 千克/亩的产量损失，美国南部地区
该病造成大豆种子产量损失 16％～26％。

一、危害症状

大豆炭疽病从苗期至成熟期均可发病，子叶、叶片、叶柄、茎秆、豆荚及
种子皆可受害。子叶上出现红褐色至黑褐色病斑，边缘略浅，病斑扩展后常出
现开裂或凹陷，气候潮湿时，子叶变水渍状，很快萎蔫、脱落。病斑可从子叶
扩展到幼茎上，致病部以上枯死。叶上发病，病斑呈不规则形，边缘深褐色，
内部浅褐色，病斑上生粗糙刺毛状黑点，即病原菌的分生孢子盘。叶柄发病，
病斑褐色，不规则形。茎秆发病，初生红褐色病斑，渐变褐色，最后变灰色，
不规则形，其上密布呈不规则排列的黑色小点，常包围整个茎。豆荚上病斑呈
近圆形或不规则形，边缘常隆起，中央部凹陷，潮湿时各患部斑面上出现轮纹
状排列的朱红色小点或小黑点，病荚不能正常发育，种子发霉，暗褐色并皱缩
或不能结实。带病种子发病，大部分于出苗前即死于土中。

二、病原

大豆炭疽病病原（*Colletotrichum glycines* Hori）属半知菌亚门。有性态为大豆小丛壳（*Glomerella glycines* Lehman et Wolf），属子囊菌亚门。子囊壳球形，直径180～340微米。子囊长圆形至棍棒状，大小为（30～106）微米×（7～13.5）微米。子囊孢子单胞，无色，四周生许多黑色或深褐色刚毛，长100～200微米。分生孢子梗无色，短。分生孢子镰刀形，单胞，无色，大小为（16～25）微米×（3.7～4.5）微米。病原菌发育适温为25～28 ℃，高于34 ℃或低于14 ℃均不能发育。分生孢子萌发适温为20～29 ℃，最适 pH 为7～9。

三、发生规律

（一）侵染循环

病原菌以菌丝或分生孢子盘在病残体或大豆种子上越冬，翌年春夏播种后即可发病，产生分生孢子或子囊孢子，并借风雨传播进行侵染。种子带菌可以直接侵染幼苗子叶。发病适温 25～28 ℃。病原菌在 12～14 ℃以下或 34～35 ℃以上不能发育。生产上苗期低温或土壤过分干燥，大豆发芽出土时间延迟，容易造成幼苗发病。苗期潮湿，死苗多；生长后期高温多雨，发病重。成株期温暖潮湿条件利于该菌侵染。植株在整个生长期都是感病的，特别是在大豆开花期到豆荚形成期。在这一时期使用药剂防治最为有效。

（二）环境因子影响

病原菌以菌丝体和分生孢子盘在病茎秆或种子上越冬，成为翌年的初侵染源。分生孢子借风雨进行初侵染和再侵染。生产上苗期低温或土壤过分干燥，大豆发芽出土时间延迟，容易造成幼苗发病。生长后期高温多雨的年份发病重。植株浓绿，田间郁闭，通风透光差，田间湿度大，有利于病原菌繁殖侵染，发病较重。连作田发病重。

四、防治措施

（一）农业防治

1. 选用优良种子 选用抗病品种或无病种子，并进行种子消毒，保证种子不带病原菌。

2. 减少菌源 收获后及时清除田间病株残体或实行土地深翻，减少菌源。

3. 加强栽培管理 合理施肥，避免施氮肥过多，提高植株抗病力。加强田间管理，及时深耕及中耕培土。雨后及时排除积水防止湿气滞留。

4. 实行轮作 提倡实行 3 年以上轮作，与禾本科作物轮作，可减轻病害。

（二）化学防治

1. 种子处理　播种前用 50% 多菌灵可湿性粉剂或 50% 异菌脲可湿性粉剂，按种子重量 0.4% 的用量拌种，拌后闷 3～4 小时。

2. 药剂喷施　在大豆开花期及时喷洒药剂，保护种荚不受害。可选用 50% 甲基硫菌灵可湿性粉剂 600 倍液，或 50% 多菌灵可湿性粉剂 600 倍液，或 80% 炭疽福美可湿性粉剂 800 倍液，或 70% 代森锰锌可湿性粉剂 500～600 倍液，或 25% 溴菌腈可湿性粉剂 500 倍液，或 47% 春雷霉素·王铜可湿性粉剂 600 倍液等喷雾防治。

第三节　荚枯病

大豆荚枯病（Soybean pod blight）分布于东北、华北以及四川等地。主要危害豆荚、豆粒，造成荚枯和粒腐，品质变劣，丧失食用价值。

一、危害症状

该病一般在生长后期发生，主要危害豆荚，也能危害叶和茎。荚染病初病斑暗褐色，后变枯黄色或灰白色，凹陷，不规则形，上轮生小黑点，即病原菌的分生孢子器。幼荚受害易脱落，老荚染病萎垂不落，病荚多不结实，发病轻的虽能结实，豆粒变小干缩，无光泽，表面生白色菌丝层，味极苦。茎、叶柄染病产生褐色不规则形病斑，上生无数小黑粒点，即病原菌的分生孢子器。发病重的植株，茎部变褐色，病部以上干枯，植株逐渐死亡。

二、病原

大豆荚枯病病原为豆荚大茎点菌（*Macrophoma mame* Hara），属半知菌亚门真菌。分生孢子器散生或聚生，埋生在病部表皮下，露有孔口，分生孢子器黑褐色，球形至扁球形，器壁膜质，大小为 104～168 微米。分生孢子长椭圆形至长卵形，单胞无色，两端钝圆，大小为（17～23）微米×（6～8）微米。

三、发生规律

病原菌以分生孢子器在病残体上或以菌丝在病种子上越冬，成为翌年初侵染源。南方多在 8～10 月发病，北方 8～9 月易发病。该病发生与结荚期降雨量多少有关，连阴雨天气多的年份发病重。多年连作地，田间上年留存的病残体及周边的杂草上越冬菌量多，地势低洼积水，排水不良，早春气温回升早，夏秋连阴雨多，栽培过密，田间通风透光差，发病较重。

四、防治措施

(一)农业防治

1. 建立无病留种田,选用无病种子。

2. 发病重的地区实行 3 年以上轮作。收获后,清除田间病残体及周边杂草,减少病源。深翻土壤,将病残体深翻入地下。雨后及时排出田间积水,提倡轮作,合理密植,使用充分腐熟的有机肥。

(二)化学防治

1. 种子处理 可用种子重量 0.4% 的 50% 多菌灵可湿性粉剂,或 50% 福美双可湿性粉剂,或 50% 拌种双可湿性粉剂拌种。

2. 药剂喷施 发病初期及时施药防治,可用 25% 噻菌酯悬浮剂 1 000～2 000 倍液,或 50% 噻菌灵可湿性粉剂 600～800 倍液＋75% 百菌清可湿性粉剂 800～1 000 倍液,或 66% 敌磺钠・多菌灵可湿性粉剂 600～800 倍液,或 70% 甲基硫菌灵可湿性粉剂 600～800 倍液＋70% 代森锰锌可湿性粉剂 500～600 倍液,或 50% 腐霉利可湿性粉剂 800 倍液＋75% 百菌清可湿性粉剂 800 倍液,或 50% 异菌脲可湿性粉剂 800 倍液＋50% 福美双可湿性粉剂 500 倍液,或 50% 咪鲜胺锰络化合物可湿性粉剂 1 000～2 000 倍液。均匀喷施,视病情间隔 7～10 天喷施 1 次,连续防治 2～3 次。

第四节 轮 纹 病

大豆轮纹病(Soybean zonate spot)是大豆的主要病害,广泛分布于世界各地,在我国东北、华北、华东等地区发生十分普遍,常造成早期落叶,结荚较少或不结荚。严重地块或重病年份,田间发病率高,引起植株大量落叶,显著影响生产。

一、危害症状

从大豆幼苗期到结荚后都可发病,主要危害叶片、叶柄、茎及荚等部位。子叶病斑初为褐色小斑点,扩大后呈圆形、近圆形、褐色或黄褐色,并有明显同心轮纹,后期轮纹上生有许多小黑点,即病原菌分生孢子器。叶片病斑初为褐色小点,散生,扩大后呈圆形或近圆形,中央褐色,周缘暗褐色,有同心轮纹,其上散生的黑色小点即病原菌的分生孢子器。病斑较薄,易破裂而穿孔。叶柄危害引起严重的早期落叶。茎部病斑多发生在分枝处,近梭形,初为灰褐色,扩大干燥后变为灰白色,边缘不明显,病部密生很多小黑点。荚部病斑近圆形或不规则形,初为褐色,干燥后变为灰白色或灰黑色,病荚上密生小黑点，不规则或轮状排列，与炭疽病相似。荚柄被害时，荚内空瘪不结实，早期干枯，重病荚常为畸形。轻病荚可结粒，但豆粒瘦小；重病荚不能结粒，或虽结粒，豆粒一半或大部分变灰褐色皱缩干瘪，无光泽，粒重极轻，无发芽力。病斑特征是灰褐色，有同心轮纹与小黑点。

二、病原

大豆轮纹病病原为大豆壳二孢（*Ascochyta glycines* Miura），属半知菌亚门真菌。分生孢子器球形至扁球形，初生在叶表皮组织中，后突破表皮外露，散生或聚生，器壁膜质，褐色，大小为 102～144 微米，分生孢子圆柱形，无色，多数正直，两端钝圆，有一个隔膜，隔膜处无或稍缢缩；大小为（6～13）微米×（2～4）微米。我国台湾的轮纹病原菌是 *A. Dhaseolorum* Sacc；国外报道轮纹病原菌尚有 *A. sojaecola* Abram；*Ascochyta* sp.。

三、发生规律

大豆壳二孢以菌丝体和分生孢子器作为初侵染来源，在病残体内越冬，第 2 年在高温多雨的适宜条件下，产生分生孢子，借风、雨传播到叶片开始侵染，引发大豆轮纹病。常造成植株底部叶片穿孔或早期落叶，大豆开花后危害荚柄和豆荚。虽然大豆壳二孢寄生能力较弱，但在感病植株衰弱且管理粗放的情况下，特别是遇到高温多雨的潮湿天气，加之偏施氮肥等肥水管理不当，则会极易引发大豆轮纹病的发生和流行。

四、防治措施

（一）农业防治

1. 选用较抗病的品种，播种前进行种子消毒。

2. 秋收后及时清除病株残体，并耕翻土地消灭菌源，可减轻发病。

（二）化学防治

发病初期喷杀菌剂进行防治。盛花至结荚初期喷施 50% 多菌灵可湿性粉剂 1 000 倍液，或 75% 百菌清可湿性粉剂 1 000 倍液，或 70% 甲基硫菌灵可湿性粉剂 1 000 倍液，或 50% 苯菌灵可湿性粉剂 1 500 倍液，或 50% 异菌脲可湿性粉剂 1 200 倍液。每隔 10 天左右防治 1 次，视病情防治 1～2 次。

第六章　主要地下害虫防控措施

第一节　蛴　螬

蛴螬属鞘翅目（Coleoptera）金龟子总科（Scarabaeoidea），是金龟子幼虫的总称，俗称土蚕、地狗子，是世界上公认的重要地下害虫，可危害多种植物，是近几年危害最重、给农业生产造成巨大损失的一大类群。蛴螬在中国分布很广，各地均有发生，但以北方发生较普遍。中国蛴螬的种类有 1 000 多种，其中，危害大豆的种类主要有暗黑鳃金龟（*Holotrichia Parallela* Motschulsky）、大黑鳃金龟（*Holotrichia diomphalia* Bates）、铜绿丽金龟（*Anomala corpulenta* Motschullsky）。暗黑鳃金龟主要分布在东北亚地区，中国、日本和印度等地危害最重，在我国 20 余个省份均有发生，是黄淮海流域花生田、大豆田的主要地下害虫。大黑鳃金龟适应性较广，在我国分布区域北起黑龙江、内蒙古、吉林，南至江苏、湖北、四川，西至甘肃。铜绿丽金龟在我国除西藏、新疆外的各省份均有发生。

一、危害症状

蛴螬口器属于咀嚼式，食性较杂，可危害玉米、大豆等多种农作物，还可危害牧草、果树和林木等。蛴螬喜食萌发的种子、幼苗的根、茎；苗期咬断幼苗的根、茎，断口整齐，地上部幼苗枯死，造成田间大量缺苗断垄或幼苗生长不良，使杂草大量出生，过多的消耗土壤养分，增加了化学除草成本或为下年种植作物留下隐患；成株期主要取食大豆的须根和主根，虫量多时，可将须根和主根外皮吃光、咬断。蛴螬地下部食物不足时，夜间出土活动，危害近地面茎秆表皮，造成地上部植株黄瘦，生长停滞，瘪荚瘪粒，减产或绝收。后期危害造成大豆百粒重降低，不仅影响产量，而且降低商品性。蛴螬成虫喜食叶片、嫩芽，造成叶片残缺不全，加重危害。

二、形态特征

（一）暗黑鳃金龟

1. 成虫　体长 17~22 毫米、宽 9.0~11.5 毫米。暗黑色或黑褐色，无光泽，前胸背板前缘有成列的褐色长毛。鞘翅两侧缘几乎平行，每侧有 4 条不明显纵肋。前足胫节有外齿 3 个，中齿明显靠近顶齿。腹部臀节背板不向腹面包卷，与肛腹板相会合于腹部末端。

2. 卵　长椭圆形，长 2.5～3.0 毫米，宽 1.5～2.0 毫米，表面光滑，初为乳白色，后为淡黄色。

3. 幼虫　老熟幼虫体长 35～45 毫米，头宽 5.6～6.1 毫米。头部前顶毛每侧 1 根，位于冠缝旁。内唇端感区刺多为 12～14 根，在感区刺与感前片间除了具有 6 个较大的圆形感觉器以外，还有 9～11 个小圆形感觉器。肛腹板后部覆毛区无刺毛列，只有散乱排列的钩状毛 70～80 根。

4. 蛹　体长 20～25 毫米，宽 10～12 毫米，臀节三角形，2 尾角呈钝角岔开。

(二)铜绿丽金龟

1. 成虫　体长 15～22 毫米，椭圆形。前胸背板发达，密生刻点，铜绿色，小盾片色较深，有光泽，两侧边缘淡黄色。鞘翅铜绿色，色较浅，上有不明显的 3～4 条隆起线。胸部腹板及足黄褐色，上着生有细毛。复眼深红色，触角 9 节。鳃浅黄褐色，叶状。足腿节和胫节黄色，其余均为深褐色，前足胫节外缘具 2 个较钝的齿，前足、中足大爪分叉，后足大爪不分叉。

2. 卵　初产时椭圆形，长 1.65～1.93 毫米，宽 1.30～1.45 毫米，乳白色；孵化前呈圆球形，长 2.4～2.6 毫米，宽 2.1～2.3 毫米，卵壳表面光滑。初为乳白色，后为淡黄色。

3. 幼虫　老熟幼虫体长 30～40 毫米，头宽 5 毫米左右，"C"字形。头部黄褐色，体乳白色。胸足 3 对且特别发达，腹部无足，体肥大，多皱纹，臀节肛腹板两排刺毛列相交错，每列由 10～20 根刺毛组成。

4. 蛹　长椭圆形，长 18～20 毫米，宽 9～10 毫米，裸蛹。初期为浅白色，后渐变为淡褐色，羽化前为黄褐色。

(三)大黑鳃金龟

1. 成虫　体长 16～21 毫米，宽 8～11 毫米，黑色或黑褐色，具光泽。触角 10 节，鳃片部 3 节，黄褐色或赤褐色。前胸背板两侧弧扩，最宽处在中间。鞘翅长椭圆形，于 1/2 后最宽，每侧具 4 条明显纵肋。前足胫节具 3 外齿，爪双爪式，爪腹面中部有垂直分裂的爪齿。雄虫前臀节腹板中间具明显的三角形凹坑；雌虫前臀节腹板中间无三角坑，具 1 横向枣红色棱形隆起骨片。

2. 卵　长 2.5～2.7 毫米，宽 1.5～2.2 毫米，发育前期为长椭圆形，白色稍带绿色光泽；发育后期圆形，洁白色。

3. 幼虫　老熟幼虫体长 35～45 毫米，头宽 4.9～5.3 毫米，头部前顶毛每侧 3 根呈 1 纵列，其中，2 根紧挨于冠缝旁。肛门孔 3 裂缝状。肛腹片后部覆毛区中间无刺毛列只有钩毛群。

4. 蛹 为离蛹，蛹体长 21～24 毫米，宽 11～12 毫米。腹部具 2 对发音器，位于腹部 4、5 节和 5、6 节背部中央节间处。尾节狭三角形，向上翘起，端部具 1 对呈钝角状向后岔开的尾角。雄蛹尾节腹面基部中间具瘤突状外生殖器；雌蛹尾节腹面基部中间有 1 生殖孔，其两侧各具 1 方形骨片。

三、发生规律

(一) 生活史

1. 暗黑鳃金龟 1 年发生 1 代，多数以 3 龄老熟幼虫筑土室越冬，少数以成虫越冬。以成虫越冬的成为翌年 5 月出土的虫源，以幼虫越冬的春季不取食，于 5 月中上旬化蛹，6 月中上旬羽化，7 月中旬至 8 月中旬为成虫活动高峰期。7 月中上旬产卵，7 月中下旬孵化。初孵幼虫即可取食，秋季为幼虫危害盛期，成虫晚上活动，趋光性强，飞翔速度快，黎明前入土潜伏。

2. 铜绿丽金龟 1 年发生 1 代，以幼虫在深土中越冬。春季 10 厘米土温大于 6℃时开始活动，翌年春季有短时间危害；6 月中上旬为成虫活动盛期，6 月下旬至 7 月上旬为产卵盛期。孵化盛期在 7 月中旬，孵化幼虫危害至 10 月中下旬进入 2～3 龄，当 10 厘米土温低于 10℃时开始下潜越冬。成虫昼伏夜出，趋光性强，撂荒地和有机质丰富、土壤较湿润的地块及豆、薯类作物田块发生量大。

3. 大黑鳃金龟 2 年发生 1 代，成虫、幼虫均可越冬，越冬成虫春季 10 厘米土温达 14～15℃时开始出土，10 厘米土温达 17℃以上时盛发；日平均温度 21.7℃时开始产卵，幼虫孵化后活动取食。秋季土温低于 10℃时开始向深土层移动，5℃以下全部进入越冬状态，趋光性弱，有假死性，飞翔力弱，活动范围较小，常在局部形成连年危害的老虫窝，幼虫分 3 龄，全部在土壤中度过，一年中随土壤温度变化而上下迁移，以 3 龄幼虫历期最长，危害最重。

(二) 主要习性

1. 暗黑鳃金龟 成虫出土后多昼伏夜出，趋光性较强，每天 19:00 左右开始出土活动，有隔日出土的习性。成虫出土后需补充营养，主要取食榆树、柳树、刺槐、槐、桑、柞、梨、苹果等，也取食大豆和玉米等农作物的叶片，性成熟后，开始交尾，交尾时间一般在傍晚持续 10 分钟左右，交尾后成虫多飞往大豆、花生等农作物田间产卵，多将卵产于作物根系周围 10 厘米左右的土壤中，卵多散产。初产时乳白色，孵化前为淡黄色。在大豆田，幼虫孵化后先在卵位附近取食腐殖土，1 龄后期向大豆根际移动，2 龄开始取食大豆根茎，3 龄幼虫对大豆危害最重，可咬断大豆的根系，并可转移危害。大豆根部组织及茎基部表皮组织被大量取食，使大豆丧失从土壤中吸收水分和无机盐的能力，从而导致大豆植株早衰、枯萎直至死亡。在大豆生长后期，伴随其幼虫的生长，大豆受害程度逐渐加重，以致大片植株枯萎死亡。

2. 铜绿丽金龟　成虫白天潜伏，黄昏出土活动、危害，午夜以后逐渐潜返土中，成虫活动适温为 25 ℃以上，低温与降雨天，成虫很少活动，闷热无雨夜间活动最盛，成虫食性杂，食量大，具有假死性与趋光性。交尾后，暴食大量叶片补充营养，危害严重时植株仅留叶脉，食光叶片后又飞离被害植物转株或迁移到其他植株上危害。卵散产于寄主根际附近 5～6 厘米的土层内，每雌卵量 30 粒左右。秋后 10 厘米内土温降至 10 ℃时，幼虫下迁，春季 10 厘米内土温升到 8 ℃以上时，向表层上迁，幼虫共 3 龄，以 3 龄幼虫食量最大，危害最重，幼虫属杂食性害虫，啃食大豆的根部，除咬食侧根和主根外，还能将根皮剥食殆尽，造成缺苗断条，严重的还会造成毁灭性灾害。以春、秋两季危害最重。老熟后多在 5～10 厘米土层内做蛹室化蛹。

3. 大黑鳃金龟　成虫昼伏夜出，一般在傍晚左右出土活动，在清晨入土潜伏。成虫有假死习性，但不十分敏感。成虫具有弱趋光性。成虫食性比较杂，在黑龙江省东部主要取食榆树、落叶松、樟子松、柳树、杨树和大豆的叶片。成虫一般多在寄主植物的附近栖息，产卵。成虫越冬出土 8～10 天后开始交尾，交尾一般在 20:00～23:00 进行。越冬出土后 20 天开始产卵，卵产于10～15 厘米的土下，卵有卵室，散产但相对集中。刚孵化的幼虫头大，体小，活动能力差，适应能力和抵抗力很低，遇到大雨或土壤湿度过大都可能造成死亡。幼虫期很长，每年的 6 月至 9 月下旬均有幼虫危害。幼虫在地温较高时向下移，地温较低时向地表移动，幼虫主要危害苗木和农作物的根部。

（三）环境因子影响

1. 温、湿度　蛴螬发生最重的季节主要是春季和秋季。蛴螬的发生规律与土壤湿度密切相关，连续阴雨天气、土壤湿度大，蛴螬发生严重；有时虽然温度适宜，但土壤干燥，则死亡率高。低温、降雨天气，很少活动；闷热、无雨天气，夜间活动最盛。蛴螬在土壤中的活动与土壤温度关系密切，特别是影响蛴螬在土壤内的垂直活动。

2. 土壤理化性质　蛴螬是地下害虫，其发生与土壤有着密不可分的关系。凡土层厚、较湿润、有机质含量高的肥沃中性土壤，蛴螬发生普遍。而有机质含量低、土壤黏重的黏土和沙土，蛴螬危害则轻。连作地块，发生较重；轮作田块，发生较轻。

3. 地势　一般背风向阳地的蛴螬虫量高于迎风背阴地，坡地的虫量高于平地。地势与蛴螬发生量的关系，其决定因素归根结底是土壤温湿度，特别是土壤含水量。平川地、洼地土壤含水量较大，而阳坡不仅含水量适宜，且土温较高，有利于卵和幼虫的生长发育，这就造成了阳坡的虫量明显大于平川地、洼地的虫量。

4. 天敌 蛴螬的天敌包括寄生性天敌和捕食性天敌。目前，研究报道了蛴螬的寄生性天敌有盗蝇、黑土蜂、寄生蝇、寄生螨虫和线虫类；蛴螬的捕食性天敌有食虫虻、鸟类、刺猬、黄鼠狼、青蛙、蟾蜍、蛇、虎甲、蝼蛄等。此外，如白僵菌、绿僵菌、黏质沙雷氏杆菌等土壤中的病原菌微生物也是蛴螬常见的致病原菌，这些病原菌的侵染可导致其死亡。蛴螬的发生量与天敌的关系呈现出此消彼长的趋势，即天敌种群密度越大，蛴螬的发生量就相对越少。

四、防治措施

根据虫情，因时因地制宜，协调使用各项措施，做到"农防化防综合治、播前播后连续治、成虫幼虫结合治"，将地下害虫控制在经济允许水平以下，最大限度地减少危害。

（一）农业防治

1. 轮作倒茬 北方地区豆类、薯类、禾谷类作物应避免连作，减少地下害虫的虫源基数。

2. 深耕细耙 秋季深耕细耙，经机械杀伤和风冻、天敌取食等有效减少土壤中地下害虫的越冬虫口基数。春耕耙耢，可消灭地表地老虎卵粒及上升到表土层的蛴螬，从而减轻危害。

3. 合理施肥 施用腐熟的有机肥，能有效减少蝼蛄、金龟甲等产卵，碳铵、腐殖酸铵、氨水、氨化磷酸钙等化肥深施既提高肥效，又能因腐蚀、熏蒸作用杀伤一部分地蛆、蛴螬等地下害虫。

4. 适时灌水 适时进行春灌和秋灌，可恶化地下害虫生活环境，起到淹杀、抑制活动、推迟出土或迫使下潜、减轻危害的作用。

（二）物理防治

在成虫发生期利用成虫趋光和假死习性，采用风吸式太阳能杀虫灯进行诱杀，可兼治其他具趋光性和假死性害虫。

（三）化学防治

1. 土壤处理 结合播前整地，进行土壤药剂处理。选用30%毒死蜱微囊悬浮剂0.5千克/亩，兑水50千克均匀喷洒地面，然后整地播种。也可选用5%辛硫磷颗粒剂2.5千克/亩拌20～25千克细沙或煤渣撒施。

2. 药剂拌种 选用种子重量0.1～0.2%的50%辛硫磷或40%乐果乳油等药剂，加种子重量10%的水稀释，均匀喷拌于种子上，堆闷6～12小时，待药液吸干后播种，可防蛴螬等危害种芽。选用的药剂和剂量应进行拌种发芽试验，防止降低发芽率及发生药害。

3. 撒施毒饵 谷子煮至半熟，以1千克/亩拌入50%辛硫磷乳油0.25千克，随种子混播于穴内。如播后仍发现蛴螬危害时，可在危害处补撒毒饵，撒后用锄浅耕，效果更好，也能兼治蝼蛄、金针虫等其他地下害虫。

4. 药液浇根　苗期蛴螬危害较重时，可进行药液浇根，用不带喷头的喷壶或拿掉喷片的喷雾器向植株根际喷药液。可选用 50％辛硫磷乳油 1 000 倍液，或 80％敌百虫可湿性粉剂 600～800 倍液，或 77.5％敌敌畏乳油 1 500 倍液。

（四）生物防治

常见的方法有应用昆虫病原微生物——苏云金芽孢杆菌防治蛴螬，利用昆虫病原真菌——布氏白僵菌和金龟子绿僵菌防治蛴螬，应用寄生性天敌昆虫——钩土蜂防治蛴螬。在大豆生长期可用白僵菌粉剂 1 千克/亩、绿僵菌粉剂 0.2 千克/亩进行田间地表喷雾。生物防治具有一定的优势，安全性好，对环境影响小，不易产生抗药性。

第二节　地　老　虎

地老虎属鳞翅目（Lepidoptera）夜蛾科（Noctuidae），俗称地蚕，又名根切虫、夜盗虫，是我国重要的地下害虫。已知危害作物的有 20 种左右。发生量较大的有小地老虎（*Agrotis ypsilon* Rottemberg）、大地老虎（*A. tokionis* Butler）、警纹地老虎（*A. exclamationis* Linnaeus）、黄地老虎（*A. segetum* Segetum Schiffermtiller）、白边地老虎（*Euxoa oberthuri* Leech）等。小地老虎是地老虎中分布最广、危害最严重的种类。小地老虎在全国各地都有分布，其中，以沿海、沿湖、沿河及地势低洼、地下水位较高处，土壤湿润杂草丛生的旱粮区和棉粮夹种地区发生最重，对其他旱作区和蔬菜区也有不同程度的危害。大地老虎常与小地老虎混合发生，但仅在长江沿岸部分地区发生较重。黄地老虎主要分布在北方，常与警纹地老虎混合发生，白边地老虎在内蒙古的锡林郭勒盟、乌兰察布市、巴彦淖尔市和呼和浩特市、包头市郊区，黑龙江省克山县、呼兰区和嫩江市以及吉林省的部分地区均有发生。以锡林郭勒盟、嫩江市和克山县等地区危害较重。

一、危害症状

地老虎幼虫是一种杂食性地下害虫。对粮食、蔬菜和经济作物等均有危害。经常造成缺苗断垄，甚至改种或毁种。幼虫 3 龄前栖息于幼苗地上部，取食植株的顶芽和嫩叶，受害部位呈半透明的白斑或小孔。3 龄后，白天藏匿于 2～6 厘米深的表土中，夜间出来危害，常咬断作物近地面的嫩茎，并将咬断的嫩茎拖回洞穴，半露地表，极易被发现。当植株长大根茎变硬，幼虫仍可爬上植株，咬断柔嫩部分，拖到洞穴取食。

二、形态特征

(一)小地老虎

1. 成虫 体长 21～23 毫米，翅展 48～50 毫米；雄蛾触角双栉形，端 1/3 线形，头部褐色、红褐色、黑褐色或黑灰色，额的上缘有黑条纹，头顶有黑斑，颈板基部与中部各有一黑色横纹，胸部背面褐色至黑灰色；前翅棕褐色至黑褐色，前缘区色较浓，外线至亚端线间色稍淡，基线与内线均双线黑色波浪形，剑纹小，黑边，环纹较小，扁圆形，黑边，肾纹黑边，外侧有一黑色楔形纹，中线较粗，不清晰，外线双线黑色，锯齿形，齿尖在翅脉上断为黑点，亚端线锯齿形，两侧较暗，内侧中段有楔形黑纹；后翅白色，半透明，翅脉纹褐色，前缘区、后缘区及外缘带有褐色或暗褐色。

2. 卵 高 0.38～0.44 毫米，宽 0.58～0.61 毫米，扁圆形，顶部稍拱，底缘较平，卵孔不显著，花冠分 3 层：第 1 层呈菊花瓣形，第 2 层呈玫瑰花瓣形，第 3 层呈放射状菱形，自顶部直达底部的纵棱 13～15 条，或在长棱中间夹一短纵棱，呈双序式；横道较细，自顶部至底部 13～16 条。

3. 幼虫 体长 41～52 毫米，体宽 5～6 毫米，头宽 3.3～3.5 毫米，头部褐色，有不规则网纹，额中央有黑褐色纹，体灰褐色至暗褐色，体表粗糙，密布大小不一的颗粒，背线、亚背线及气门线暗褐色，不很明显，臀板有 2 条暗色纵带。额约呈等边三角形，傍额缝在冠缝顶端汇合，冠缝极短，额高远长于冠缝，上唇有浅缺切，上额有 5 齿，无血突，吐丝器短宽扁平，顶端凹。刚毛短，着生于稍隆起的毛片上。气门长卵形，腹足俱全，趾钩单序，第 1 腹足趾钩 15～21 个，其余腹足趾钩各 15～26 个。

4. 蛹 体长 20～24 毫米，体宽 6.5～7.0 毫米；黄褐色至暗褐色；下唇须细长，纺锤形；可见下颚须，下颚末端近达前翅末端；前足转节、腿节可见；中足不与复眼相接，其末端超过下颚末端；触角末端近达中足末端，后足在下颚末端露出一部分；前翅达第 4 腹节后缘。腹部 5～7 节腹面前半具有小刻点；第 4 节背面前缘中央有 3～4 列圆形和长圆形凹纹，5～7 节背面前缘有 3～4 列圈形凹纹，向两侧渐稀而浅；腹部末端有 1 对粗刺。

(二)大地老虎

1. 成虫 体长 20～22 毫米，翅展 45～48 毫米，头部与胸部褐色，雄蛾触角双栉形，端部 1/3 线形，颈板中部有一黑色横线；腹部灰褐色；前翅灰褐色，外线以内的前缘区及中室暗褐色，基线与内线均双线，剑纹小，黑边，环纹近圆形，黑边，肾纹较大，黑边，外侧有一黑色短楔形纹，伸近外线，外线双线褐色，锯齿形，亚端线锯齿形，外侧暗褐色；后翅淡褐黄色，端区色较暗。

2. 卵　半球形、散产。卵高约 0.63 毫米，直径约 0.67 毫米。初产时乳白色，渐变淡黄色，孵化前呈灰褐色。

3. 幼虫　体长 41～61 毫米，宽 8～9 毫米，头宽 4～4.2 毫米，头部中央有 1 对黑褐色纵纹，体多皱褶，有细颗粒，背线、亚背线、气门线均不很明显，额均呈等腰三角形，底边长于斜边，傍额缝直达颅顶，不在冠缝处汇合，冠缝极短，上唇有浅缺切，吐丝器宽短扁平，顶端凹。刚毛短，着生于稍隆起的毛片上。腹足俱全，趾钩单序，第 1 腹足趾钩 6～11 个，其余腹足趾钩各 7～19 个。

4. 蛹　体长 21～27 毫米，宽 6.8～8 毫米，下唇须细长，纺锤形，可见下颚须，下颚末端近达前翅末端，前足可见转节与腿节，中足末端近达下颚末端，或与下颚齐平，触角近达中足末端，后足部分可见，前翅末端达第 4 腹节，第 4 腹节背面前缘中央有稀刻点，第 5～7 腹节背面前缘有密集的凹纹，腹面前缘有 4～5 列刻点，腹部末端有 1 对粗刺。

(三) 黄地老虎

1. 成虫　体长 14～19 毫米，翅展 31～43 毫米，雄蛾触角双栉形，端部 1/3 锯齿形；前翅灰褐色、淡褐色或暗褐色等，变化较多。基线、内线均双线褐色，波浪形，剑纹、环纹及肾纹均黑褐色或黑色边，剑纹小，环纹近圆形，肾纹较大，中线不明显，外线黑褐色，锯齿形，亚端线不明显，端区色较暗；后翅白色，半透明，前缘区、端区、后缘及翅脉带有褐色。

2. 卵　高 0.44～0.49 毫米，宽 0.69～0.73 毫米，扁圆形，顶部稍隆起，底部较平，卵孔不显著，花冠第 1 层为菊花瓣形纹，外围一圈玫瑰花形纹及一锄形格，自顶至底的纵棱有 13 条，横道 14～18 道，呈砌瓦状。

3. 幼虫　体长 42～49 毫米、宽 5～6.5 毫米，头宽 2.8～3.2 毫米，头部有不规则形斑纹，体表有小颗粒，背线、亚背线及气门线不很明显，臀板有小黑点；额的底边长于斜边，傍额缝直达颅顶，不相汇合，无冠缝，上唇有浅缺切，吐丝器短宽扁平，顶端凹。刚毛短，着生于稍隆起的毛片上。腹足俱全，趾钩单序，第 1 腹足趾钩 10～17 个，第 2～4 腹足趾钩各 13～21 个，臀足趾钩 19～25 个。

4. 蛹　长 15～20 毫米，宽 6～7 毫米；下唇须细长，纺锤形；可见下颚须，下颚近达前翅末端；前足可见转节与腿节；中足不与复眼相接，末端约与下颚末端齐，触角末端近达中末端，后足部分可见；前翅达第 4 腹节后缘；第 4 腹节背面中央有稀刻点，第 5～7 腹节前半中央有密集小刻点，节腹面有几列刻点；腹末有 1 对刺。

(四) 警纹地老虎

1. 成虫　体长 16～18 毫米，翅展 37～39 毫米，头部与胸部灰色带褐色，雄蛾触角锯齿形，有纤毛丛，颈板有一黑纹，腹部灰色；前翅灰褐色，基线与内线不很明显，波浪形，剑纹明显黑色，窄长，环纹较小，黑边，圆形或扁圆形，外端伸近肾纹，肾纹较肥短，黑边，中线不明显，外线黑色，锯齿形，较清晰，亚端线色浅，锯齿形，外侧色暗；后翅白色，微带褐色。

2. 卵　高 0.4 毫米左右，宽 0.68～0.78 毫米，扁圆形，顶部稍隆起，底部较平，花冠分 2 层，第 1 层菊花瓣形，第 2 层窄长多边形，自顶至底部的纵棱 13～15 条，横道 17～20 条，约呈砌瓦状。

3. 幼虫　体长 48 毫米左右、宽 7 毫米左右，头宽 3 毫米左右，头部无网纹，体表有大小不等的颗粒，背线与亚背线褐色，气门线不明显，臀板有稀疏的斑点。额约呈等边三角形，傍额缝在冠顶端汇合，冠缝极短，上唇有浅缺切，上额有 5 齿，吐丝器短宽扁平。体上的刚毛短，着生于毛片上。腹足俱全，趾钩单序，第 1 腹足趾钩 8～12 个，其余腹足趾钩各 9～18 个，臀足趾钩 16～21 个。

4. 蛹　体长 18～22 毫米、宽 6～7 毫米，下唇须细长，纺锤形，可见下颚须，下颚近达前翅末端，前足可见转节与腿节，中足末端与下颚末端齐平或超过下颚末端，触角近达中足末端，后足部分可见，前翅达第 4 腹节，第 5～7 腹节的背、腹面均有 5～7 列稀刻点，腹部末端有 1 对粗刺。

（五）白边地老虎

1. 成虫　体长 18 毫米左右、翅展 40 毫米左右，头部与胸部褐色，雄蛾触角细锯齿形，有纤毛丛，颈板中部有一黑线；腹部黑褐色；前翅褐色，前缘区多呈淡褐白色，基线、内线黑色，均在中室前间断，剑纹，黑边，端尖，环纹圆形，黑边，或外端微尖，肾纹黑边，中有褐窄圈，外线黑色，锯齿形，内线外方的中室及肾纹至外线间均带黑色，亚端线淡褐色，内侧有一列齿形黑纹，外侧色亦较暗；后翅淡褐色。

2. 卵　高 0.52 毫米左右，宽 0.60 毫米左右，扁圆形，花冠不明显，自顶至底部的纵棱 23 条左右，纵棱与横道形成六角形格。

3. 幼虫　体长 33 毫米左右、宽 6 毫米左右，头宽 3 毫米左右，体表粗糙背线、亚背线微黑，不很明显，臀板前部有暗褐纹，额约呈等边三角形，傍额缝直达颅顶，无冠缝，体上的刚毛短，着生于稍隆起的毛片上。腹足俱全，趾钩单序，第 1 腹足趾钩 10～11 个，其余腹足趾钩各为 14～17 个，臀足趾钩 19 个。气门椭圆形，黑色。

4. 蛹　体长 18～20 毫米，宽 4 毫米左右，下唇须细长，前足可见转节、腿节，下颚末端达前翅后缘，中足末端近达下颚末端，触角末端近达中足末端，第 5～7 腹节前缘有刻点，腹部末端有 1 对粗刺，背面有 1 对刺。

三、发生规律

(一)生活史

地老虎发生的代数因种类不同而异。某些种发生的代数很少，如大地老虎在各地都是一年1代。某些种类一年则可能发生8代之多，如黄地老虎。同一种类，由于纬度、海拔的不同，发生代数也有不同，如小地老虎在黑龙江嫩江一年发生2代，在河南郑州一年发生4代，在广西南宁一年发生7代；黄地老虎在黑龙江每年发生2代，在山东每年发生4代。即使同一地区，温度条件有所不同，发生的代数也不同。

地老虎的越冬虫态因种类不同而异。许多种类以老熟幼虫或蛹越冬，如警纹地老虎。有些种类以卵态幼虫越冬，如白边地老虎。同一种类的越冬虫态常因不同地区的气候条件不同而异。有的种类在气温低的地区具越冬习性，在温暖地区则不越冬。如小地老虎在南岭以南冬季能继续生长，繁殖危害；在南岭以北，能安全越冬；在江淮以北地区，田间越冬存活率很低。越冬场所多在地表之下，深度因各地区温度不同而异。

(二)主要习性

地老虎成虫的羽化、取食、飞翔、交配和产卵等活动，多发生在夜晚。当蛹发育到预成虫时，壳内成虫形态已经完全形成，体色先从复眼开始变暗，以后附肢与触角逐渐暗化，最后全体变黑。至羽化前，虫体不断伸展，节间拉长，最后迫使蛹壳在附肢与触角的接合处开裂，蛾子头部即从裂口脱出。全部羽化过程为2～3小时完成。成虫白天栖息在荫蔽处，如叶下、土缝、石下、墙缝、枯枝下，黄昏开始活动、取食、交尾。具迁飞习性的地老虎，往往在夜间进行飞行。每天19:00～22:00出现首次飞翔高峰。地老虎成虫多有较强的趋光性和趋化性，成虫嗜花蜜，黄昏后在开花蜜源植物上常可找到大量成虫。某些地老虎成虫趋光和趋化的时期有一定规律，表现为某时趋光性强于趋化性，另一时期则相反。成虫羽化后需要以糖蜜为补充营养，雌蛾羽化后需补充营养才能使卵发育成熟，而补充营养物的浓度、性质也与成虫寿命和产卵量有关。地老虎蛾中无滞育习性的种类，羽化后1～2天开始交配，多数在3～5天内进行，小地老虎迁入型蛾子迁入地后大多已交配，一般在蛾龄6～7天后就逐渐停止交配并进入产卵盛期。交配1～2次最多，少数3次，个别4次。

地老虎雌蛾在交配后2～7天内产卵最多，未经交配产下的卵一般都不能孵化。产卵多集中在夜间，雌蛾产卵前频繁活动，寻找合适的产卵场所。产出卵粒后，再移动虫体，因此，卵多散产，少有数粒叠在一起的。地老虎产卵量一般较大，多的可达千粒以上。小地老虎雌蛾一生最多可产200粒卵。地老虎的产卵场所因季节或地貌不同而异，如小地老虎在杂草或作物未出苗前产卵，多落在土块或枯草棒上。寄主植物丰盛时，则产在植株上较多。地老虎最喜产卵在野苘麻、龙葵、野芝麻、灰藜、旋花、列当等植物上。卵期长短因气候条件不同而异，一般夏季卵期较短，春季卵期较长。

初孵化的幼虫一般较活跃，孵化后常取食卵壳，并能立即取食植物的嫩叶。某些种类初孵出的幼虫能忍受一段时间的饥饿，有的甚至能依靠取食卵壳生存并发育至2龄。幼虫一般6龄，个别种类7龄。1、2龄幼虫全日活动，3龄后多畏光，白天隐藏在土缝中、残枝落叶下，夜间活动取食。地老虎幼虫食性杂，取食多种植物，3龄以后食量增大，5龄以上为暴食期。不同种类或不同龄期的地老虎，危害习性略有差别，主要有咬食种芽、啃食叶肉、枯心死苗、切断幼茎、咬食生长点、危害果穗、环状剥皮、蛀食块茎等。

地老虎老熟幼虫进入预蛹时，开始营造蛹室。首先把周围纤维性物质咬碎，从口内排出大量液体，再以潮湿的躯体作快速旋转运动，如此反复多次，一个椭圆形土室即告完成。土室深度因种类不同而异，也与当地土壤性质有关。一般深度为10～20厘米，在干燥、疏松的沙质土中化蛹时，土室位置常较深。此外，越冬蛹的土室也较深。蛹期的长短因种类、世代不同而异。蛹有一定的耐淹能力。

（三）环境因子影响

1. 温、湿度　无论成虫、幼虫其活动程度均与温度呈正相关性。据报道，春季傍晚气温达8℃时，该虫开始活动，而且在适宜温度内气温越高，发生越厉害。幼虫在土壤含水量为15％～20％时最宜危害，地表土壤湿度越大，危害越严重，此时以颗粒剂或毒饵诱杀效果最好。

2. 土壤　在不同的土壤质地，该虫的发生危害程度不同；以沙壤土、黏壤土质地发生较多，而沙土地、重黏土质地则发生较少。

3. 环境　由于该虫食性较杂，在危害农作物的同时，也取食其他植物。所以，农作物周围杂草较多时，有利于该虫的发生。

四、防治措施

地老虎是多食性害虫，特别是小地老虎，具有远距离迁飞性，发生量大，危害时间比较集中，高龄期间食量很大，给多种农作物造成极大的危害。因此，在综合治理中，化学防治占有很重要的地位，除草治虫或诱蛾灭卵以及人工捕可作辅助手段。配合其他措施，采取综合防治。

（一）农业防治

根据地老虎的生活习性，采取某些农业措施以减少其发生危害是有效的防治方法之一。杂草是地老虎的产卵寄主，也是幼虫向作物迁移危害的桥梁。因此，播种前进行耙地整地，消灭杂草和初期幼虫。在作物苗期，消除杂草，将杂草和地老虎携出田外，沤肥或烧毁。其他措施还有深翻、行间套作、铲埂除蛹以及改变播种期等。

（二）物理防治

1. 灯光诱杀　地老虎成虫夜间多有趋光性，利用黑光灯诱杀成虫，可在灯下安装漏斗，下接毒瓶，也可在灯下置水盆。

2. 糖醋液诱杀　多种地老虎成虫对糖醋液有明显的趋性，在糖醋液中加入杀虫剂效果更好。一般将糖醋液置盆中，也可将草帘、草把等用糖醋液浸润，引诱地老虎成虫。某些发酵变酸的食物，如甘薯、胡萝卜、烂水果等加入适当药剂也可诱杀地老虎成虫。

3. 堆草诱杀　大田作物未出土前，地老虎多以杂草为食料，已知灰菜、刺儿菜、苦荬菜、艾蒿、青蒿、小旋花、苜蓿、白茅、鹅儿草等为地老虎幼虫喜食的植物。因此，利用人工堆集这些植物可诱集、捕捉地老虎幼虫。

（三）化学防治

1. 毒土　用50%辛硫磷乳油0.5千克，兑水适量，喷拌在125～150千克细土上，顺垄低撒，施在幼苗根际附近，形成6.6厘米宽的药带，每亩撒毒土20千克。

2. 毒饵　作物幼苗出土之前，用毒饵诱杀地老虎幼虫效果良好。用90%晶体敌百虫0.5千克，兑水2.5～5千克，喷在50千克碾碎炒香的棉子饼上或油渣上；也可用辛硫磷制成毒饵，傍晚撒到行间幼苗根际附近，隔一定距离撒一小堆，每亩用量15～20千克。

3. 药剂喷施　用48%毒死蜱乳油2 000倍液，或50%辛硫磷乳油1 000倍液，或2.5%溴氰菊酯乳油1 000倍液，或77.5%敌敌畏乳油1 000倍液在防治适期进行地面喷洒，对小地老虎、大地老虎、黄地老虎、白边地老虎与警纹地老虎等都有很好的防治效果。

（四）生物防治

地老虎的天敌有近20种。因此，要注意对其天敌如寄生蜂、寄蝇、颗粒体病毒的保护和利用，以充分发挥天敌的控制作用。

第三节　蝼　　蛄

蝼蛄属直翅目（Orthoptera）蝼蛄科（Gryllotalpidae），本地俗称蝲蝲蛄、地拉蛄，全世界已知约50种。中国记载有9种，大田常见的种类是华北蝼蛄（*Gryllotalpa unispina* Saussure）和东方蝼蛄（*Gryllotalpa orientalis* Bumeister）。华北蝼蛄主要分布于我国北纬32°以北的江苏、河南、河北、山东、山西、陕西、内蒙古、辽宁、吉林、黑龙江；国外主要分布在俄罗斯的西伯利亚、土耳其。东方蝼蛄分布于亚洲各国，在我国各省份均有分布。

一、危害症状

蝼蛄的危害表现在两个方面，即直接危害和间接危害。直接危害是成虫和若虫咬食植物幼苗的根和嫩茎；间接危害是成虫和若虫在土下活动开掘隧道，使苗根和土壤分离，造成幼苗干枯死亡，致使苗床缺苗断垄，育苗减产或育苗失败。

二、形态特征

（一）华北蝼蛄

1. 成虫　雌虫体长 45～66 毫米，雄虫体长 39～45 毫米。头宽 5.5 毫米，体黄褐色，全体密生黄褐色细毛。头小，近圆锥形，暗褐色。触角丝状。前胸暗褐色，背板卵圆形，中央具一心脏形红色暗斑。前翅短小，平叠于背部，仅达腹部中部，后翅折叠成筒形，突出于腹端。腹部末端近圆筒形，背部黑褐色，腹面黄褐色。前足腿节下缘弯曲，后足胫节背面内缘有棘刺 1 个或消失，故也称单刺蝼蛄。

2. 卵　椭圆形，初产时长 16～18 毫米，宽 1.3～1.4 毫米，乳白色有光泽，后渐变黄褐色。

3. 若虫　形态与成虫相仿，翅不发达，仅有翅芽，共 13 龄。初若虫乳白色，体长 26～40 毫米。头、胸部细长，腹部肥大，复眼淡红。蜕皮 1 次后呈浅黄褐色，体长 36～40 毫米，随龄期增长体色逐渐加深；5～6 龄后体色与成虫相似。末龄幼虫体长 36～40 毫米。

（二）东方蝼蛄

1. 成虫　体长 30～35 毫米，灰褐色，腹部色较浅，全身密布细毛。头圆锥形，触角丝状。前胸背板卵圆形，中间具一明显的暗红色长心脏形凹陷斑。前翅灰褐色，较短，仅达腹部中部。后翅扇形，较长，超过腹部末端。腹末具 1 对尾须。前足为开掘足，后足胫节背面内侧有 4 个距，凭这一点可以区别于华北蝼蛄。

2. 卵　初产时长 2.8 毫米，孵化前 4 毫米，椭圆形，初产乳白色，后变黄褐色，孵化前暗紫色。

3. 若虫　共 8～9 龄，末龄若虫体长 25 毫米，体形与成虫相近。

三、发生规律

（一）生活史

华北蝼蛄和东方蝼蛄生活史很长，均以成虫或若虫在土下越冬。华北蝼蛄

3年完成一个世代，若虫13龄；东方蝼蛄1年1代或2年1代（东北），若虫共6龄。蝼蛄1年的生活分6个阶段：冬季休眠、春季苏醒、出窝迁移、猖獗危害、越夏产卵、秋季危害。

1. 冬季休眠阶段　当气温下降，大约在10月下旬开始向地下活动，一窝一虫，头部朝下，不群居，多在冻土层之下，地下水位之上，以成、若虫越冬，第2年当气温升高到8℃以上时，再掉转头向地表移动。

2. 春季苏醒阶段　从4月下旬至5月上旬，越冬蝼蛄开始活动。在到达地表后先隆起虚土堆，华北蝼蛄隆起约15厘米虚土堆，较大；东方蝼蛄隆起虚土堆约10厘米，较小。此时是进行蝼蛄虫情调查和人工扑杀的最佳时机。

3. 出窝迁移阶段　5月上旬开始，此时地表出现大量弯曲虚土隧道，并在其上留有1个小孔，蝼蛄已出窝危害。正是这个阶段迁移造成苗根和土壤分离，根部失水，导致苗木死亡。

4. 猖獗危害阶段　5月中下旬经过越冬的成、若虫开始大量的取食，满足其产卵和生长发育的需要，造成缺苗断条的现象。

5. 越夏产卵阶段　6月下旬至8月上旬，气温增高、天气炎热，2种蝼蛄潜入30～40厘米以下的土中越夏并产卵。华北蝼蛄雌虫钻入土中后，先挖隐蔽室，而后在隐蔽室里抱卵。产卵50～500粒。东方蝼蛄产卵前雌虫多在5～10厘米深处做一鸭梨形卵室，每室一般产卵30～50粒。

6. 秋季危害阶段　8月下旬至9月下旬，越夏成、若虫又上升到土面活动取食补充营养，为越冬做准备。这是一年中第2次危害时期。

（二）主要习性

华北蝼蛄和东方蝼蛄相似，即当春天气温达8℃时在地表下形成长条隧道危害幼苗；地温升至20℃以上时则活动频繁，进入交尾产卵期，雄虫交配后立即逃窜，否则易被雌虫捕食。地温降至25℃以下时，成、若虫开始大量取食积累营养准备越冬，秋播作物受害严重。土壤中大量施用未腐熟的厩肥、堆肥，易导致蝼蛄发生，受害严重。土深10～20厘米处，土温在16～20℃、含水量22%～27%，有利于蝼蛄活动；含水量小于15%时，其活动减弱。所以，春、秋有2个危害高峰，在雨后和灌溉后常使危害加重。

1. 群集性　初孵若虫有群集性，怕光、怕风、怕水，孵化后3～6天群集一起，以后分散危害。

2. 趋光性　蝼蛄具有强烈的趋光性，在40瓦黑光灯下可诱到大量蝼蛄，且雌性多于雄性。据观察，蝼蛄对水银灯也有较强的趋性。

3. 趋化性　蝼蛄嗜好香甜食物，对煮至半熟的谷子、炒香的豆饼等较为喜好。

4. 趋粪土性　对未腐烂的马粪、未腐熟的厩肥有趋性。

5. 喜温性　当耕作层土温在 15～20 ℃时，蝼蛄活动最活跃。当早春气温回升到平均 2.5 ℃左右、20 厘米处地温 2.5～2.8 ℃时，越冬虫体开始苏醒；当平均气温 7 ℃左右、20 厘米处地温 5.4 ℃左右时，地面出现拱的隧道；当平均旬气温和 20 厘米土温 16～20 ℃时，是猖獗危害时期（包括春、秋两季）。

6. 喜湿性　蝼蛄喜欢在潮湿的土中生活。有"跑湿不跑干"的习性，多栖息在沿河两岸、渠道河旁、苗圃的低洼地、水浇地等处。

7. 抱卵的习性　蝼蛄在产卵前，先挖隐蔽室，而后在隐蔽室里抱卵。

8. 昼伏夜出性　蝼蛄在夜晚活动、取食危害和交尾，以 21:00～22:00 为取食高峰。

（三）环境因子影响

蝼蛄的活动受土壤温湿度的影响很大，气温在 12.5～19.8 ℃，地下 20 厘米处的土温在 12.5～19.9 ℃是蝼蛄活动适宜温度，也是蝼蛄危害期；若温度过高或过低，便潜入土壤深处；土壤相对湿度在 20% 以上时活动最盛，<15% 时活动减弱；土中大量施入未充分腐熟的厩肥、堆肥，易导致蝼蛄发生，受害也就严重。土壤类型极大地影响着蝼蛄的分布和密度。一般盐碱地虫口密度大，壤土地次之，黏土地最小；水浇地的虫口密度大于旱地。

四、防治措施

（一）农业防治

秋后收获末期前后，进行大水灌地，使向土层下迁的成虫或若虫被迫向上迁移，并适时进行深耕翻地。把害虫翻上地表冻死。夏收以后进行耕地，可破坏蝼蛄产卵场所。注意不要施用未腐熟的有机肥料，在虫体活动期，结合追施一定量的碳酸氢铵，释放出的氨气可驱使蝼蛄向地表迁动。施入石灰也有类似的作用。实行合理轮作，改良盐碱地，有条件的地区实行水旱轮作。保持苗圃内的清洁，育苗前做好土壤消毒工作，播种苗栽种时，要先把种子进行消毒，然后播种。

（二）物理防治

1. 人工捕杀　在春季苏醒尚未迁移时，扒开虚土堆扑杀。蝼蛄可以食用和药用，做好广泛的宣传，可调动广大群众人工捕捉的积极性，发挥更大作用（但也不能食用过多，蝼蛄有小毒）；结合灯光诱集后人工捕杀效果更好。

2. 人工诱杀　蝼蛄羽化期间，可用灯光诱杀，晴朗无风闷热天诱集量最多。夏秋之交，黑夜在苗圃中设置灯光诱虫，结合在灯下放置有香甜味的、加农药的水缸或水盆进行诱杀。还可利用潜所诱杀，即利用蝼蛄越冬、越夏和白天隐蔽的习性，人为设置潜所，将其杀死。

3. 食物诱杀　田间每隔 20 米左右挖一小坑，规格为（30～40）厘米×20

厘米×6 厘米，然后将马粪和切成 3～4 厘米长的带水鲜草放入坑内诱集，加上毒饵更好。翌日清晨，可到坑内集中捕杀。另外，可使用淡盐水，不用加药物，淡盐水对蝼蛄有很强的杀伤力。

（三）化学防治

化学防治作用快、效果好，使用比较方便，防治费用低，能在较短的时间内大面积降低虫口密度；但要注意化学药剂易对环境的污染。应使用高效、低毒、低残留的化学药剂进行防治。

1. 拌种　用 50％辛硫磷乳油 0.5 千克，兑水 20～25 千克，拌种 250～300 千克；或用 30％辛硫磷微胶囊 0.5 千克，兑水 12.5 千克，拌种 250 千克，对地下害虫均有效。另用 40％乐果乳油拌种防治蝼蛄的配比为药 0.5 千克，兑水 20 千克，拌种 250～300 千克。拌种时应在暗处遮光下进行，闷 3～4 小时阴干后播种。

2. 毒土　每亩用 50％辛硫磷或 40％甲基异柳磷乳油 100 毫升兑水 0.5 千克，混入过筛的细干土 20 千克拌匀施用。

3. 毒饵　用 40％～50％乐果乳油或 90％晶体敌百虫 0.5 千克，兑水 5 千克，拌 50 千克炒成糊香的饵料（麦麸、豆饼、玉米碎粒或秕谷），诱杀蝼蛄，于傍晚撒于田间，施毒饵前应先灌水，保持地面湿润，效果最好。根据饵料干湿程度加适量水，拌至用手一攥稍出水即成。每亩施毒饵 1.5～2.5 千克，制成的毒饵限当日撒施。危害严重的地块，最好在秋播以前用毒饵进行一次防治。利用蝼蛄趋粪性，在田间堆马粪堆，堆内放农药，蝼蛄爬进堆内即可毒死。

4. 土壤处理　灌溉药液。当蝼蛄发生危害严重时，每亩用 3％辛硫磷颗粒剂 1.5～2 千克，兑细土 15～30 千克混匀撒于地表，在耕耙或栽植前沟施毒土。受害严重时，用 77.5％敌敌畏乳油 30 倍液灌洞灭虫。用 2％甲基异柳磷粉 2～3 千克/亩，或用 3％甲基异柳磷颗粒剂、3％呋喃丹颗粒剂、5％二嗪磷颗粒剂，2.5～3 千克/亩处理土壤，都能收到良好效果。

（四）生物防治

利用昆虫病原微生物，如病毒、细菌、真菌、立克次体和线虫等进行生物防治；绝大多数鸟类是食虫的，保护鸟类、严禁随意捕杀鸟类也是生物防治的重要措施。还可以利用不育的蝼蛄与天然条件下的蝼蛄交配，使其产生不育群体，减少蝼蛄发生量。

第四节　金　针　虫

金针虫又称叩头虫，是鞘翅目（Coleoptera）叩甲科（Elateridae）昆虫幼虫的总称。金针虫是危害农作物、森林和牧草的主要地下害虫，在全国各地广泛分布。金针虫有较多的危害种类，其中有 4 种分布较广且危害性较大，即沟金针虫（*Pleonomus canaliculatus* Faldermann）、细胸金针虫（*Agriotes subrittatus* Motschulsky）、宽背金针虫（*Selatosomus latus* Fabricius）和褐纹金针虫（*Melanotus caudex* Lewis）。危害性由大到小依次为细胸金针虫、沟金针虫、褐纹金针虫、宽背金针虫。细胸金针虫主要分布区域南起淮河流域，北至黑龙江流域，西至新疆地区，以黏土地、潮湿低洼地和水浇地虫害较重；沟金针虫主要分布区域南起长江流域，北至辽东半岛，西至青海，以旱作区为主，且在有机质较为缺乏而土质较为疏松的粉沙黏壤地和疏松沙壤土为主；宽背金针虫主要发生在东北、西北、黄土高原、内蒙古高原等纬度较高的北方地区；褐纹金针虫主要分布在河北、山西、山东、河南等华北和华中地区，台湾、广西等南方省份也有发生，喜中等偏湿的黄土壤。

一、危害症状

金针虫长期生活在土壤中，害虫时常啃咬刚播下或刚破土生芽的种子，以致于种子不能正常生长；作物幼苗时也掠食出土不久的幼苗，对其根部进行侵食，造成缺口或切口，致使主根部分残缺，幼苗因此不能正常生长而干枯致死；待农作物幼苗长大之后金针虫直接钻到根茎部位，大肆食咬根结维管组织，以致被食植株干枯死亡。由于金针虫对农作物的食害，常常造成农作物缺苗断垄，减产幅度可高达 20%，甚至更严重。

二、形态特征

（一）细胸金针虫

1. 成虫　体长 8～9 毫米，宽约 2.5 毫米，呈黑褐色，密被灰色短毛，十分光亮。雄成虫前胸背面后缘角上部的隆起线不十分明显，触角超过成虫前胸，前板后缘略短于后缘角。雌成虫体形相对于雄虫较大，其后缘角有条较明显的隆起线，翅鞘略显浅褐色，触角仅及前胸背板后缘处，前胸背板呈暗褐色。

2. 卵　乳白色，近圆形，体长 0.5～0.7 毫米，产于土中。

3. 幼虫　浅黄色，较亮。老熟幼虫体长约 32 毫米，宽约 1.5 毫米。幼虫第 1 胸节比第 2 胸节和第 3 胸节相对较短，1～8 腹节几乎等长。头部较扁，口器呈重褐色。其尾部呈圆锥形，顶部有 1 个圆形且突起，接近基部的两面各有 1 个褐色圆斑与 4 条褐色纵纹。

4. 蛹　体长 8～9 毫米，暗黄色，藏于土中，体长接近成虫。

（二）沟金针虫

1. 成虫　体长 14.0～18.0 毫米、宽 3.5～5.0 毫米，体扁平，深褐色或棕红色，头顶有三角形凹陷密布刻点。头部与嘴呈暗褐色，头形略扁，上唇为三叉状且较明显突起，触角较细且长，11～12 节的长度是其前胸的 2 倍多；胸及腹部背面中央有 1 条明显的细纵沟，尾端有分叉，并稍向上部弯曲。

2. 卵　虫卵乳白色，近椭圆形，长约 0.7 毫米，宽 0.6 毫米。

3. 幼虫　体形扁圆，刚孵出时乳白色，后变为黄色至金黄色，体长 20～30 毫米。胸背至第 8 腹节背面正中有一明显的细纵沟，体节宽大于长。尾端分叉，并稍向上弯曲，尾节两侧缘隆起，具 3 对锯齿状突起。

4. 蛹　前胸背板隆起呈半圆形，尾端自中间裂开，有刺状突起。虫蛹外表呈纺锤形，化蛹后初期其蛹体为淡绿色，随后逐渐变为褐色，足和翅均露于体外。

（三）褐纹金针虫

1. 成虫　雌成虫体长 15～17 毫米、宽 4 毫米；雄成虫体长 12～13 毫米、宽约 3 毫米，躯体呈茶褐色。腹部呈暗红色，足部浅红色。鞘翅有 9 条刻点且纵列成形，与躯体颜色相同。

2. 卵　初产乳白色，后变为淡黄色，椭圆形，长约 0.8 毫米，宽约 0.5毫米。

3. 幼虫　体态呈黑褐色，纤细且较长，被灰色短毛，头部向前凸，深黑色，刻点繁多。触角呈暗褐色，第 2～3 节似球形，第 4 节比第 2 节和第 3 节略长，前胸背面呈黑色，刻点比头上的小后缘角略向后突。老熟幼虫为棕褐色且色泽光亮，呈圆筒形。

4. 蛹　雌蛹体长 17 毫米左右、宽约 5 毫米；雄蛹体长 15 毫米左右、宽约 4 毫米。腹末有对刺状突起，向外弯。

（四）宽背金针虫

1. 成虫　雌虫长 10.5～13.2 毫米，雄虫体长 9.2～12 毫米，较短且宽厚。体态较黑，前胸和鞘翅带有青铜色或蓝色色调。前胸背板略宽，侧面有翻卷的边沿。小盾方横宽，呈半圆形。头部较大且有刻点，触角呈暗褐色，较短，成虫前端不及前胸背面基部，第 1 节较大，略呈棒状，第 2 节较小，稍呈球状，第 3 节长是第 2 节长的 2 倍多，从第 4 节起各部分呈现锯齿状。

2. 卵　乳白色，近圆形，长约 0.8 毫米，宽 0.7～1.0 毫米。

3. 幼虫　体态稍扁而较宽，老熟幼虫体长 20～22 毫米，幼虫腹部背面有不显著凸出，较鲜亮且光泽，也有隐约可见的背光线。腹部第 9 节末端叉突封闭缺口有 50%～90% 开放在凹缺最宽处，没有全部封闭，其叉突外枝在开放情况下很短，只向上弯不向后伸，多数情况下额片后缘呈截断状态。

4. 蛹 体长约 10 毫米，虫蛹初期为深白色，渐后呈白带线棕色，羽化前复眼变为黑色，上颚呈深度棕褐色。腹部末端呈钝圆状，前胸背板前缘两侧各具 1 尖刺突，雄蛹的生殖器在臀节腹面呈瘤状。

三、发生规律

(一) 生活史

1. 细胸金针虫 多数为 2 年完成 1 代，以不同龄期的幼虫在 20～50 厘米土层越冬，卵期 28～35 天，平均幼虫期为 556 天，蛹期 20 天，成虫期 285 天，全育期为 889～896 天。

2. 沟金针虫 沟金针虫幼虫或成虫一般在 30～110 厘米深度的土壤中越冬，3 年左右完成 1 代。每年的 3 月中旬至 4 月中旬为其活动频繁期。成虫白天经常潜伏在表土内，交尾产卵一般在夜间土中完成。老熟幼虫时常 8 月上旬至 9 月上旬，在土壤 13～20 厘米的深度化蛹，蛹期一般为 16～20 天，在 9 月上旬左右羽化为成虫。沟金针虫整个生长期呈发育不整齐、世代重叠严重现象。

3. 褐纹金针虫 3 年发生 1 代，以成幼虫在 20～40 厘米土层越冬。翌年 5 月上旬土温 17℃、气温 16.7℃越冬成虫开始出土，成虫活动适温为 20～27℃，下午活动最盛。卵繁在植物根 10 厘米处。成虫寿命 250～300 天，5～6 月进入产卵盛期，卵期 16 天。第 2 年以 5 龄幼虫越冬，第 3 年 6 龄幼虫在 7 月、8 月于 20～30 厘米土层深处化蛹，蛹期 17 天左右，成虫羽化，在土中即行越冬。

4. 宽背金针虫 在 3 月末至 4 月初时即开始活动，5 月中旬活动增强，土温 19℃左右时出现活动高峰期，5 月中旬始见危害，6 月上旬至 7 月中旬危害严重，存在前重后轻 2 个危害高峰期，9 月是其危害末期。在 30 厘米以内土层中可以越冬，1～10 厘米土层越冬虫量最多，越冬深度 8～18 厘米。

(二) 主要习性

1. 细胸金针虫 成虫白天潜藏于土块下、土缝中和残茬中，少数个体有活动现象。黄昏 6:00 以后开始活动，一夜当中有 2 个活动高峰：一个是在 21:00～23:00，这段时间主要是交配，交配方式为背负式，交配时间为 0.5～13 分钟不等，平均 4.9 分钟，成虫有多次交配的习性；一个是凌晨 2:00～4:00，此时间主要是取食，以后半夜取食最甚。成虫嗜食叶片，但仅取食叶片的柔嫩组织，留下表皮和细小叶脉。成虫取食比较固定，每次取食总是接着上次取食的残口进行，被食害部分连成一片，整个叶片成"破叶状"。成虫有假死性；叩头能力强；趋光性弱，黑光灯下能见到少量成虫。成虫有趋向枯草堆的习性。幼虫随着生长发育，活动能力逐渐增强，3 龄后可在土壤中任意穿行。幼虫有自残现象。

2. 沟金针虫 成虫在夜晚爬出土面活动并交配，白天躲藏在表土中或田边石块、杂草等阴暗而较湿润的地方。雌成虫行动迟缓，不能飞翔，无趋光性；雄成虫飞翔力较强。雌雄成虫稍有假死性，但未见成虫危害作物。雄虫交配后3～5天即死亡，雌虫产卵后不久也死亡。成虫产卵于土中，以3～7厘米深处较多。卵散产，每头雌虫平均产卵近百粒。6月后全部孵化，幼虫初孵化即可取食危害。

3. 褐纹金针虫 成虫7:00～20:00均有活动，以14:00～16:00最盛，夜间潜伏于10厘米土中或土块、枯草下等处，也有伏于叶背、叶腋或小穗处。成虫有假死性，交尾多在植株或地表，有多次交配的习性。产卵于植株根迹10厘米深的土层中，多散产。

（三）环境因子影响

1. 温度 随着气候、温度等季节性条件变化，金针虫在土壤中上下不断移动，土壤表面温度在春、秋两季适合金针虫活动，时常在气温10～15 ℃时活动危害猖獗。冬季潜藏在深层土中过冬，如果土壤温度适应，危害时间会继续加长。

2. 湿度 金针虫在干燥土壤中危害很轻，其较适应于土壤湿润环境生存，最佳生存湿度为15%～25%，春季雨水适量，土壤水分较好，危害加重；春季缺雨且干旱危害较轻，同时对成虫破土活动和生育期交配产卵十分不利。秋季降雨较多、土壤墒情较好，对老熟幼虫化蛹和羽化十分有利。

3. 耕作制度 金针虫的危害与耕作方式有着直接关系，在深犁重耙、精耕细作的农田，一般发生危害较轻；新开垦的耕地以及荒原、牧草地，因为深翻细耙机会不是太多，危害较重。随着旋耕种植方式的推广使用，致使土壤耕层变浅；免耕栽培作物面积也连续扩大，以至于许多地方农田犁、耙、锄等耕作次数缩减等不利因素减少了对金针虫的机械杀伤，因此，蓄攒了虫源。秸秆还田对于改良土壤结构，促进土壤肥力有很大的实用价值，但同时也给金针虫带来了较好的栖身和觅食环境。

四、防治措施

（一）农业防治

农业防治主要采用精耕细作、深耕多耙、合理间作或套种、合理轮作、科学施肥。严禁施用未腐熟的人畜生粪肥，灌溉适度，干湿结合，让虫卵没有条件孵化，进而有效控制金针虫的虫口数量。合理种植能促进农作物生长健壮，使金针虫危害降低到最低点。

（二）物理防治

物理防治有灯光诱杀、堆草诱杀、畜粪趋避等方式。在成虫高发期间，可根据金针虫成虫具有趋光生活习性，可在农田内架设频振式杀虫灯或黑光灯，或堆草引火诱杀害虫。由于金针虫对鲜嫩草有趋好性，可配 500～600 倍液的 50％辛硫磷或其他高效灭虫剂染湿杂草进行诱杀。实践发现，金针虫对羊粪具有较明显的趋避性，可适当用于驱灭成虫。

（三）化学防治

1. 土壤处理 在播种前用 10％二嗪农颗粒剂 2～3 千克/亩，或 40％甲基异柳磷 100 毫升/亩，或 48％毒死蜱乳油 200 毫升/亩，拌细土 10 千克，混合均匀后撒入土中。

2. 拌种 播种前用 50％辛硫磷乳油按药剂∶水∶种子＝1∶50∶500 的比例拌种子；或用 40％甲基异柳磷乳油∶水∶种子＝1∶80∶800 的比例匀和搅拌，浸泡种 2～3 小时后，再摊开阴干后播种。

3. 毒土诱杀 在农作物苗期，可配用 5％的毒死蜱或 20％甲基异柳磷乳油与适量加热的麦麸或豆饼掺和做成毒饵，施入大豆根部，根据金针虫昼伏夜出的生活规律，毒杀成虫。或使用 90％晶体敌百虫 0.50 千克兑水 50 千克搅拌配制成诱饵，一般在日落时分均匀喷施于耕地中。

4. 根部灌药 在农作物苗期及返青期发现金针虫危害时，用 90％敌百虫晶体 800～1 000 倍液，或 50％辛硫磷乳油 500 倍液，或 50％二嗪农乳油 500 倍液，每隔 8～10 天灌根 1 次，连续 2～3 次。在虫口数量较多的田间，可用 2.5％溴氰菊酯乳油 6 000 倍液，或 20％速灭杀丁乳油 4 000 倍液，卸下喷雾器的喷头，顺着作物基部浇根。

（四）生物防治

1. 捕食性天敌 金针虫长期生活在土层下，生物天敌稀少，仅有很少的几种鸟类能捕食金针虫。农田四周的伞形花科、藜科、十字花科等植物能为金针虫的生物天敌提供高质量的食物来源。

2. 昆虫病原微生物 近年来，农业上施用一些生物药剂如绿僵菌、白僵菌等进行防控。另外，一些研究人员正使用苏云金芽孢杆菌对金针虫进行灭杀防治试验。昆虫病原微生物对隐蔽性较强的害虫、部分化学药剂无法控制的钻蛀茎枝害虫及地下害虫具有极佳的效果，推广前景十分广阔。

第五节 蟋 蟀

蟋蟀别名油葫芦，北方俗称蛐蛐，又名促织、趋织，属直翅目（Orthoptera）蟋蟀科（Gryllidae）。我国已知蟋蟀 185 种（亚种）其中，危害农作物的主要种类有大蟋蟀（*Brachytrupes portentosus* Lichtenstein）和北京油葫芦（*Gryllus mitratus* Burmeister）。大蟋蟀属于我国南方旱地作物主要害虫之一。北京油葫芦在全国各地均有分布，尤以华北地区发生更重，是造成危害的主要蟋蟀种类。

一、危害症状

以成虫、若虫在地下危害植物的根部，在地面食害小苗，切断嫩茎，造成严重缺苗断垄，甚至毁种；也能咬食寄主植物的嫩茎、叶、花蕾、种子和果实，造成不同程度的损失。

二、形态特征

（一）大蟋蟀

1. 成虫　体长30～40毫米，暗褐色或棕褐色。头部较前胸宽，复眼间具Y形纵沟。触角丝状，约与身体等长。前胸背板前方膨大，前缘后凹呈弧形，背板中央有1细纵沟，两侧各具一近三角形的黄褐纹。后足腿节粗壮，胫节背方有粗刺2列，每列4～5个。腹部尾须长而稍大。雌虫产卵管短于尾须。

2. 卵　长4.5毫米左右，近圆筒形，稍有弯曲，两端钝圆，表面平滑，浅黄色。

3. 若虫　外形与成虫相似，体色较淡，随龄期增长而体色逐渐转深。若虫共7龄，2龄以后出现翅芽，若虫的体长与翅芽的发育随龄期的增大而增长。

（二）北京油葫芦

1. 成虫　体长22～25毫米。体背黑褐色，有光泽。腹面为黄褐色。头顶黑色，复眼周围及面部橙黄色，从头背观，两复眼内方的橙黄色纹"八"字形。前胸背板黑褐色，隐约可见1对深褐色羊角形纹，中胸腹板后缘中央有小切口。前翅黑褐色有光泽，后翅端部露出腹末很长，形如尾须。后足胫节背方有刺5～6对、端距6个。

2. 卵　长2.5～4毫米，略呈长筒形，两端略尖，乳白色，微黄，表面光滑。

3. 若虫　共6龄，成长若虫21～22毫米。体背面深褐，前胸背板月牙形明显。雌若虫产卵管较长，露出尾端。

三、发生规律

（一）生活史

1. 大蟋蟀　1年发生1代，以3～5龄若虫在土穴中越冬。广东和福建南部每年 3 月上旬越冬若虫开始大量活动，3～5 月出土危害各种农作物的幼苗。5～6 月成虫陆续出现，7 月为成虫盛发期，9 月为产卵盛期。10～11 月新若虫常出土危害。12 月初若虫开始越冬。

2. 北京油葫芦　1 年发生 1 代，以卵在土中越冬。在河北、山东、陕西等省份，越冬卵于翌年 4 月底或 5 月初开始孵化，5 月为若虫出土盛期，立秋后进入成虫盛期，9～10 月为产卵期，10 月中下旬以后，成虫陆续消亡。

（二）主要习性

1. 大蟋蟀　成、若虫均穴居生活，昼伏夜出，成虫多 1 穴 1 虫。洞穴左右弯曲，每个洞穴口都堆积一堆松土，这是洞穴内有大蟋蟀的标志。成虫和若虫都喜食植物的幼嫩部分，各种作物的苗期受害最严重，咬断嫩茎后拖回洞中蛆食，有时也会把咬断的嫩茎弃于洞外。雨天一般不出来活动，以储备的食料为食，但若食物耗尽，也见有出来寻食。闷热的夜晚出洞活动最盛，也是毒饵诱杀的最好时机。成虫产卵于洞底，常 30～40 粒/堆，单雌产卵 500 粒以上。卵期 15～30 天，若虫期 240～270 天。初孵若虫一般群居洞中，数日后分散营造洞穴独居。成虫和若虫具自相残杀的习性。大蟋蟀性喜干燥，多发生于沙壤土或沙土，植被稀疏或裸露、阳光充足的地方，潮湿的壤土或黏土中很少发生。

2. 北京油葫芦　成虫昼伏夜出，喜隐藏在潮湿地面的积草堆下，对黑光灯以及萎蔫的杨树枝叶、泡桐叶等有较强趋性。成虫交尾后 2～6 天即可产卵，卵多产在杂草郁闭的地头、田埂等处 2～3 厘米深的土中，产在地表的卵不能孵化，无植被覆盖的裸地很少产卵，常 4～5 粒成堆，单雌产卵 34～114 粒。成、若虫均喜群栖。若虫共 6 龄，低龄若虫昼夜均能活动，4 龄后昼伏夜出。

（三）环境因子影响

4～5 月降水多，当年蟋蟀发生重。4 月下旬至 5 月下旬降水量与蟋蟀发生量呈正相关。不同作物田，蟋蟀发生密度不同，大豆、花生、玉米田发生重于棉花、甘薯田。另外，黏土地发生重，壤土地次之，沙土地发生轻。地势低洼、地下水位相对较浅的地块，虫口密度较高。

四、防治措施

应采取农业防治为基础，化学防治、物理防治、生物防治相结合的综合防治措施。防治适期应掌握在若虫 2、3 龄盛期和成虫发生盛期。

（一）农业防治

蟋蟀卵一般产于 1～2 厘米的土层中，卵深埋于 10 厘米以下土层，若虫就难以孵化出土。因此，结合秋季和春季深耕整地，破坏其生存环境，可压低卵量。作物生长期间，中耕除草，整平地面，可创造不利于其发生的生态环境。

（二）物理防治

利用蟋蟀的趋光性，田间设黑光灯诱杀成虫。利用蟋蟀喜栖于薄层草堆下的习性，将厚度 10～20 厘米的小草堆按 5 米一行、3 米一堆均匀摆放在田间，翌日揭草堆集中捕杀。若在草堆下面放些毒饵，则捕杀效果更好。

（三）化学防治

1. 毒饵　根据农田蟋蟀活动、迁移性强、取食量大、咀嚼式取食等特点，一般采用毒饵法防治效果较好。可选用 50％辛硫磷乳油 40～50 毫升/亩，加少量水稀释后，喷拌炒香的麦麸 3 千克，制成毒饵，均匀撒于田间；也可用上述药剂 40～50 毫升/亩，加适量水稀释后，喷拌鲜草撒于田间，防治效果均较好。

2. 喷粉　选用 2.5％敌百虫粉，每亩喷洒 1.5～2 千克。喷洒时均匀掺入适量的细沙土或草木灰。

3. 喷雾　在农田蟋蟀发生密度较大的田块，可选用 77.5％敌敌畏乳油或 50％辛硫磷乳油 1 000～1 500 倍液喷雾防治。也可选用 5％来福灵乳油 2 500～3 000 倍液喷雾防治。需要注意的是，蟋蟀活动迁移性强，取食量大，上述药剂防治方法均应采用封闭法，即从田块四周开始向中心地带推进，使外逃的蟋蟀都能触药而死，提高防治效果。于闷热的傍晚施用效果最好。

（四）生物防治

寄生螨、青蛙和鸟类等是蟋蟀的天敌，可充分发挥自然天敌的作用。

第七章　主要钻蛀害虫防控措施

第一节　豆秆黑潜蝇

豆秆黑潜蝇（*Melanagromyza sojae* Zehntner），别名豆秆蝇、豆秆蛇潜蝇等，属于双翅目（Diptera）潜蝇科（Agromyzidae），是重要的大豆蛀茎性害虫。豆秆黑潜蝇在我国吉林、辽宁、陕西、甘肃、河北、河南、山东、江苏等地均有分布；国外主要分布在印度、斯里兰卡、马来西亚、日本、以色列、沙特阿拉伯、埃及、南非、澳大利亚等国家。

一、危害症状

豆秆黑潜蝇是黄淮流域、长江流域以南及西南大豆产区的主要害虫之一，除危害大豆外，同时危害红豆、红小豆、菜豆、绿豆、豇豆、蚕豆等多种豆科植物。豆秆黑潜蝇从大豆苗期开始危害，以幼虫在大豆的主茎、侧枝及叶柄处侵入，在主茎内蛀食髓部。受害植株由于输导组织遭到破坏，往往植株矮小、叶片发黄、成熟期提前，大豆秕荚、秕粒增多，百粒重降低明显，影响大豆的产量与品质。

二、形态特征

1. 成虫　为小型蝇，体长2.5毫米，体色黑亮，腹部有蓝色光泽，复眼暗红色，触角3节，第3节钝圆，背中央有长度为触角3倍的角芒1根，具有毡毛，前翅透明，呈淡紫色。

2. 卵　长椭圆形，长0.31～0.35毫米，乳白色透明。

3. 幼虫　3龄幼虫体长约3.3毫米，圆筒形，尾部较细，乳白色。额突起或仅稍隆起；口钩每颚1端齿，端齿尖锐，具侧骨，下口骨后方中部骨化较浅；前气门矮小，指形，具8～9个开孔，排成2行；后气门棕黑色，烛台形，具有6～8个开孔，沿边缘排列，中部有几个黑色骨化尖突，体乳白色。

4. 蛹　长筒形，长2.5～2.8毫米，黄棕色。前、后气门明显突出，前气门短，向两侧伸出；后气门烛台状，中部有几个黑色尖突。

三、发生规律

（一）生活史

豆秆黑潜蝇每年发生代数因地而异，在一般情况下，从北向南世代递增。通常以蛹在大豆及其他寄主的秸秆中越冬。豆秆黑潜蝇在广西一年 10 余代，常年危害。浙江、福建 6～7 代；山东及河南 4～5 代，各代相互重叠。辽北地区 1 年发生 2～3 代，大连地区 1 年发生 3～5 代。在山东、河南等地以蛹及少数幼虫在豆秆中越冬，翌年 5 月开始羽化产卵，幼虫危害春大豆、豌豆；第 2 代幼虫 6 月下旬至 7 月上旬出现，8～9 月 3、4 代幼虫相继出现，都危害晚播夏大豆、秋大豆、小豆、豇豆等。福州以蛹在豆秆中越冬。翌年 3～4 月出现成虫，第 1、2 代幼虫于 4 月上旬至 5 月中旬危害春大豆，第 3 代幼虫危害豇豆，第 4 代幼虫在 7 月中旬至 8 月上旬危害秋大豆幼苗，8 月至 10 月下旬第 5、6 代幼虫相继危害秋大豆、四季豆。11 月中旬第 7 代幼虫危害豌豆。11 月中下旬以第 7 代蛹越冬。平均完成一世代为 24～25 天。

（二）主要习性

成虫多集中在上部叶面活动，当温度低于 25 ℃或高于 30 ℃时，成虫多在下部背阴处叶片中隐藏，夜间或风雨时则多栖息于豆株下部叶背或豆田中杂草的心叶内。成虫趋光性不强，在 7:00～9:00 活动最盛，卵产在腋芽基部和叶背主脉附近组织内，1 头雌虫可产卵数十粒。初孵幼虫由腋芽和叶柄处穿隧道进入主茎，蛀食髓部和木质部。老熟幼虫在茎基离地面 2～13 厘米的部位化蛹，化蛹前在基部咬长 1 毫米左右的羽化孔，并在其附近化蛹，以备羽化后的成虫钻出。豆秆黑潜蝇在大豆播种后 30～40 天，首先入侵大豆主茎，播后 50～60 天才钻入叶柄和分枝，豆株各部位受害程度表现为主茎＞叶柄＞分枝。

（三）环境因子影响

1. 温、湿度　豆秆黑潜蝇活动适宜温度为 25～30 ℃，有风雨或温度过高、过低，风力达 3 级以上，成虫即隐藏不动。当相对湿度小于 80％时，活动易受到抑制。越冬蛹的滞育与降水量的多少有关，如 5 月末至 6 月初降水量大，第 1 代虫源增加，危害加重。

2. 品种抗性　春季播种的品种，如有限结荚习性、主茎较粗、节间较短、分枝也较少的品种危害轻。夏季播种的品种，如出苗较早、前期生长快的地块危害轻。不同熟期大豆的受害程度依次为秋大豆＞夏大豆＞春大豆。

3. 耕作栽培　适时早播发病轻，过晚播种发病重；同期播种的早熟品种对产量影响小，晚熟品种可造成减产。豆秆黑潜蝇以蛹的形态在大豆的根茬和秸秆中越冬，重茬或迎茬给蛹提供了良好的栖身场所，所以发生重。与玉米轮作、增施底肥、合适时间留壮苗等措施可减轻对大豆危害。

4. 天敌　在自然环境下豆秆黑潜蝇有多种寄生蜂，如豆秆蝇瘿蜂、豆秆蝇茧蜂、长腹金小蜂等，在豆秆黑潜蝇整个发生期交错或复合发生，其中，豆秆蝇瘿蜂为控制效果最高的种类。

四、防治措施

做好预测预报工作，贯彻"预防为主、综合防治"的植保方针，以农业防治为基础，充分发挥化学防治的作用，把握好时机，统一防治。

（一）农业防治

1. 清洁田地　及时清除田边杂草和受害枯死植株，集中处理，减少虫源，采取深翻、提早播种等方法。

2. 换茬轮作　在豆秆黑潜蝇发生重的地方，换种玉米等其他作物1年，可有效降低其发生量和危害程度。

3. 选用抗虫品种　要选用中早熟、有限结荚习性、主茎较粗、节间短、分枝少、前期生长迅速和封顶较快的大豆品种。

4. 适时早播　做到适时早播、因地制宜，可以促进大豆早发苗，从而避开第2代幼虫的危害。

（二）化学防治

1. 播种期预防　在大豆出苗前每亩施用氯唑磷颗粒剂1.5千克，拌细沙土10千克均匀撒施于垄上。

2. 生长期防治　在豆苗出土后，应立即施药预防。在成虫盛发期使用乐果乳油、功夫乳油和高效氯氰菊酯乳油等农药加辛硫磷乳油，每亩用量60毫升，稀释1000倍后进行叶面喷雾，对成虫防治效果较好，可间隔7天左右再喷1次。发生严重时，应选择48％毒死蜱乳油1000倍液，或5％氟虫脲乳油、90％灭多威可湿性粉剂3000倍液等，不同药剂交替使用。隔5～7天喷药1次，连喷3～4次。

第二节　食心虫

大豆食心虫（*Leguminivora glycinivorella* Matsumura），别名小红虫、豆荚虫，属鳞翅目（Lepidoptera）小卷蛾科（Olethreutidae），是我国大豆生产中常见的、危害严重的害虫之一。大豆食心虫在我国主要分布于长江以北各大豆产区，以东北地区以及河北、河南、安徽等地危害较重。另外，在我国周边的日本、朝鲜和俄罗斯远东沿海地区也有发生。

一、危害症状

该虫单食性，仅危害大豆、野生大豆和苦参，以幼虫蛀入豆荚食害豆粒。

初孵幼虫造成"针眼形"病状,3龄后则沿豆粒边缘取食,轻则被食成一条沟,重者把豆粒吃掉大半,被害粒失去原形,群众称之为"虫口豆"或"兔嘴"。豆荚内充满粪便,严重影响大豆品质、芽率及产量。虫食率视大豆品种的品质及熟期而不同,一般年份常规品种虫食率为5%～10%,而高油及早熟大豆通常为10%～30%,严重时达40%～50%,甚至高达70%～80%。受害大豆不但产量下降,而且品质变劣。

二、形态特征

1. 成虫　大豆食心虫成虫体长5～6毫米,翅展12～14毫米,是暗褐色或黄褐色的小蛾,前翅黄褐线条相间,略具光泽,后翅前缘银灰色,其余暗褐色。

2. 卵　大豆食心虫卵呈扁平椭圆状,长0.5毫米左右,宽0.26毫米左右,初产呈现乳白色,经2小时后逐渐变为黄色,4小时变为橘黄色,中间夹杂一条半圆形红带,孵化前红带自然消失。

3. 幼虫　大豆食心虫幼虫分为4个阶段,初孵化呈现淡黄色,孵化幼虫可在豆荚上爬行,靠咬食豆荚外皮、蛀荚生存,对大豆种植造成严重危害。幼虫入荚后蜕皮,变为乳白色,幼虫在豆荚中生存20～30天后逐渐发育成熟,成熟后身体呈红色,整体表现为红褐色,体型达到5～6毫米,略呈圆筒型,老熟幼虫在第5节上是否形成1对紫红色小斑点,是判定大豆食心虫幼虫性别的主要依据。豆荚成熟后幼虫脱荚入土,身体变为杏黄色,自身呈椭圆形茧准备过冬。

4. 土茧　土茧是大豆食心虫幼虫吐丝形成,其茧外附着泥土,呈现出自然土色,呈椭圆形,长度达到7.5～9毫米,宽度3～4毫米。

5. 蛹　大豆食心虫蛹状为纺锤体,体长约6毫米,颜色以红褐色或黄褐色为主。蛹第1节背面无刺,第2节至第7节背面各节均有列刺,第8节至第10节拥有一列大刺,腹部末端存在8根大且粗刺,大豆食心虫羽化前变为黑褐色。

三、发生规律

(一)生活史

大豆食心虫在我国大豆产地均有发生,大豆食心虫每年发生1代,以老熟幼虫在豆田土壤或者晾晒厂附近的土壤内作茧越冬。受地理位置和气候的影响,大豆食心虫的发生时期并不相同,一般我国北方地区发生早于南方地区,温度过高或者过低都不利于食心虫的发生;连作土壤比轮作土壤发生重,且低洼地、易积水的地区虫害发生重。幼虫在土壤中越冬,于翌年7月中旬化蛹,

7月末到8月初始见成虫，8月中下旬为羽化盛期和产卵高峰期。羽化后成虫寿命为8～10天，前期羽化以雄蛾较多，羽化高峰期时雌蛾和雄蛾数基本相同，为食心虫防治的最重要时期；产卵期，虫卵多产于嫩芽和豆荚上，产卵5～8天孵化成幼虫，幼虫蛀入豆荚内蛀食豆粒，在荚内危害20～30天，于9月上中旬幼虫老熟后开始脱荚潜入土壤中做茧越冬。

（二）主要习性

成虫飞行能力较弱，主要在半米以下的空间活动。成虫在夜间、上午多潜伏在叶片背面和茎秆上，15:00后开始活动，日落前1小时活动最为旺盛，黄昏时刻产卵。着卵部位以豆荚为主，其次是叶柄，其他器官着卵较少；对着卵部位而言，以中下部豆荚为主，豆株中上部嫩荚、干扁荚相对较少。幼虫孵化后，先吐丝结网，然后在其中咬食荚皮，从荚皮合缝附近蛀入。幼虫进入豆荚后，咬食豆粒，一般可危害2个豆粒。

（三）环境因子影响

1. 气象条件 成虫化蛹和羽化与土壤温湿度有很大关系。土壤内适量的含水量会增加大豆食心虫翌年种群的数量并且提前进入暴发期，因此，土壤内水含量对大豆食心虫的预估、风险评定起到重要作用。土壤湿度对大豆食心虫幼虫越冬行为存在显著影响，土壤含水量15.0%左右是大豆食心虫脱荚幼虫入土越冬较适宜的土壤湿度。7月下旬至8月上中旬土壤含水量达到10%～30%有利于大豆食心虫的化蛹及出土。大豆食心虫卵和幼虫对温度的适应性存在明显差异。在17～33℃，温度对大豆食心虫卵孵化影响较小，孵化率均在90%。大豆食心虫为长日照昆虫，光照长度直接影响大豆食心虫的生长和生育性，日照长度16小时为其幼虫临界光长，日照长度小于15小时，大豆食心虫可能滞育，超过16小时可进行繁殖，或打破大豆食心虫滞育状态。大豆食心虫又是一种专性滞育性昆虫，在不适宜的环境条件下以低代谢速率来维系生理过程，而不改变其外观形态和组织器官的分化。由此可见，不同纬度及日照时长会直接影响大豆食心虫的发生期，而针对大豆食心虫的生长特性及时进行防治，可以达到较好效果。

2. 品种抗性 大豆品种抗虫性与节数、单株粒数、单株粒重、百粒重、豆荚茸毛密度和种皮颜色呈显著相关。荚皮硬度、荚皮组织的隔离层细胞排列、茸毛有无、豆荚皮硅元素含量等对品种对抗食心虫都有影响。一般无荚毛或荚毛弯曲的品种抗虫性较好；荚皮组织的隔离层细胞排列为横向且紧密的品种抗虫性较好。

3. 耕作栽培 连作比较重，轮作比较轻，可降低虫食率。大豆与其他作物间作发生轻，大豆单作发生较重。同时播种的早熟品种轻，减产少，晚熟品种重减产多。

4. 天敌　大豆食心虫捕食性天敌为步甲、花蝽、猎蝽科、蜘蛛等；寄生性天敌有赤眼蜂、姬蜂、茧蜂等，寄生蜂对大豆食心虫的寄生率常年达到17.9%～42.3%。病原菌侵染主要有白僵菌、绿僵菌、苏云金芽孢杆菌。

四、防治措施

大豆食心虫在防治过程中，遵循"预防为主、综合防治"的原则，实行以农业防治和生物防治为主、化学防治为辅的防治手段。

（一）农业防治

根据大豆食心虫的趋性和特性，农业防治方法很多。首先是选择种植抗食心虫或耐虫的大豆品种，根据食心虫对荚毛的趋避性，可选择无荚毛或荚毛较少的品种；连作会增加大豆食心虫的危害程度，所以在大豆种植中尽量避免大豆连作，选择轮作种植方式，减少食心虫的危害；结合中耕除草，在化蛹和羽化期进行中耕，减少羽化数量；最后对大豆田尽量适时早收，可减少豆田越冬幼虫的数量，大豆收获后，及时清理田块和秋翻整地，破坏食心虫的越冬场所，通过机械伤害和气候伤害及生物天敌，增加食心虫的死亡率。

（二）化学防治

大豆食心虫的药剂防治适期是成虫发生盛期，田间蛾成团发生，采用叶面常规喷雾，可以用2.5%高效氯氟氰菊酯乳油20～30毫升/亩，或20%速灭杀丁乳油50～70毫升/亩，这2种药剂都是拟除虫菊酯类杀虫剂，作用机理相同，具有触杀和胃毒作用，杀虫谱广，对大豆食心虫成虫、幼虫、卵都有很好的效果。50%马拉硫磷、50%辛硫磷、1.8%阿维菌素、5%虱螨脲或40%毒死蜱乳油等，用量50～70毫升/亩，这些药剂都是有机磷杀虫剂，作用机理相同，具有触杀、胃毒及熏蒸作用，杀虫谱广，对大豆食心虫成虫、幼虫、卵都有很好的效果。

（三）生物防治

1. 田间人工释放赤眼蜂　利用大豆食心虫田地防治，在8月中旬以赤眼蜂灭卵，以每100亩30万～45万头为标准，释放赤眼蜂1～2次，实现降低食心虫率的作用。采用赤眼蜂防治技术可以有效控制食心虫危害，降低43%的食心虫附着。为提高防治效果，可适当提高放蜂次数。

2. 施用白僵菌粉　可在9月上旬，有虫脱荚前，采用大量白僵菌粉剂，加入细土或草灰，混合搅拌均匀后撒在豆田垄台处，起到消灭幼虫的作用。白僵菌粉可防治幼虫过冬，降低其寄生、羽化概率。大豆食心虫落地接触白僵菌粉后，在温湿条件适宜情况下，幼虫将发病死亡。

3. 喷施干扰驱避剂　干扰驱避剂能够使大豆食心虫咬食大豆豆荚后，植物发生防御反应，释放特殊挥发物，影响食心虫进食、产卵。在田间大豆食心虫突然增多、出现打团现象的成虫盛发期喷施干扰驱避剂，每亩选取 6～10 毫升药剂，以水配比成 3 000～5 000 倍液，喷施中、上部叶片，应避免喷施到叶冠上方，避免药剂蒸发，影响实际防治效果。采用喷施干扰驱避剂方式防治效果较好，且对大豆作物无危害，食心虫不会产生抗性，对环境无污染。

4. 性诱剂诱杀 可制作昆虫性诱剂诱杀大豆食心虫，由科研机构制作性诱剂，将诱杀盆放置在三脚架上，置于大豆田间，要求盆径 30 厘米，盆内放满水并加入 2 克洗衣粉，将性诱剂以铁丝连接钩钉后置于水面上，使诱芯距离水面约 1 厘米，每日上午清理诱惑的雄性食心虫。

第三节　豆荚螟

豆荚螟（*Etiella zinckenella* Treitschke），属鳞翅目（Lepidoptera）螟蛾科（Pyralidae），别名豆蛀虫、大豆荚螟、红虫等。主要分布在华东、华中、华南等地区，是分布范围很广的豆科害虫之一。

一、危害症状

幼虫蛀入大豆及其他豆科植物荚内，食害豆粒。被害籽粒重则蛀空，轻者蛀成缺刻，被害籽粒还充满有丝缠的虫粪及排泄物，发褐以致霉变。食尽豆粒，幼虫老熟后多在豆荚上咬孔外出，入土作茧化蛹，部分幼虫则在荚内吐丝结茧化蛹。虫荚率一般为 10%～30%，轻者在 5% 以下，个别地区干旱年份可达 80% 以上。

二、形态特征

1. 成虫 体长约 13 毫米，翅展约 26 毫米，体灰褐色，前翅黄褐色，前缘色较淡，在中室的端部、室内和室下各有 1 个白色透明的小斑纹，后翅近外缘有 1/3 面积为黄褐色，其余部分为白色半透明，有 1 条深褐色线把这色泽不同的 2 部分区分开，在翅的前缘基部还有褐色条斑和 2 个褐色小斑。前后翅均有紫色闪光。雄虫尾部有灰黑色毛 1 丛，挤压后能见到黄白色抢握器 1 对，雌虫腹部较肥大，末端圆筒形。

2. 卵 扁平，略呈椭圆形，长约 0.6 毫米，宽约 0.4 毫米。初产时淡黄绿色，近孵化时橘红色，卵壳表面有近六角形网状纹。

3. 幼虫 幼虫共 5 龄，老熟幼虫体长 14～18 毫米，体黄绿色，前胸背板及头部褐色。前列 4 个各生有 2 根细长的刚毛，中后胸背板上有黑褐色毛片 6 个，排成 2 列，后列 2 个无刚毛。腹部各节背面的毛片上各着生 1 根刚毛，腹足趾钩为双序缺环。

4. 蛹　蛹长约 13 毫米。初蛹黄绿色，后变黄褐色。头顶突出，复眼浅褐色，后变红褐色，翅芽伸至第 4 腹节的后缘，羽化前在褐色翅芽上能见到成虫前翅的透明斑纹。蛹体外被白色薄丝茧包裹。

三、发生规律

(一) 生活史

豆荚螟每年发生 2～8 代。以老熟幼虫在寄主植物近地表 5～6 厘米深处结茧越冬。越冬幼虫于 3 月下旬开始化蛹，4 月中旬至 5 月中旬出现越冬代成虫。第 1 代幼虫发生于 6 月下旬至 7 月中旬，主要危害豌豆、豇豆、刺槐和冬播绿肥植物。7 月上旬至 7 月下旬陆续发生第 1 代成虫，这时春播大豆等豆科植物已开花结荚，即大量飞迁到这些作物上产卵繁殖，7 月上旬至 8 月中旬是第 2 代幼虫危害期。第 3 代幼虫发生于 7 月下旬至 8 月下旬，仍在春播豆类上危害。此时期，由于夏播大豆正值开花结荚，第 3 代成虫即飞至夏播豆田产卵危害。第 4 代幼虫于 8 月中下旬孵化，主要危害夏播豆类作物。这代幼虫发生早的，于 9 月中旬仍化蛹羽化，发生第 4 代成虫，继续在夏大豆或其他豆科绿肥植物上产卵，孵化第 5 代幼虫继续危害，至 11 月间，幼虫老熟入土越冬。发生晚的，于 10 月中旬即脱荚入土越冬。

(二) 主要习性

成虫昼伏夜出，白天潜伏于豆株或杂草丛中，傍晚开始活动，对黑光灯有趋性，飞翔力极强。成虫羽化后当日即能交配，隔天就可产卵。成虫产卵于豆荚、叶柄、嫩芽上。在大豆上尤其喜产在有毛豆荚上，每荚一般只产 1 粒卵，少数 2 粒卵以上，卵多产在大豆嫩荚萼片及荚两端边缘荚毛中。一雌产卵数量最多 226 粒，平均 88 粒左右。雄虫寿命 1～5 天，产卵期最长 8 天，平均 5.5 天左右。卵经 4～6 天孵化，孵化时间多在 6:00～9:00。初孵幼虫先在荚面爬行 1～3 小时，再在豆荚上作一白色丝茧藏于其中，经 6～8 小时，即蛀入荚内，此种丝茧可作为检查该幼虫初期危害症状的标志。幼虫进入荚内后，即蛀入豆粒危害，4 龄、5 龄后食量增加，每天食害 1/3～1/2 豆粒。幼虫共 5 龄，1 头幼虫 1 生平均可取食 4～5 个豆粒，在一荚内若食料不足或环境不适时，有转荚危害习性，每一幼虫可转荚危害 1～3 次。豆荚螟危害先在植株上部，渐至下部，一般以上部幼虫分布最多。幼虫在豆荚与豆粒开始膨大到荚变黄绿前侵入，存活显著减少，幼虫除危害豆荚外，还能蛀入茎内危害。幼虫期一般为 9～12 天。幼虫老熟后，在荚上咬孔外出，入土作茧化蛹，茧外黏有土粒。蛹期 20 天左右。越冬幼虫有部分在秋天即脱荚入土，还有部分幼虫随大豆收获运至晒场，爬至晒场周围表土下结茧越冬，也有少部分幼虫被带进仓库结茧越冬。

（三）环境因子影响

豆荚螟的发生程度与温湿度、土质、地势、栽培制度、大豆品种和天敌有密切关系。温度是影响其生长发育和种群消长的重要因素。湿度影响雌蛾产卵、幼虫化蛹和蛹的羽化，雌蛾在相对湿度低于60％以下时产卵少，湿度过高也不利，产卵的适宜相对湿度为70％。越冬幼虫在表土处于饱和湿度或绝对湿度30.5％以上时，即不能生存。土壤饱和湿度25％时（绝对含水量12.6％），化蛹率及羽化率均高。温度适宜，湿度对豆荚螟发生轻重影响很大。壤土地危害重，黏土地危害较轻；平地危害重，洼地危害轻；高坡、岗上地危害重，岗下地危害轻。同一品种大豆，壤土地被害率为53.2％，黏土地只有10％。地势的高低与土壤水分有关，一般低地湿度高，不利于其生存，发生少；高地则相反。

四、防治措施

（一）农业防治

1. 选育优良品种　选择种植早熟丰产、结荚期短、荚上无毛或少毛、综合性状好的品种，可减少成虫产卵，以减轻危害。

2. 调整耕种方式　合理规划茬口布局，避免豆类作物多茬口混种，有计划地进行轮作换茬，有条件的地方最好采用夏大豆与水稻轮作1～2年，或者改种其他作物，隔1年再种夏大豆可显著降低豆荚螟的基数及发生数量；冬耕翻地灭蛹或使幼虫暴露于土表被冻死或被天敌捕食。

3. 灌溉灭虫　增加灌水次数，可显著提高越冬幼虫的死亡率。在夏大豆开花结荚期，灌水1～2次，可增加入土幼虫的死亡率，提高夏大豆产量。

4. 其他方法　定时定期清除夏大豆田间落叶、落荚、枯叶以消灭幼虫；摘除有虫花及豆荚，并集中进行销毁；夏大豆成熟及时收割，将未出荚的幼虫集中于晒场处理，可放鸡啄食或撒药围歼。

（二）物理防治

利用豆荚螟的趋绿性，采用绿板诱杀成虫以减少卵、虫基数。将18厘米×9厘米的硬纸板（三合板或纤维板）两面分别用绿色油漆涂成绿色，晾干后刷10号机油，田间每亩顺行插放1～2块，绿板高度以大豆植株高度而定。当豆荚螟粘满板面时，及时涂补机油，一般7～10天1次；利用成虫的趋黑光性，5～10月的夜晚架设黑光灯、频振式杀虫灯等，诱杀成虫，减少虫源基数。

（三）化学防治

1. 敌敌畏熏杀　在成虫盛发期，将玉米秸断成1厘米/节，浸入敌敌畏原液中，待玉米秸吸足药液后将其每隔4垄夹在夏大豆枝杈处，30～50根/亩，

7 天 1 次，可有效熏杀成虫。

2. 喷药毒杀　夏大豆花期的 6∶00～9∶00 喷药效果较好，将药剂均匀喷到花蕾、花荚、叶背、叶面和茎秆上，喷药量以湿润有滴液为度，7 天 1 次，连续防治 2～3 次，在夏大豆收获前 10 天禁止使用农药。1％甲氨基阿维菌素苯甲酸盐水乳剂 1 000 倍液，或 10％茚虫威悬浮剂 2 000 倍液，或 200 克/升氯虫苯甲酰胺悬浮剂 2 000 倍液，或 12％甲维虫螨腈悬浮剂 1 000～2 000 倍液，或 5％虱螨脲悬浮剂 1 000～1 500 倍液，或 14％虫螨茚虫威悬浮剂 2 000 倍液皆可。

3. 晒场处理　在大豆堆垛地及晒场周围撒上述药剂的低浓度粉剂，以毒杀豆秸内爬出的豆荚螟幼虫。在进行化学防治时，应注意农药安全，严格掌握安全间隔期，农药复配，交替使用。这既有利于提高农药使用安全性和防治效果，又可延缓豆荚螟对药剂抗性产生。

（四）生物防治

豆荚螟的天敌有甲腹茧蜂、小茧蜂、赤眼蜂以及一些寄生性微生物等。温室夏大豆于豆荚螟产卵盛期释放赤眼蜂，对豆荚螟的防治效果可达 80％以上；老熟幼虫脱荚入土前，当田间湿度较高时，可施用白僵菌粉剂，3 千克/亩白僵菌粉剂（每 0.5 千克菌粉＋细土或草木灰 0.45 千克）均匀撒在豆田垄台上，脱荚落地的幼虫接触到白僵菌孢子，于适合温度、湿度条件下发病死亡。

第四节　豆荚野螟

豆荚野螟（*Maruca vitrata* Fabricius），属鳞翅目（Lepidoptera）螟蛾科（Pyralididae）野螟亚科（Pyraustinae）豆荚野螟属（*Maruca*）。其学名原为 *Maruca testulalis* Geyer。Heppner（1995）建议改用 *Maruca vitrata*。对于我国豆荚野螟，1880 年 Butler 在《伦敦动物学会会报》中已有我国台湾的分布记录，当时所用学名为 *Maruca aquatilis* Doisduval。它的中文别名有豆蛀螟、豇豆荚螟、豆野螟、大豆卷叶螟、豆螟蛾、豆叶螟、豆螟、花生卷叶螟等。1985 年以后，来自国外的翻译资料多将 *Maruca testulais* Geyer（豆荚野螟）译作豆荚螟，很容易与 *Etiella zinckenella* Treitschke（豆荚螟）混淆。在我国分布区北起内蒙古，南至台湾、海南、广东、广西、云南，东面滨海，西向自陕西、宁夏、甘肃折入四川、云南、西藏，主要分布在华北、华中和华南地区；国外朝鲜、日本、印度、斯里兰卡、澳大利亚、尼日利亚、坦桑尼亚等地均有分布。

一、危害症状

主要危害大豆、菜豆、四季豆、红豆、豌豆、豇豆、扁豆、绿豆、洋刀豆等豆科植物。以幼虫蛀食大豆的花器、鲜荚和种子，初孵幼虫即蛀入花蕾危害，严重时蛀蚀整个花蕾，花蕾呈腐烂状，引起落花落蕾；有时蛀食茎秆、端梢，卷食叶片，造成落荚，产生蛀孔并排出粪便，严重影响大豆的产量和品质。

二、形态特征

1. 成虫 体长 10～16 毫米，翅长 25～28 毫米。体灰褐色，前翅黄褐色，前缘色较淡，在中室部有 1 个白色透明带状斑，在室内及中室下面各有 1 个白色透明的小斑纹。后翅近外缘有 1/3 面积色泽同前翅，其余部分为白色半透明，有若干波纹斑。前后翅都有紫色闪光。雄虫尾部有灰黑色毛 1 丛，挤压后能见黄白色抱握器 1 对。雌虫腹部较肥大，末端圆筒形。

2. 卵 椭圆形，长 0.6 毫米，宽约 0.4 毫米。初产时淡黄绿色，后逐渐变成淡黄色，近孵化时卵的顶部出现红色的小圆点。卵壳表面有近六角形网状纹。

3. 幼虫 老熟幼虫体长 18 毫米，体黄绿色，头部及前胸背板褐色。中、后胸背板有黑褐色毛片 6 个，排成 2 列，前列 4 个各生有 2 根细长的刚毛，后列 2 个无刚毛。腹部各节背面上的毛片位置同胸部，但各毛片上都着生 1 根刚毛。腹足趾钩为双序缺环。

4. 蛹 体长约 13 毫米，初化蛹时黄绿色，后变黄褐色。头顶突出。复眼浅褐色，后变红褐色。翅芽伸至第 4 腹节的后缘，羽化前在褐色翅芽上能见到成虫前翅的透明斑纹。蛹体外被白色有薄丝茧。

三、发生规律

(一) 生活史

豆荚野螟每年发生代数因地区而异，在华北地区内发生 3～4 代，华中地区 4～5 代，华南地区 6～9 代。以蛹在土中（5～6 厘米）或茎秆中越冬。每年 6～10 月为幼虫危害期，在西北地区，6 月下旬出现越冬代成虫，第 1～3 代成虫出现的时间为 7 月中旬、8 月上旬和 9 月上旬。9 月下旬至 10 月上旬发生第 4 代成虫，10 月中旬开始以蛹越冬。

(二) 主要习性

成虫多在夜间羽化，白天停息在作物下部的叶背面等阴蔽处，天黑开始活动，以 22:00～23:00 活动最盛。成虫羽化 2～4 天后即交尾。成虫一生交配

1～4 次。喜在黄昏交配，产卵前期 3 天左右。卵散产，也有 2～4 粒产于一处的，每雌平均产卵 88 粒，卵期 6 天。多将卵产在花瓣上或花萼凹陷处，也有将卵产在叶片上的。成虫有趋光性，飞翔力极强，寿命 6～12 天。幼虫 5 龄，幼虫期 8～12 天。初孵幼虫很快在花瓣上咬一小孔蛀入花中，初龄幼虫主要蛀食花蕾，极少数危害嫩叶，进入 3 龄后开始蛀食豆荚。有转荚危害的习性，每头幼虫一生蛀花 1～4 朵，蛀荚 1～2 个。幼虫外出活动时多在傍晚至翌日清晨，阴雨天也有出来活动和转移危害的。幼虫老熟后吐丝下落土表和落叶中吐丝作茧，茧外包满小土粒和残叶，有的就在土表化蛹或豆秆中化蛹，蛹期约 10 天。

（三）环境因子影响

1. 温、湿度　豆荚野螟最适宜的温度是 28 ℃，但 7～31 ℃都能发育。5月下旬至 6 月上旬气温的高低，决定第 1 代幼虫发生危害的迟早和轻重。这一段气温高，则发生早，反之发生就迟。播种早的花蕾受害重。湿度影响雌蛾产卵、幼虫化蛹及蛹的羽化，雌蛾产卵的适宜相对湿度为 70%，湿度过高或过低均不利。越冬幼虫在表土绝对湿度 30.5% 以上时，即不能生存。土壤饱和湿度为 25% 时，化蛹率及羽化率均高。

2. 大豆品种　早熟品种，开花结荚早，产卵期豆荚大都变老变黄，因而虫食率降低；结荚期短的品种虫食率往往也低；少毛或无毛光荚品种，成虫不喜欢产卵，因而表现抗虫。

3. 土质、地势　壤土地危害重，黏土地危害较轻；平地危害重，洼地危害轻；高坡、岗上地危害重，岗下地危害轻。地势的高低与土壤水分有关，一般低地湿度高，不利于其生存，发生少；高地则相反。

4. 栽培制度　豆荚野螟的早期世代常在早于大豆开花结荚的豆科植物上发生，而后转入豆田，如各种豆科植物种植面积大，距离豆田近，均可使豆田虫口数量增加。此外，播期也与危害程度有关，一般早播者危害最重，中播者次之，迟播者又次之。

5. 天敌　豆荚野螟第 2 代发生期主要天敌有 3 种，即小花蝽、气步甲和胡蜂。其中，小花蝽捕食幼虫和卵，气步甲和胡蜂捕食幼虫。

四、防治措施

（一）农业防治

选栽早熟丰产、结荚期短、少毛或无毛的品种。不与其他豆科作物和豆科绿肥邻作或连作，最好实行水旱轮作。定期及时清除田间落花、落荚及枯叶，摘除被害的叶和嫩荚以减少虫源。收获后立即深翻土或松土。在开花期灌水1～2 次可减轻虫害的发生。有条件的田地，可采取冬灌或春灌，消灭越冬虫源。

（二）物理防治

有条件的地方可设立高压汞灯诱杀成虫，灯的位置要高于植株，灯下放 1 个水盆，盆中水里放少量洗衣粉。

（三）化学防治

从寄主现蕾开始，在幼虫卷叶前即采用"治花不治荚"的施药原则，集中喷蕾、花、嫩荚及落地花上，连续 2～3 次，效果很好。可选用 24％虫螨腈悬乳剂 1 000 倍液，或 10％茚虫威悬浮剂 2 000 倍液，或 200 克/升氯虫苯甲酰胺悬浮剂 2 000 倍液，或 12％甲维虫螨腈悬浮剂 1 000～2 000 倍液，或 5％虱螨脲悬浮剂 1 000～1 500 倍液，或 14％虫螨茚虫威悬浮剂 2 000 倍液喷雾。喷药时间应掌握在 10:00 之前，这一时段豆花开放，药剂易接触虫体，因而防治效果较好。

（四）生物防治

用青虫菌 6 号液剂防治豆荚野螟，对低龄幼虫有一定效果。苏云金芽孢杆菌防治豆荚野螟，与用化学药剂效果相同，且减少了污染。选用 Bt、核型多角体病毒、阿维菌素等生物制剂喷雾，可取得较好的防治效果。也可以发挥小花蝽、气步甲和胡蜂等天敌的控害作用。由于豆荚野螟蛹以茧室形式存在，幼虫蛀入荚内危害，因此，利用天敌防治的重点应放在卵和低龄幼虫阶段。

第八章　主要食叶害虫防控措施

第一节　豆天蛾

豆天蛾（*Clanis bilineata tsingtauica* Mell），别名大豆天蛾，其幼虫俗称豆虫、豆丹、豆蝉，属鳞翅目（Lepidoptera）天蛾科（Sphingidae）云纹天蛾亚科（Ambulicinae）豆天蛾属（*Clanas*），主要分布于我国黄淮流域、长江流域及华南地区。主要寄主是大豆、洋槐、刺槐、藤萝及葛属、黎豆属植物。

一、危害症状

豆天蛾是大豆生产上的暴发性害虫，它的幼虫暴食叶片，轻者将叶片吃成网孔和缺刻，重者可将豆株吃成光杆，使其不能结荚，严重影响大豆产量。

二、形态特征

1. 成虫　成虫体长 40～46 毫米，翅展 100～120 毫米。体、翅黄褐色，头及胸部暗褐色，腹部背面有棕黑色横纹；前翅狭长，前缘近中央有较大的半圆形褐绿色斑，内线及中线不明显，外线呈褐绿色波状纹，近外缘呈扇形，顶角有一暗褐色斜纹；后翅小，暗褐色，翅基外缘有一黄褐色带状纹。

2. 卵　球形，直径 2～3 毫米，壳坚韧，有弹性，初为黄白色，慢慢变成褐色。

3. 幼虫　体圆筒形，每腹节有 8 个环纹。幼虫共 5 龄，1 龄和 5 龄幼虫头呈圆形，2 龄、3 龄、4 龄虫头呈三角形、尖形，老熟幼虫体长约 90 毫米，黄绿色。头部有一黄绿色突起，胸足 3 对，黄色，腹足 4 对，尾足 1 对。尾部有一黄绿色尾角。

4. 蛹　体长 40～45 毫米，宽 15 毫米，纺锤形，红褐色，腹部口器明显突出，呈钩状弯曲。

三、发生规律

（一）生活史

1 年发生 1 代（河北、山东、江苏、安徽）至 2 代（湖北武昌、江西南昌）。以幼虫在土中 8～12 厘米深处作土室过冬，来年 6 月化蛹，6 月下旬、7

月上旬及 8 月间成虫出现。每年 7～8 月雨水较多、成虫分布均匀则严重发生，植株茂盛、地势低洼及土壤肥沃的淤地发生最多。

（二）主要习性

成虫昼伏夜出，白天隐藏在忍冬或生长茂密的农作物及杂草丛中，不活泼，易于捕捉，对黑光灯有较强趋性。傍晚开始活动，飞翔力强，迁移性大，能在几十米高空急飞，20:00～21:00 和 4:00～5:00 活动频繁。夜间交尾，交尾后 3 小时即能产卵，一般 1 片叶上产 1 粒卵，卵期 7 天左右，每蛾产卵320～380 粒。8 月为幼虫盛期，幼虫共 5 龄，初孵化幼虫有背光性，白天潜伏叶背，夜间取食，阴天整日危害。1～2 龄危害顶部，咬食叶缘成缺刻，一般不迁移。3～4 龄食量大增，也可转株危害。5 龄幼虫是暴食阶段，约占幼虫期食量的 90%。9 月幼虫入土越冬。

（三）环境因子影响

适宜豆天蛾生长发育的温度为 25～38 ℃，最适环境的温度为 30～36 ℃、相对湿度 70%～90%。在化蛹和羽化期间，如果雨水适中，分布均匀，发生就重。雨水过多，则发生期推迟，天气干旱不利于豆天蛾的发生。不同大豆品种受害程度存在差异，以早熟、秆叶柔软、含蛋白质和脂肪量多的品种受害较重。在植株生长茂密、地势低洼、土壤肥沃的淤地发生较重。豆天蛾的天敌有赤眼蜂、寄生蝇、草蛉、瓢虫等，对豆天蛾的发生有一定控制作用。

四、防治措施

豆天蛾的防治以控前压后为策略，狠治 1 代，挑治 2 代，1 代是全年发生的基础，1 代治得好，既能控制当代危害，又减少 2 代发生基数，减轻危害。豆天蛾喜产卵于早播、长势好的大豆上，因此，1 代的防治重点是早大豆。在治好 1 代的基础上，2 代要挑治早发和长势好发生量大的农田。

（一）农业防治

1. 对土壤进行深耕，消灭越冬虫源 由于豆天蛾老熟幼虫在土中 9～12厘米深处越冬，秋季翻耕，杀死老熟幼虫。夏播大豆播种前进行土壤深耕，把蛹消灭在羽化之前，减少羽化率。

2. 改变大豆耕作方式，与其他作物进行间作、套种 通过间作和套种等耕作方式，可以避免使用化学农药带来的害虫再猖獗等副作用，对发展可持续农业有着特殊的意义。

（二）物理防治

1. 人工防治 当幼虫达 4 龄以上时，可采用人工捕捉、剪刀剪等人工防治措施。人工捕捉到的高龄幼虫可以食用，也可以进一步加工成豆天蛾食品。

2. 黑光灯诱杀成虫 由于豆天蛾的成虫具趋光性，利用黑光灯诱杀成虫，减少田间落卵量，从而减少豆天蛾的发生量。

（三）化学防治

在幼虫 1～3 龄期间，百株有虫 5～10 头，可用 20％杀灭菊酯 2 000 倍液，或 4.5％高效氯氰菊酯 1 500 倍液，或 200 克/升氯虫苯甲酰胺悬浮剂 2 000 倍液，或 5％虱螨脲悬浮剂 1 000～1 500 倍液，或 14％虫螨茚虫威悬浮剂 2 000 倍液喷雾防治。由于化学农药防治引起害虫再猖獗等种种副作用，因此，使用化学防治应充分考虑保护天敌的因素。

（四）生物防治

充分发挥天敌的自然控制作用，充分保护有益生物，利用豆天蛾的天敌进行生物防治。豆天蛾卵期自然寄生性有 3 种赤眼蜂：松毛虫赤眼蜂、拟澳洲赤眼蜂和舟蛾赤眼蜂。2 种黑卵蜂：豆天蛾黑卵蜂和落叶松毛虫黑卵蜂。松毛虫赤眼蜂和豆天蛾黑卵蜂为优势种天敌，种群数量大，对豆天蛾卵寄生率高。用杀螟杆菌或青虫菌（含孢子量 80 亿～100 亿/克）稀释 500～700 倍液，用菌液 50 千克/亩。青虫菌 6 号液对田间常见的几种捕食性天敌，如草蛉、瓢虫、胡蜂、蜘蛛等基本无影响，能起到较好的保护作用，具有明显的生态效益。

第二节 斜纹夜蛾

斜纹夜蛾（*Prodenia litura* Fabricius），又名莲纹夜蛾，属鳞翅目（Lepidoptera）夜蛾科（Noctuidae），是一种世界性分布的重要农业害虫，国外主要分布于东南亚及南亚，国内以长江流域和黄河流域发生为重。此虫食性很广，寄主植物已知 99 科 290 多种，其中喜食的有 90 种以上。作物有大豆、玉米、甘薯、棉花、烟草等。在蔬菜中，有甘蓝、白菜、莲藕、蕹菜、芋艿、茄、辣椒、番茄以及豆类、瓜类等，但以十字花科和水生蔬菜为主。

一、危害症状

斜纹夜蛾以幼虫危害。幼虫食叶、花蕾、花及果实，严重时可将全田作物吃光。卵多产在叶背面，呈块状，以植株中部最多。初孵幼虫群集在叶背啃食叶肉，只剩留一层表皮和叶脉，呈窗纱状；2 龄时可咬食花蕾和花；3 龄后分散危害，将叶片吃成缺刻，严重时除主脉外，全叶皆被吃尽，甚至咬食幼嫩茎秆。大发生时幼虫吃光一田块后能成群迁移到邻近的田块危害。

二、形态特征

1. 成虫 体长 14～20 毫米，翅展 35～46 毫米，体暗褐色，胸部背面有白色丛毛，前翅灰褐色，花纹多，内横线和外横线白色、呈波浪状、中间有明显的白色斜阔带纹，所以称斜纹夜蛾。

2. 卵 半球形，直径约 0.5 毫米。初产时黄白色，快孵化时紫黑色。卵壳表面有细的网状花纹，纵棱自顶部直达底部，纵棱间横道下陷，低于格面。卵成块，每块 10 粒至几百粒，不规则重叠地排列形成 2～3 层，外面覆有黄白色绒毛。

3. 幼虫 体长 35～51 毫米。头部淡褐色至黑褐色，胸腹部颜色多变，虫口密度大时，体色纯黑；密度小时，多为土黄色到暗绿色。一般幼龄期体色较淡，随龄期增长而加深，3 龄前幼虫体线隐约可见，腹部第 1 节的 1 对三角形斑明显可见，并有 1 暗黑色黑环，中胸背面与第 7 节腹节各有 1 对三角形黑斑。4 龄以后体线明显，背线及亚背线黄色，中胸至第 9 腹节亚背线内侧有近似半月形或三角形黑斑 1 对，而以第 1、7、8 节上黑斑最大，中后胸黑斑外侧有黄色小点。气门黑色，胸足近黑色，腹足深褐色。

4. 蛹 长 15～20 毫米，圆筒形，红褐色，尾部有 1 对短刺。

三、发生规律

(一) 生活史

斜纹夜蛾一年发生多代，世代重叠，无滞育特性。在福建、广东等南方地区，终年都可繁殖，冬季可见到各虫态，无越冬休眠现象。长江中、下游地区不能越冬，每年以 7～9 月发生数量最多。斜纹夜蛾是一种喜温性而又耐高温的间歇猖獗危害的害虫，各虫态的发育适温为 28～30 ℃。

(二) 主要习性

斜纹夜蛾是一种喜温性害虫。成虫昼伏夜出，飞翔力强，白天一般藏在植株茂密的叶丛中，黄昏时飞回植物，并对光、糖醋液及发酵物质有趋性；卵多产于植株中下部的叶片背面，多数多层排列，每只雌蛾平均产卵 3～5 块，共有 400～700 粒，初孵幼虫群集在卵附近昼夜取食叶肉，稍遇惊扰后四处爬散或吐丝下坠假死落地，2～3 龄开始分散转移危害，取食叶肉，使叶片被害处仅留上表皮及叶脉成灰白色窗纱。4 龄后昼伏夜出且食量骤增，进入暴食期，咬食叶片仅留主脉，晴天在植株周围的阴暗处或土缝里潜伏。在阴雨天的白天少量个体出来取食，多数在傍晚至午夜危害最猛，黎明前又躲回阴暗处，在田间大发生虫口密度过高时，幼虫也危害嫩茎，蛀食豆荚。幼虫老熟后入土 1～3 厘米作土室化蛹。

(三) 环境因子影响

1. 气温 斜纹夜蛾是一种喜好高温的害虫，生长发育的最适温度是 28～30 ℃，高温是大发生的重要条件之一，所以该虫在夏季高温季节发生都较严重。这一期间是防治的关键时期。

2. 食料　随着产业结构的调整，复种指数提高，多种作物间、套种给斜纹夜蛾发生危害创造了丰富的食料和栖息繁殖场所，有利于斜纹夜蛾在不同作物间转换取食繁殖危害。例如，棉田套种豆类，豆类受害明显重于棉花。初孵幼虫先在豆科作物上危害，再分散转移到棉花上。由于取食不同的植物后，造成生长发育极不整齐，发生期延长，世代重叠现象严重。从作物危害程度上看，豆类＞蔬菜＞棉花＞玉米＞山芋。

3. 耕作制度　轮作地块斜纹夜蛾数量明显少于连作地块。合理的田间布局，及时防除杂草，收获后翻犁灌水，可减少危害。

4. 天敌　斜纹夜蛾天敌较多，常见的有小蜂、广赤眼蜂、黑卵蜂、小茧蜂、寄生蝇、杆菌、病毒等，天敌对斜纹夜蛾的种群数量有显著的抑制作用。

四、防治措施

（一）农业防治

1. 合理布局，抑制虫源　斜纹夜蛾虽然食性杂，但不同作物受害程度还有一定区别，斜纹夜蛾发生严重时要尽量避免斜纹夜蛾嗜好作物连作，有条件的采取水旱轮作，能有效抑制虫源。

2. 清洁田园，中耕灭蛹　作物收获后将残株败叶带出田外，集中处理，并及时深耕翻地，能取得较好的灭蛹效果；另外，在大豆生长季节，及时中耕除草、除净田间及周围的杂草，减少寄主生活的场所。

3. 摘除卵块，捕捉幼虫　在斜纹夜蛾产卵高峰至初孵时，结合农事活动摘除卵块，利用斜纹夜蛾群体性特点，把初孵幼虫的叶片带出田外集中销毁，对大龄幼虫采用人工捕杀，能有效地降低田间虫口基数。

（二）物理防治

利用斜纹夜蛾的趋光性，可采用黑光灯、频振式诱虫灯诱杀防治害虫。频振式杀虫灯对斜纹夜蛾的诱杀效果非常明显，可以有效地减少斜纹夜蛾的田间落卵量。成虫发生期用糖醋液（糖∶酒∶醋∶水＝6∶1∶3∶10）加少许90%敌百虫晶体进行诱杀。还可用有清香气味的树枝把（如杨树枝把）及甘薯、豆饼发酵液等多种方法诱杀成虫，在诱液中加少许敌百虫，能毒死成虫。利用性引诱剂诱杀雄蛾，减少雄蛾交尾的机会，高质量的斜纹夜蛾性信息素诱芯可以显著抑制其种群，从而降低农药的使用次数。国内已有能满足防治需要的高质量产品，应用时每公顷设置3～5个性诱剂，每月更换一次，可收到较好的效果。

（三）化学防治

斜纹夜蛾幼虫防治要在暴食期以前，注意消灭在点片发生阶段，即卵孵化初期。可用1%甲氨基阿维菌素苯甲酸盐1 000倍液，或5%抑太保乳油2 000

倍液，或 10％茚虫威悬浮剂 2 000 倍液，或 12％甲维虫螨腈悬浮剂 1 000～
2 000 倍液，或 5％虱螨脲悬浮剂 1 000～1 500 倍液，或 14％虫螨茚虫威悬浮
剂 2 000 倍液喷雾防治。为提高防治效果，喷药宜在傍晚时进行。

（四）生物防治

斜纹夜蛾天敌很多，包括广赤眼蜂、黑卵蜂、小茧蜂、寄生蝇、杆菌、病
毒等，要注意保护自然天敌。在有条件的地区可用斜纹夜蛾核型多角体病毒
防治。

第三节　甜菜夜蛾

甜菜夜蛾（*Spodoptera exigua* Hübner），别名贪夜蛾，属鳞翅目（Lepi-
doptera）夜蛾科（Noctuidae）灰翅夜蛾属（*Spodoptera Herrich Schaeffer*）
（曾归贪夜蛾属 *Laphygma*），可取食 35 科 108 属 138 种植物，其中，大田作
物 28 种、蔬菜 32 种。甜菜夜蛾属世界性害虫，广泛分布在北纬57°至南纬40°
之间，最早在亚洲南部地区发现，目前在热带和温带地区均有发生，覆盖欧
洲、亚洲和北美洲北纬 57°以南广大地区和整个非洲、大洋洲。国内分布北起
黑龙江，南抵广东、广西，东起沿海各地，西达陕西、四川、云南。

一、危害症状

甜菜夜蛾是一种杂食性害虫，危害作物有大豆、芝麻、玉米、高粱、棉
花、花生、甜菜、烟草、蔬菜等 170 多种，以芝麻、玉米、甜菜、白菜、番
茄、甘薯等受害最为严重。初孵化出的幼虫群集叶背，吐丝结网，啃食叶肉，
只留表皮成透明的小孔，呈窗纱状；3 龄后分散危害，可将叶片吃成孔洞或缺
刻，严重时全部叶片被咬食殆尽，只剩叶脉和叶柄，导致植株死亡，缺苗断
垄，甚至毁种。另外，幼虫还能蛀食青椒、番茄果实、棉花苞叶和蕾铃，造成
烂果和落果。

二、形态特征

1. 成虫　体形小，灰褐色，前翅有黄褐色肾状纹和环形纹，有黑色轮廓
线，外缘由 1 列黑色三角形小斑组成，前翅色泽呈季节性变化，后翅白色略带
粉红闪光。

2. 卵　圆球形，白色，表面有放射状的隆起线。卵粒重叠，卵块上覆盖
有白色鳞毛。

3. 幼虫　1 龄幼虫体长 0.1～2.8 毫米，体淡绿色，头黑色，前胸背板有
黑色斑纹；2 龄幼虫体长 2.8～4.5 毫米，体淡绿色，头黑色，前胸背板有一

倒梯形斑纹；3 龄幼虫体长 4.5～8.0 毫米，体浅绿色，头浅褐色，前胸背板有 2 排毛突，前排 6 个，后排 8 个，后排外缘 2 个与前排 6 个等大，其余小于前排。气门后白点隐约可见；4 龄幼虫体长 9.0～14.0 毫米，体色多变化，毛突与 3 龄相同，气门线清楚，气门后白点清楚；5 龄幼虫体长 14.0～25.0 毫米，体色、毛突与 4 龄相同，前胸背板有一"口"字形斑纹，气门后白点明显。

4. 蛹　椭圆形，体长 8～12 毫米，初化蛹时淡褐色，以后逐渐变为深褐色。3～7 节背面和 5～7 节腹面有粗刻点。

三、发生规律

(一) 生活史

在我国，甜菜夜蛾一年发生的代数由北向南逐渐增加，在陕西关中 4～5 代，北京（北纬约 40°）5 代，湖北 5～6 代，湖南衡阳（北纬约 27°）5～6 代，江西 6～7 代，福建福州 8～10 代，广东深圳（北纬约 23°）10～11 代。危害高峰期通常集中于 6～10 月高温季节，如河北、河南、北京、山东、安徽、江苏等北方地区在 7～9 月（第 2～4 代），上海、湖南 6～7 月（第 3～5 代）危害较重，广东和福建盛发期在 5～9 月。在欧洲和亚洲，甜菜夜蛾在北纬 44°以北不能越冬。在我国北纬 38°及 1 月 －4℃ 等温线以南的广大地区以蛹或幼虫在土表下越冬，在北京周缘的华北地区可以在温室中繁殖越冬，在华南地区无越冬现象，可终年繁殖危害。在 25℃ 下，卵、幼虫、蛹发育历期分别为 3 天、18 天、8.5 天。在福州各代幼虫发生时间是：第 1 代幼虫发生于 4 月中旬至 5 月下旬；第 2 代在 5 月中旬至 6 月下旬；第 3 代在 6 月中旬至 7 月下旬；第 4 代在 7 月中旬至 8 月下旬；第 5 代在 8 月下旬至 9 月下旬；第 6 代在 9 月下旬至 10 下旬；第 7 代在 10 下旬至 11 月中旬；第 8 代在 11 月下旬至 12 月中旬，从 12 月下旬起，幼虫逐渐转移潜入隐蔽场所化蛹过冬，至翌年 3 月下旬羽化。

(二) 主要习性

成虫白天潜伏于植株叶间、枯叶杂草或土缝等隐蔽场所，受惊时可作短距离飞行，夜间以 20:00～22:00 活动最盛，进行取食、交配、产卵等。成虫寿命 6～10 天，产卵前期 1～2.5 天，产卵期 4～6 天。据测定，雌雄成虫性比为 1:1.3。雌、雄虫在夜间各有 2 个羽化高峰期，分别在 17:00～22:00 及 1:00～5:00。成虫飞翔力强，具有较强的趋光性。成虫还需补充营养，以糖蜜为食，具一定的趋化性。卵多产于植株的叶背，多单层，少数多层重叠，卵块上覆盖灰白色绒毛，每块卵粒数十几粒至 100 多粒，每雌产卵 200～1 200 粒，多者达 1 500 粒，平均 524～608 粒。

幼虫 5 龄，在不良发育条件下少数幼虫有 6 龄甚至 7 龄。初孵幼虫先取食卵壳，2～5 小时后陆续从绒毛内爬出，群集叶背。1～2 龄幼虫仅咬食叶肉，留下叶片上表皮，造成网状半透明窗斑；3 龄开始分散危害，咬食叶片成孔洞或缺刻；4～5 龄食量大增，占整个幼虫期食量的 85% 以上，有时也啃食花瓣、蛀食茎秆和果荚，有假死性，虫口密度过大时，会自相残杀。不同龄期趋光性不同，1 龄幼虫有正趋光性；2 龄幼虫有弱负趋光性；3 龄、4 龄分布不受光强度的影响；而 5 龄幼虫有强的负趋光性，白天隐匿在叶背、植株中下部，有时隐藏于松表土中及枯枝落叶中。老熟幼虫一般入表土 3～5 厘米或在枯枝落叶中做土室化蛹。

（三）环境因子影响

1. 温、湿度 在一定范围内（20～32 ℃），甜菜夜蛾发育速率随着温度的升高而加快；在 26 ℃ 和 29 ℃ 下，甜菜夜蛾的平均产卵量最高，26 ℃ 最适合甜菜夜蛾交配。甜菜夜蛾温度适应范围较大，耐高温能力强。在 37 ℃ 高温下，仍能正常发育，但超过 40 ℃，卵孵化率为零。在高温条件下，甜菜夜蛾的成虫寿命、产卵前期和产卵期均缩短。湿度对甜菜夜蛾的影响也很大。一定的温度配以合适的湿度才能促进种群的增长，26 ℃ 与相对湿度 80% 和 94% 两个组合最适宜甜菜夜蛾的生长发育；同时，32 ℃ 与 94% 的组合甜菜夜蛾的内禀增长率最大。在同一温度下，甜菜夜蛾幼虫体长的增长率随湿度的升高而降低。甜菜夜蛾成虫产卵量明显受温度和湿度的影响，同一温度不同相对湿度的条件下，甜菜夜蛾成虫产卵量随湿度升高而变化。

2. 光周期 甜菜夜蛾最适合的光照周期是光暗比 12∶12 的光周期，各虫态生长发育状况最好，幼虫存活率、平均蛹重、蛹羽化率、成虫寿命、产卵量及卵孵化率等都明显优于其他处理，其次是 L∶D＝14∶10，而最差的是 L∶D＝8∶16。

3. 土壤 甜菜夜蛾化蛹时会避开过湿的土壤，甚至会在高于土面处作土包化蛹。因此，土壤含水量高对化蛹不利，如遇水浸，蛹存活率明显下降。有调查发现，低洼潮湿田块着卵量较低，平均百丛卵块数比坡地较干旱田块低 15%～20%，甜菜夜蛾发生相对较轻。

4. 栽培管理 甜菜夜蛾喜产卵于 10 厘米以下的杂草上，如凹头苋、马唐、蟋蟀草等，凡是管理不善的大田、周围或田内杂草丛生的、虫口密度大、危害重、杂草较多的田块比无杂草田块虫口密度高 0.97 倍。

5. 天敌 自然界中甜菜夜蛾的天敌种类很多，已报道有捕食性天敌 25 种、寄生性天敌 62 种。前者主要有星豹蛛、叉角厉蝽等。1 头叉角厉蝽成虫每天可捕食甜菜夜蛾 4～5 龄幼虫 4～5 头，3 龄幼虫 7～8 头。寄生性天敌有甲腹茧蜂和侧沟茧蜂等，并发现甜菜夜蛾可被核型多角体病毒（NPV）、颗粒体病毒（GV）、绿僵菌、微孢子虫等病原物感染致死，室内饲养感病率有时高达 80%～100%。在我国华南地区自然条件下甜菜夜蛾受微孢子虫感染率达 80%～90%。夏季干旱少雨，不利于天敌昆虫的生长和繁殖，对致病微生物也有抑制作用，是造成高温少雨年份发生严重的原因之一。

四、防治措施

甜菜夜蛾的防治，宜采用以化学防治为主的综合防治措施，主治 3 代，兼治其他各代。卵孵化盛期和低龄幼虫期施药效果最好。这时虫小也未分散转移和钻蛀，容易着药，幼虫抗药力弱。在傍晚或清早施药，这时是幼虫的活动期，刚施的农药会立即被幼虫食入体内，发挥出效果。喷药时要"上翻下扣，四面打透"，使叶片的正反面充分着药，不留空白区，发挥整体防治效果。

（一）农业防治

冬季深翻土地，破坏其越冬场所，通过低温杀死越冬蛹。适时中耕、浇水，破坏蛹的羽化环境。合理施肥，增强作物的抵抗能力。铲除田间四周杂草，尤其是甜菜夜蛾喜食的藜科、苋科、菊科、豆科等杂草，破坏成虫栖息的场所，有利于减少田间的落卵量。

（二）物理防治

1. 灯光诱杀　在成虫盛发期，利用甜菜夜蛾较强的趋光性，夜晚全田启用黑光灯、高压汞灯等工具诱杀成虫。

2. 人工捕杀　结合田间管理，进行人工捕杀，同时抹去部分田间卵块，可有效降低田间虫口密度。卵块在叶背，卵块上有白色鳞毛，易于识别。3 龄以前的幼虫集中在叶上或附近叶片上，在人力条件许可的情况下，可进行人工采卵和捕杀幼虫。

3. 中耕灌水　在七八月幼虫化蛹盛期，结合肥水需要，进行灌溉和中耕杀蛹，也可减轻危害。

（三）化学防治

可用速灭杀丁 3 000 倍液，或 1.8%阿维菌素乳油 2 000 倍液，或 5%氟铃脲 1 500 倍液，或 5.7%氟氯氰菊酯、20%三氟氯氰菊酯各 3 000 倍液，或 2.5%灭幼脲 3 号 1 000 倍液，或 14%虫螨茚虫威悬浮剂 2 000 倍液等。提倡农药合理混用，可用 20%灭扫利乳油 3 000 倍液＋90%晶体敌百虫 800 倍液复配，喷洒杀虫，均有较好的防治效果。

（四）生物防治

采用每公顷设 10～15 个性诱点，防治效果较好，可使卵块孵化率降低 44.5%～57.6%，防治效果达到 50%～63.6%，不仅可直接杀死甜菜夜蛾，而且可避免杀伤天敌等有益生物，不污染环境。用于防治甜菜夜蛾的病毒制剂主要有多核蛋白壳核型多角体病毒和颗粒体病毒。防治甜菜夜蛾的其他制剂还有昆虫生长调节剂类和抗生素类制剂。昆虫生长调节剂类制剂主要有 5％杀死克乳油，防效很好，但价格昂贵，不宜大面积使用；抗生素类制剂主要有20％绿宝素乳油，田间防治效果较好。

第四节　苜蓿夜蛾

苜蓿夜蛾（*Heliothis dipsacea* Linnaeus），别名大豆叶夜蛾，属于鳞翅目（Lepidoptera）夜蛾科（Noctuidae）。分布较广，国外分布于日本、朝鲜和欧洲，国内普遍分布于东北、西北、华北及华中各省份。但主要危害区是偏北方的栽培苜蓿地区。苜蓿夜蛾是我国北方大豆重要食叶害虫之一。

一、危害症状

苜蓿夜蛾食性很杂，被害作物有 70 种之多，在农作物中，主要有大豆、花生、向日葵、甜菜、麻类、棉花和玉米等，特别对豆科植物中的苜蓿、草木樨和其他豆科作物危害较重。1 龄、2 龄幼虫多在叶面取食叶肉，将豆叶卷起，潜入其中危害，2 龄以后常从叶片边缘向内蚕食，形成不规则的缺刻、孔洞，有的仅剩叶脉，影响寄主正常发育。在大豆结荚期，危害豆荚，在豆荚上蛀一圆孔，取食豆粒，严重影响大豆产量和品质。

二、形态特征

1. 成虫　体长 13～14 毫米，翅展 30～38 毫米。头、胸灰褐带暗绿色，下唇须灰白色，足灰白色。前翅灰褐而带有青绿色，有时浅褐色。外横线、中横线绿褐色或赤褐色，翅的中部有一宽而色深的横线，肾状纹黑褐色。翅的外缘有黑点 7 个。后翅淡黄褐色，外缘有一黑色宽带，其中夹有心脏形淡褐斑。近前部有褐色枕形的斑纹。缘毛黄白色。

2. 卵　扁圆形，长 0.44～0.48 毫米，宽 0.53～0.58 毫米，底部较平。卵壳表面有纵脊，在中部有纵脊 26～28 个，各纵棱长短不一，均不达底部，多数纵脊不分叉，个别为二叉式。纵棱之间有横道 13～15 根。

3. 幼虫　老熟幼虫体长 40 毫米左右。头部黄褐色，上有黑斑，每 5～7 个一组，在中央的斑点形成倒八字形。体色变化很大，一般为黄绿色，腹面黄色。偶尔可见黑褐色或淡红色的幼虫。背线及亚背线黑褐色，气门线黄绿色，前胸背板上密布细小刚毛。胸足、腹足黄绿色。趾钩双序中带，第 1 对腹足 11～13 根，第 2 至第 4 对 13～18 根，臀足 17～20 根。

4. 蛹　淡褐色，体长 15～20 毫米，宽 4～5 毫米。腹部 1～4 节背面有细微刻点，5～7 节与腹面前缘有 7～8 排细密的圆形或半圆形刻点。腹部末端有

2 个相连的突起，其上各生尖端略弯曲的臀刺 1 对。

三、发生规律

（一）生活史

苜蓿夜蛾在东北、华北地区 1 年发生 2 代。以蛹在土中越冬。华北地区 5 月下旬至 6 月上旬出现越冬代成虫，产卵于大豆叶片背面。第 1 代危害叶片，将叶片咬成缺刻或吃光。6 月下旬至 7 月上旬幼虫入土化蛹。7 月中旬前后出现第 1 代成虫。9 月中下旬第 2 代幼虫入土化蛹越冬。东北地区 6 月上旬出现越冬成虫，7 月上旬左右幼虫入土化蛹。7 月下旬第 1 代成虫羽化，7 月底至 8 月初出现第 2 代幼虫，9 月上旬幼虫化蛹越冬。

（二）主要习性

成虫夜伏昼出，白天多在大豆植株间飞翔，喜食花蜜，对黑光灯和蜜糖均有趋性。卵散产于叶背，卵期 7 天左右。幼虫昼夜取食危害，以夜间取食为盛。低龄幼虫喜危害上层叶片，高龄幼虫喜危害中、下层叶片。幼虫爬行时，胸体前部常悬空左右摇摆探索前进。低龄幼虫受惊后迅速后退，老熟幼虫受惊后则卷成环形，落地假死。

（三）环境因子影响

1. 温、湿度　6 月上旬至 8 月中旬温度适宜、雨量适中而均匀有利于苜蓿夜蛾化蛹和羽化，危害较重；土壤干燥或降雨偏多，不利于成虫出土。

2. 田间管理　栽植过密、管理粗放、田边杂草丛生的田块受害重；密度适宜、精心管理、田边整洁无杂草的田块受害轻。

3. 天敌　苜蓿夜蛾的自然天敌主要有螳螂、草蛉、瓢虫、猎蝽、蜘蛛、鸟类、白僵菌、绿僵菌等。其中，白僵菌以寄生 2 代幼虫为主，自然寄生率一般为 10%～30%。

四、防治措施

（一）农业防治

苜蓿夜蛾各代幼虫均在地下化蛹，结合其他害虫的防治，对中耕作物加强中耕。一年生豆科作物或其他寄生作物收割后应立即进行耕翻，减少越冬虫源。

（二）物理防治

1. 灯光诱杀　在成虫盛发期，利用甜菜夜蛾较强的趋光性，夜晚全田启用黑光灯、高压汞灯等工具诱杀成虫。

2. 人工捕杀　结合田间管理，进行人工捕杀幼虫，同时抹去部分田间卵块，可有效降低田间虫口密度。

（三）化学防治

尽量选择在低龄幼虫期防治。此时虫口密度小，危害小，且虫的抗药性相对较弱。防治时，用 2.5％溴氰菊酯 2 000 倍液，或 45％丙溴辛硫磷 1 000 倍液，或 20％氰戊菊酯乳油 1 500 倍液＋5.7％甲维盐乳油 2 000 倍混合液，或 40％啶虫·毒 1 500～2 000 倍液喷杀幼虫，可连用 1～2 次，间隔 7～10 天。可轮换用药，以延缓抗性的产生。

（四）生物防治

使用生物农药 Bt 乳剂 1 000 倍液，喷雾时加入 0.1％洗衣粉效果更好。

第五节　豆卜馍夜蛾

豆卜馍夜蛾（*Bomolocha tristalis* Lederer），属鳞翅目（Lepidoptera）夜蛾科（Noctuidae）。分布于中国华北、东北地区以及日本。

一、危害症状

以幼虫危害大豆，将叶片食成缺刻或孔洞，严重时可将叶吃光，仅剩叶脉，造成落花落荚。

二、形态特征

1. 成虫　体长 13～14 毫米，翅展 28～32 毫米，前翅灰褐色，中横线内前缘有 1 不规则四边形黑色区，此黑色区内中室的基部有半圆形白色区，外围棕黑色，中间色淡有 1 长形黑斑，前缘有 3 个黑点，亚端线由 1 列黑点组成，端线为 1 列新月形黑点。后翅灰褐色。

2. 卵　皿状，扁圆，直径 0.6 毫米，翠绿色。瓣饰 3 列，第 1 列 6 瓣，第 2 列 8 瓣，第 3 列不详，3 列瓣饰都是玫瑰花瓣形。

3. 幼虫　老幼虫龄体长 27～30 毫米，头部绿色，有较小的黑褐毛片，背线、亚背线为半透明绿色，不甚显著，气门浅白色，腹足 4 对，行动似尺蠖。腹足趾钩为单序中带。

4. 蛹　体长 11～13 毫米，体宽 3～4 毫米，近纺锤形，红褐色至黑褐色腹部末端有钩刺 4 对，中间 1 对粗长而卷曲。

三、发生规律

（一）生活史

据吉林、黑龙江哈尔滨观察，1 年发生 1 代，越冬虫态不详。在 6～7 月间，在豆田可见各龄幼虫，直至 8 月上旬豆田仍有幼虫危害。幼虫行动活泼，爬行时前几个腹节弯曲成拱桥状，食害豆叶成孔洞或缺刻。7月上旬至8月中旬化蛹，蛹期15～17天。8月初至9月上旬均有成虫羽化。

（二）主要习性

成虫有趋光性，夜间活动，产卵于叶背面。幼虫多在豆株上部危害，习性活泼，受惊即跳落地面或豆株中部叶上。老熟后在卷叶内化蛹或入土营土室化蛹。

（三）环境因子影响

暖冬气候有利于越冬蛹的存活，可加大发生地的虫源基数。大豆重迎茬地块发病重，越冬蛹基数大。

四、防治措施

（一）农业防治

在大豆收获后，实行秋翻，可使部分在土中越冬的蛹受到机械损伤死亡，或破坏越冬环境，增加死亡率。合理轮作有利于减轻危害。大豆生长季加强田间管理，破坏害虫化蛹环境，可减少成虫羽化数量。

（二）物理防治

在成虫发生盛期前诱杀，具有较好的防治效果。

（三）化学防治

在幼虫2～3龄阶段进行，效果最佳。

1. 常规喷雾　77.5%敌敌畏乳油1 000～1500倍液，或2.5%溴氰菊酯3 000～4 000倍液，或5%虱螨脲悬浮剂2 000倍液，或20%杀灭菊酯3 000倍液。

2. 超低容量喷雾　50%杀螟硫磷乳油，或50%马拉硫磷乳油，每亩用量0.15～0.2千克。

（四）生物防治

Bt可湿性粉剂或乳剂1 000～1 500倍稀释液田间喷雾防治幼虫。

第六节　豆小卷叶蛾

豆小卷叶蛾（*Matsumuraeses phaseoli* Matsumura），属鳞翅目（Lepidoptera）小卷蛾科（Olethreutinae），寄主作物有大豆、豌豆、绿豆、小豆等豆科植物及苜蓿、草木樨等。据文献记载，该虫主要分布在我国东北、西北、华东地区以及台湾等地，而目前在武汉等长江流域地区危害也较为严重。

一、危害症状

豆小卷叶蛾以幼虫食害大豆的叶、花簇、顶梢。幼虫造成的危害状，随龄期和豆株发育阶段而不同,初龄幼虫在嫩芽茸毛间结成丝质隧道,出入危害。2龄能吐丝缀合叶缘居中危害。3龄后能把叶缘全部缀合成饺子状。4龄后能将顶梢数叶卷结成团,把内部咬成丝絮状,并排有大量虫粪,使顶梢枯萎,遇雨腐烂。至豆株现蕾开花,又能杀食蕾花。在结荚时能蛀入荚内咬食嫩粒。此外,还能蛀食嫩茎、叶柄,使被蛀的上方枯黄而死。

二、形态特征

1. 成虫 体长6~7毫米,翅展14~23毫米,属小型蛾类。成虫呈雌雄异型现象,雌蛾前翅棕褐色,斑纹不明显,前缘近顶角处灰白色,外缘顶角下有凹陷;雄蛾前翅淡褐灰色,基斑褐色,中室外侧有一褐色斑,其上方具一大褐斑与基斑断续相连,前缘有18~20组白色钩状纹。臀角内上方有3个小黑点呈直线排列,顶角附近亦有2个小黑点。外缘前方稍凹入,后翅灰色。

2. 卵 椭圆形,中央隆起,具网纹,初产黄白色,孵化前变为黄褐色。

3. 幼虫 老熟幼虫体长11~14毫米,体浅黄色,头部、前胸背板淡褐色,两侧后方各具一黑色楔状纹,腹足趾钩双序全环,臀足趾钩双序缺环。第10腹节末端有黑褐色臀栉,上具齿5~8个。

4. 蛹 黄褐色,腹部第2~7节背面各生2列齿,腹末端有臀刺8根。

三、发生规律

(一)生活史

在重庆,越冬代成虫可在蚕豆上产卵危害,4月下旬发现第1代成虫,6月上旬发现第2代成虫,可在紫穗槐、刺槐、春大豆和花生上产卵危害。陕西1年发生4~5代,以幼虫或蛹在豆田10厘米左右深的土层中越冬,翌年3月越冬幼虫开始化蛹,4月上旬发现成虫,由于此时春播大豆还未出苗,故而成虫飞到苜蓿、草木樨等上产卵,并发生第1代幼虫。5月下旬至6月上旬发生第1代成虫,迁飞到春大豆田中产卵危害。第2代成虫发生在7月中旬至8月中下旬,危害夏大豆,11月后全部越冬。

(二)主要习性

成虫昼伏夜出,以19:00~23:00活动最盛,白天隐伏于豆株下方。成虫的寿命和产卵量与补充营养有密切关系。成虫飞翔力强,远飞一次可达百余米。无趋化性,在发生期用糖醋液(糖:酒:醋:水=6:1:3:10)进行诱集,2周内未诱到成虫。成虫对较强的电灯和黑光灯有趋性。卵散产于叶背,在豆苗上以第1对真叶产卵最多。原因是这对叶的背面滑、少毛,片状卵粒易于贴着。此外,下部老叶茸毛较稀,成虫能把卵粒产于茸毛间隙的叶面上,因而产卵也较多。至于上部的幼芽嫩叶,虽为幼虫所喜食,但由于密生茸毛,卵粒不易贴着，极少产卵。因此，幼虫孵化后，必须从下部叶片过叶柄、茎秆等辗转爬行，达到上部的幼芽嫩叶，才能取食生活。幼虫孵化后的长距离爬行，对于用药防治是极为有利的。幼虫在 2 龄前不活泼，3 龄后受惊能迅速扭动身体后退。3 龄前食量小，4 龄食量大增，5 龄食量最大。有转叶转荚危害现象。幼虫历期 11～16 天；蛹期 8～10 天。

（三）环境因子影响

豆小卷叶蛾的发生与气候和栽培制度关系密切，多雨年份发生重，夏季干旱少雨发生轻。豆田周围如有豆科的绿肥植物或刺槐、紫穗槐等，可为该虫的发生提供丰富的食料，同时危害也严重。

四、防治措施

（一）农业防治

选用抗虫品种。一般多毛或有限结荚的品种有耐虫或抗虫性。

（二）物理防治

利用黑光灯诱杀成虫或对有明显危害状的叶片进行人工摘除。

（三）化学防治

在幼虫孵化盛期或低龄幼虫危害期用药，隔 10 天一次，可控制危害。选用 4.5％高效氯氰菊酯乳油 2 000 倍液，或 10％联苯菊酯乳油 1 500 倍液，或 2.5％溴氰菊酯乳油 1 500 倍液，或 2.5％三氟氯氰菊酯乳油 3 000 倍液，或 20％杀灭菊酯乳油 2 000 倍液，或 48％毒死蜱乳油 1 000 倍液等进行喷雾处理，药液要注意全面周到，特别要喷到叶背面。

第七节　造　桥　虫

大豆造桥虫是多种造桥虫的总称。据调查，已发现的有 8 种，其中，对大豆严重危害的有 2 种，即大造桥虫和银纹夜蛾，这 2 种均属暴发性害虫。大造桥虫（*Ascotis selenaria* Schiffermüller et Denis）也叫步曲虫、打弓虫，属鳞翅目（Lepidoptera）尺蛾科（Geometridae），是一种世界性害虫，广泛分布于亚洲、欧洲和非洲，在国内分布于华南、华中、华东和西南等地区。主要寄主为豆类、花生、棉花等经济作物以及辣椒、芦笋、茄子、十字花科蔬菜，在柑橘等果树上也常见其危害。银纹夜蛾（*Argyrogramma agnata* Staudinger）别名黑点银纹夜蛾、菜步曲、大豆造桥虫等，属鳞翅目（Lepidoptera）夜蛾科（Noctuidae），国外分布于日本、朝鲜等地；国内各地均有分布，黄河流域和长江流域危害较重。银纹夜蛾主要危害豆类、棉花、烟草、莴苣、生菜、茄子、胡萝卜、甘蓝、芜菁、萝卜、白菜和油菜等十字花科蔬菜和作物。

一、危害症状

大造桥虫以幼虫啃食植株芽叶及嫩茎。低龄幼虫先从植株中下部开始，取食嫩叶叶肉，留下表皮，形成透明点。3 龄幼虫多吃叶肉，沿叶脉或叶缘咬成孔洞缺刻；4 龄后进入暴食期，转移到植株中上部叶片，食害全叶，枝叶破烂不堪，甚至吃成光秆。银纹夜蛾以幼虫取食寄主的叶片、嫩尖、花蕾和嫩荚，将叶片吃成孔洞或缺刻，有时钻蛀到荚内危害籽粒。

二、形态特征

(一) 大造桥虫

1. 成虫 成虫体长 15～20 毫米，翅展 26～48 毫米。体色变异很大，一般为淡灰褐色。头部棕褐色，下唇须灰褐色，复眼黑褐色，雌蛾触角线状，雄蛾触角双栉齿状。胸部背面两侧披灰白色长毛，各节背面有 1 对较小的黑褐色斑。前后翅均为灰褐色，内外横线及亚外缘线均有黑褐色波状纹，内外横线间近翅的前缘处有 1 个灰白色斑，其周缘为灰黑色，翅反面为明显的黑褐色斑。雌蛾腹部粗大，雄蛾腹部较细瘦，可见末端抱握器上的长毛簇。

2. 卵 卵长约 1.7 毫米，长椭圆形，表面具纵向排列的花纹，初产时翠绿色，孵化前变为灰白色。

3. 幼虫 幼虫共 6 龄，老熟幼虫体长 38～55 毫米，1 龄幼虫体黄白色，有黑白相间纵纹。低龄幼虫体多灰绿色，第 2 腹节两侧各有一个黑色斑。幼虫老熟后多为青白色、灰黄色或黄绿色，第 2 腹节背面近中央处具一明显黑褐色条斑，斑后有 1 对深黄褐色毛瘤，其上着生有短黑毛，侧面 2 个黑斑或消失。胸足 3 对，黄褐色第 6 腹节具 1 对腹足，末端具 1 对尾足。

4. 蛹 蛹长 14～17 毫米，纺锤形。化蛹初为青绿色，后变为深褐色，略有光泽，第 5 腹节两侧前缘各有 1 个长条形凹陷，黑褐色，臀棘 2 根。

(二) 银纹夜蛾

1. 成虫 体长 15～17 毫米，翅展 32～36 毫米。体灰褐色。前翅深褐色，线以内的亚中褶后方及外区带金色；前翅中室后缘中部有一个 U 形或马蹄形银边褐斑，其外后方有一近三角形银斑，两斑靠近但不相连；肾形纹褐色；基线、内线、外线均为双线，浅银色，线间呈褐色波纹；亚缘线黑褐色，锯齿形；缘毛中部有一黑斑；后翅暗褐色，有金属光泽，胸背有 2 簇较长的棕褐色鳞片。

2. 卵 半球形，直径 0.5 毫米左右，白色至淡黄绿色，卵面具纵棱与横格呈网纹状。

3. 幼虫 老熟幼虫体长约 30 毫米，淡绿色，虫体前端较细，后端较粗。

头部绿色，两侧有黑斑；胸足及腹足皆绿色，前胸背板有少量刚毛，有 4 个明显的小白点，向尾部渐宽，有腹足 4 对，尾足 1 对，第 1、2 对腹足退化，行走时体背拱曲。背线呈双线，与亚背线均为白色，共 6 条位于背中线两侧，体节分界线呈淡黄色；气门线绿色或黑色，胸部气门 2 对，腹部气门 8 对，白色或淡黄色，四周为褐色。受惊时虫体卷曲呈 C 形或 O 形。

4. 蛹　蛹体较瘦，长 13～18 毫米。初期背面褐色，腹面绿色，末期整体黑褐色。腹部第 1、2 节气门孔突出，色深且明显；第 3 节比第 2 节宽 1 倍；后足超过前翅外缘，达第 4 腹节的 1/2 处。尾刺 1 对。蛹体外具疏松而薄的白色丝茧。

三、发生规律

(一) 生活史

1. 大造桥虫　长江流域年发生 4～5 代，4～5 月始蛾，11 月下旬终蛾，8 月下旬至 9 月上旬幼虫盛发。在山东，1 代发生于 4 月下旬至 6 月中旬，主要危害十字花科蔬菜；2 代于 6 月中旬至 8 月上旬，主要危害春、夏大豆；3 代于 7 月中旬至 8 月下旬、4 代于 8 月中旬至 9 月下旬，均在大豆上危害；5 代于 9 月下旬以后，危害油菜及秋播十字花科蔬菜，10 月下旬开始化蛹越冬。全年以 3 代发生量大且危害重。

2. 银纹夜蛾　银纹夜蛾在各地均以蛹在枯枝落叶下或土缝中越冬。翌年春随着气温回升，一般于 4～5 月羽化为成虫。在气温 27 ℃、有补充营养的条件下，成虫寿命约 14 天，卵期 2.8 天，幼虫期 12.3 天，预蛹期 0.8 天，蛹期 6.6 天，整个历期约 37 天。该虫每年发生代数各地不一，有世代重叠现象。在宁夏每年发生 2～3 代，河北、江苏 3～4 代，浙江杭州 4 代，山东 5 代，河南、湖南、湖北、江西发生 5～6 代，广东广州 7 代。例如，在江苏南通年发生 3 代，于 5 月初成虫羽化出土，以第 3 代幼虫于 9 月危害最甚，老熟幼虫 10 月初开始化蛹越冬。

(二) 主要习性

1. 大造桥虫　成虫多在夜间羽化，羽化后静伏在树干上，昼伏夜出，有较强的趋光性，不善飞行，多集中在羽化地点 200～300 米范围内活动。成虫羽化后一般在 1～3 天交尾，交尾后第 2 天开始产卵，卵聚产，卵粒产在树干40～80 厘米处，几十粒或百余粒成堆产在树皮裂缝处或枝杈上，也有产在土缝或草秆上，不交尾雌虫一般羽化后也可产卵，但卵不孵化。通过室内观察大造桥虫平均产卵量 648 粒，最多 1 364 粒。成虫有补充营养的习性。卵的孵化率比较高，对环境适应性比较强，初孵幼虫活动力比较强，爬行或吐丝随风飘移寻找寄主，1～2 龄幼虫仅啃食叶片成小洞，不取食时多停留在叶部顶端或叶缘，可吐丝随风飘荡扩散，幼虫受惊后吐丝下垂，随风扩散到其他植株上，有的可沿细丝重新回到嫩叶上继续取食。5龄幼虫取食量开始大增，6龄幼虫取食量可占总取食量80%以上，危害加重，大发生时危害后仅留主叶脉。幼虫停止取食时静伏于植株上，形似枝条，很难被发现。幼虫老熟后，停止取食吐丝坠落地面钻入土中，身体明显缩短变粗，静止不动，经过2～4天预蛹期开始化蛹。

2. 银纹夜蛾 成虫昼伏夜出，趋光性强，趋化性弱，喜在植株生长茂密的田中产卵，卵多产于寄主的叶背部。每雌平均产卵312粒，最多可达756粒，卵单粒散产，偶尔也有2～3粒或7～8粒粘连于一起。气温低于20℃成虫多不产卵。银纹夜蛾幼虫食性杂，寄主多而广。共5～6龄，初龄幼虫隐蔽于叶背啃食叶肉，残留上表皮，3龄后取食叶片成孔洞，或爬到植株上部将嫩尖、花蕾、嫩荚全部吃光，甚至钻入荚中危害籽粒。4龄后食量大增，发生量大时可将全田叶片食光。有假死习性。幼虫老熟后多在叶背吐丝结薄茧化蛹。越冬代则在残株落叶下或土缝内化蛹。

（三）环境因子影响

1. 温、湿度 大造桥虫幼虫发育的最适温度为27～28℃，在该温度范围内，3龄幼虫发育最快，1～4期平均历期在2～3天范围内。成虫期雨水充足往往能促使造桥虫大发生，但连续降雨会导致卵块减少，卵孵化率降低。绝对含水量在60%～70%时，越冬蛹正常羽化，含水量过高也不能羽化。土壤绝对含水量在11%以下，越冬蛹会干瘪死亡。

温度对银纹夜蛾各虫态发育历期、存活率及成虫生殖力有重要影响，高温对银纹夜蛾生长不利，其最适温范围为22～25℃，温度过高则存活率和生殖力下降，成虫的产卵量减少，过低则发育历期延长。一般虫源基数和温雨系数［温雨系数＝降水量（毫米）/温度（℃）］大，则有利于幼虫的大发生。例如，在湖北孝感危害春大豆和早播夏大豆的第2代银纹夜蛾，由于虫源基数较少，豆田湿度较低。因此，其孵化率和初龄幼虫的成活率较低，发生危害轻。而第3代由于虫源扩大，如7月中旬降水量在100毫米以上或温雨系数在3.5以上，往往有利于幼虫的大发生，卵的孵化率和初龄幼虫的成活率均较高。但在卵期和初龄幼虫期下暴雨，则不利于发生。

2. 食料 大造桥虫和银纹夜蛾幼虫食性杂，适应性广。因此，食料条件不是影响数量消长的主要原因。但对于成虫，能否获得充足的补充营养，直接影响到成虫的寿命和产卵量。一般在有补充营养的条件下，成虫寿命约14天，而无补充营养时仅2～3天，且不能产卵。所以，在成虫羽化盛期，附近蜜源植物的多少直接影响其下代发生的种群数量。

3. 天敌 大造桥虫的天敌主要有麻雀、大山雀和中华大螳螂等，中华大螳螂为主要天敌昆虫。银纹夜蛾的天敌种类较多，主要有七星瓢虫、龟纹瓢虫、异色瓢虫、稻苞虫黑瘤姬蜂、蜘蛛、蜻蜓、青蛙以及苏云金芽孢杆菌 SD－5、白僵菌、绿僵菌、银纹夜蛾核多角体病毒等。

四、防治措施

（一）农业防治

作物收获后，及时将枯枝落叶收集干净，并清理出田外深埋或烧毁，消灭藏匿在其中的幼虫、卵块和蛹，以压低虫口基数。结合翻耕土壤也能有效降低虫蛹数量。

（二）物理防治

利用成虫较强的趋光性，在羽化期设置黑光灯或频振式杀虫灯诱杀成虫，以降低田间落卵量和幼虫密度。

（三）化学防治

掌握大造桥虫和银纹夜蛾幼虫盛发期，在 3 龄以前喷药，这时幼虫食量小，抗药性弱，是化学防治的有利时机。喷药时，重点为植株中下部叶片背面。可供选择农药种类有 2.5％溴氰菊酯乳油、10％氯氰菊酯乳油、20％氰戊菊酯乳油或 20％甲氰菊酯乳油等拟除虫菊酯类农药 2 000～3 000 倍液，或 1.8％阿维菌素乳油 2 000 倍液，或 25％除虫脲可湿性粉剂 1 000 倍液，或 60 克/升乙基多杀菌素悬浮剂 3 000 倍液，或 10％茚虫威悬浮剂 2 000 倍液。

第八节　棉　铃　虫

棉铃虫（*Helicoverpa armigera* Hübner），属鳞翅目（Lepidoptera）夜蛾科（Noctuidae），又名棉铃实夜蛾、红铃虫、绿带实蛾。棉铃虫是一种世界性分布的害虫，分布于北纬 50°至南纬 50°的地区，在我国各地均有分布，杂食性，能取食的植物和农作物达 250 余种，主要危害棉花、大豆、玉米、番茄、葫芦瓜、向日葵等作物。

一、危害症状

主要危害叶片和豆荚。低龄幼虫只食叶肉，残留表皮，龄期增大时，可将叶片食成缺刻或孔洞，严重的可食光叶片。幼虫蛀荚食豆粒，造成大量豆荚空粒或腐烂，严重影响大豆产量和商品价值。

二、形态特征

1. 成虫　体长 15～20 毫米，翅展 27～38 毫米。雌蛾前翅赤褐色或黄褐色，雄蛾多为灰绿色或青灰色；内横线不明显，中横线很斜、末端达翅后缘，位于环状纹的正下方；亚外缘线波形幅度较小，与外横线之间呈褐色宽带，带内有清晰的白点8个；外缘有7个红褐色小点排列于翅脉间；肾状纹和环状纹暗褐色，雄蛾的较明显。后翅灰白色，翅脉褐色，中室末端有1褐色斜纹，外缘有1条茶褐色宽带纹，带纹中有2个牙形白斑。雄蛾腹末抱握器毛丛呈"一"字形。

2. 卵 近半球形，高0.52毫米，宽0.46毫米，顶部稍隆起。初产卵黄白色，慢慢变为红褐色。

3. 幼虫 初龄幼虫为青灰色，头为黑色，前胸背板为红褐色。老熟幼虫体长42～46毫米，各体节有毛片12个，体色变化大，有绿色、黄绿色、黄褐色、红褐色等，前胸气门前2根刚毛的连线通过气门或与气门下缘相切，气门线为白色。

4. 蛹 纺锤形，体长17～20毫米，赤褐色，第5～7腹节前缘密布比体色略深的刻点。尾端有臀棘2枚。初蛹为灰褐色、绿褐色，复眼淡红色。近羽化时，呈深褐色，有光泽，复眼褐红色。

三、发生规律

（一）生活史

棉铃虫以滞育蛹越冬，越冬代成虫5月盛发；于早春寄主上产卵，第1代幼虫主要危害小麦、豌豆、越冬豆科绿肥、苜蓿、苕子、早番茄等。危害盛期为5月中下旬，5月下旬末大量入土化蛹。第1代成虫6月盛发，主要转向现蕾早长势好的棉田，第2代发生较整齐，卵多产在棉株嫩头、嫩叶正面，因棉株现蕾势能强，危害无损失。第2代成虫盛发于7月中旬至8月上旬。第3代幼虫主要危害棉花、大豆、玉米、花生、番茄等，第3代成虫8月中旬偏下盛发，发生期延续的时间长。第4代幼虫除危害上述作物外，还有高粱、向日葵、苜蓿等。第4代成虫发生在9月中旬至10月，第5代幼虫仅发生在仍有赘芽和幼蕾的棉田，大部分蛾迁到秋玉米、高粱、向日葵、晚秋菜等寄主上产卵。第5代老熟幼虫于10月下旬陆续化蛹越冬。

（二）主要习性

成蛾白天隐蔽，夜间活动、产卵，具有较强趋光性和趋化性。成虫产卵量高，平均每头雌蛾产卵800～1000粒，多的高达3000余粒。这是棉铃虫短期内能大发生的原因之一。成虫产卵有一定的选择性，凡生长旺盛的田块落卵量大；长势弱的、衰老的田块，落卵量较少。卵散产于植株顶部和上部叶片，卵初产时乳白色，有光泽，后呈现淡黄色，快孵化时顶部有紫黑圈；卵的孵化率一般为80%～100%，以18:00以后孵出最多。初孵幼虫灰黑色，通常先吃掉卵壳后，大部分转移到叶背栖息，当天不食不动；翌日大多转移到中心生长点，取食嫩叶。1龄、2龄幼虫食量小；3龄、4龄、5龄食量大增，7～8月危害最盛，棉铃虫有转移危害的习性，一只幼虫可危害多株植株，且有自相残杀习性；6龄进入预蛹期，食量明显减少，初化蛹时体呈黄白色或浅绿色，体壁渐由软变硬，体色最终呈亮褐色。

（三）环境因子影响

1. 温、湿度　温度25～28℃，相对湿度在70%以上，最适于棉铃虫的发生。第1代棉铃虫发生期间，气温的变化可直接影响羽化的早迟和产卵活动。当5天的平均气温达20℃以上时，适于成虫产卵活动。若5月有寒流侵袭，产卵活动就会受到影响，发生量可能减少。各代的发生危害与每年雨量分布有关。春季雨水多，越冬死亡率很高，第1代危害就轻。第2代遇梅雨季节，种群增殖又受到自然抑制，发生也较轻。第3代伏旱开始，有利于群体迅速繁衍。雨量影响着土壤中蛹的存活率，处于浸水状态蛹常大量死亡。

2. 种植模式　寄主种类增多，有利于棉铃虫发生，间作、套种有利于棉铃虫的发生，小麦、棉花或豌豆、棉花间作，虫量显著高于单作棉田，棉田间作玉米或高粱，常可减轻棉花上的卵量。

3. 天敌　棉铃虫天敌较多，已知卵的天敌有玉米螟赤眼蜂、松毛虫赤眼蜂。幼虫天敌有棉铃虫齿唇姬蜂、细颚姬蜂、螟蛉绒茧蜂、四点温寄蝇。天敌数量影响棉铃虫种群的发展。

四、防治措施

棉铃虫的防治，应做到早监测、早预防、早控制，坚持以生态防控为主、物理诱杀为辅，生物防治和化学防治相结合的措施，加强区域性大面积统防统治，压低越冬基数，控制1代发生量，保护利用天敌，科学合理用药，控制2、3代密度。

（一）农业防治

1. 轮作倒茬　进行秋耕冬灌和破除田埂，破坏越冬场所，压低越冬虫口基数，提高越冬死亡率，减少翌年第1代发生量。

2. 优化作物布局　避免邻作棉铃虫的喜食作物。利用棉铃虫成虫喜欢在玉米喇叭口栖息和产卵的习性，渠埂点种玉米诱集带，选用早熟玉米品种，每天清晨人工抽打心叶，消灭成虫，减少虫源。

（二）物理防治

1. 人工捉虫　对棉铃虫发生严重的地块，且虫龄为3龄以上，可采取清晨或黄昏人工捉虫的方法进行防治。

2. 诱杀成虫　第1代虫源多少是虫害发生轻重的决定因素之一，利用成虫对黑光灯、杨树等枝把以及玉米的趋性，进行诱捕，减少第 1 代蛾量，将害虫消灭于豆田之外。黑光灯诱杀，一般每 50 亩设置 20 瓦黑光灯一盏，一般灯距在 150～200 米范围，灯高于大豆 30～60 厘米，灯下放水盆或盛药锅，水面离灯管下端 2～3 厘米，水内滴入煤油或机油或少量药剂。白天捞虫后，加水、加油或加药。能设置高压电网黑光灯更好，不仅可以诱杀棉铃虫，还可以兼治许多有趋光性的害虫。

（三）化学防治

幼虫盛孵期，可叶面喷洒 50％辛硫磷乳油 1 000 倍液，或 50％杀螟松乳油 1 000 倍液，或 200 克/升氯虫苯甲酰胺悬浮剂 2 000 倍液，或 60 克/升乙基多杀菌素悬浮剂 3 000 倍液，或 14％虫螨茚虫威悬浮剂 2 000 倍液。

（四）生物防治

在棉铃虫产卵高峰喷洒 25％灭幼脲制剂。以虫治虫天敌主要有赤眼蜂、姬蜂、寄生蝇等，捕食性天敌主要有蜘蛛、草蛉、瓢虫、螳螂、鸟类等。

第九节　草 地 螟

草地螟（*Loxostege sticticalis* Linne），属鳞翅目（Lepidoptera）螟蛾科（Pyralididae），又名黄绿条螟、甜菜网螟。草地螟为多食性大豆害虫，可取食 35 科 200 余种植物。主要危害甜菜、大豆、向日葵、马铃薯、麻类、蔬菜、药材等多种作物。大发生时，禾谷类作物、林木等均受其害。但它最喜取食的植物是灰菜、甜菜和大豆等。国外在朝鲜、日本、俄罗斯以及东欧和北美均有分布。我国主要分布于吉林、内蒙古、黑龙江、宁夏、甘肃、青海、河北、山西、陕西、江苏等省份。

一、危害症状

草地螟以幼虫取食叶片，低龄幼虫取食叶背叶肉，吐丝结网群集危害，受惊后吐丝下垂，然后逃走。高龄后分散危害，食尽叶肉只留叶脉成网状，严重时可将全田叶片吃光，叶片吃光后，食料缺乏时，可成群迁移，造成灾害的扩大。草地螟具有集中危害、暴发性强、扩散迅速等特点，是一种毁灭性害虫。

二、形态特征

1. 成虫　灰褐色、黑褐色中小型蛾子，体长 8～12 毫米，颜面突起成圆锥状，下唇须向上翘起，触角丝状。前翅灰褐色，翅面有暗斑，外缘有黄色点状条纹，近前缘中后有"八"字形黄白色斑，近顶处有一黄白色斑，外缘有黄色点状条纹，后翅灰色，外缘有 2 条平行纹。两前翅静止时常叠成三角形。挤压雌虫腹部时，腹末部呈一圆形的开口，其内伸出产卵器，雄虫在挤压腹末时，腹端呈两片状向左右分开，其中有钩状的阳具和抱握器等。

2. 卵　椭圆形，初产乳白色，有光泽，后颜色逐渐加深，呈淡黄色，近孵化时为黑色。

3. 幼虫　低龄幼虫虫体较小，初孵幼虫体长仅 1.2 毫米，淡黄色，后渐呈浅绿色；老熟幼虫体长 16～25 毫米，头部黑色有白斑，全体灰绿或黑绿色，体色褐绿，头及前胸盾板为黑色，前胸盾板上有 3 条黄白色的纵向斑纹，体背及体侧有明显暗色纵带，腹部各节有毛瘤，其刚毛基部黑色。

4. 蛹　体长 15 毫米左右，藏在带状丝质茧内，茧长 20～30 毫米，茧上有孔，用丝封住。

三、发生规律

（一）生活史

草地螟以老熟幼虫在地下约 5 厘米深处作茧越冬。它在不同年度、不同地域间发生代数不同，我国每年可发生 1～4 代。因地理环境及生态条件的不同，其发生世代和主要危害代均具明显差异。内蒙古呼伦贝尔、锡林郭勒盟和河北张家口坝上地区为 1～2 代发生区，主要以 1 代幼虫为主害代；黑龙江、吉林、辽宁西部、山西、河北北部和内蒙古西部为 2～3 代区，以 1 代幼虫为主害代，局部有 2 代或 3 代幼虫发生，但在同一生境内，一般不连续发生；在山西中部和陕西北部为 3 代区，年发生 3 代，但以 3 代幼虫危害冬小麦和秋菜为主，兼 1 代幼虫危害豆类、棉花、甜菜等作物。

（二）主要习性

成虫喜在潮湿的低凹地活动，白天潜藏于作物或杂草的中下部，晚上在其间飞翔，并进行交尾、产卵。成虫具较强的趋光性，白天若遇惊扰，便在作物或杂草顶部上下的范围内飞翔。产卵有很强的选择性，喜在藜科、蓼科、十字花科等花蜜较多的植株叶片上产卵，卵单产或块产，卵块一般 3～5 粒卵排在一起，呈覆瓦状，粗观似一乳白色的幼虫。产卵多集中在 0:00～3:00，一般每头雌虫产卵 83～210 粒，最多可达 294 粒。有时也可将卵产在叶柄、茎秆、田间枯枝落叶及土表。成虫产卵后多在 24 小时内相继死亡。成虫还有较强的群集性和迁移性，易出现田间短期内虫口的迅速升高或下降。

初孵幼虫即具吐丝下垂的习性，稍遇触动即后退或前移，无假死性；2 龄前的幼虫食量很小，仅在叶背取食叶肉，残留表皮；3 龄以后幼虫食量逐渐增大，可将叶肉全部食光，仅留叶脉和表皮，且具有吐丝结苞危害的习性，被结苞的叶片受害后变褐干枯或仅剩叶表皮的茧包，其内充满黑色虫粪，有转株或转叶危害的习性；3～4 龄前幼虫靠吐丝下垂后借微风摆动在株间迁移，当接触到植株的任一部位后便紧伏其上，稍停片刻便开始活动，寻找取食场所；4～5龄幼虫一般不吐丝下垂，当遇到振动或触动时，迅速掉落于植株其他部位或地表，掉在植株上的幼虫一般静止不动或移动有限，而掉在地表的则很快钻入土缝或土块下。在田间先危害杂草，后危害作物。

（三）环境因子影响

1. 温、湿度 导致草地螟周期暴发成灾的原因主要是气候因子。越冬幼虫在茧内可耐—31℃低温。春季化蛹时如遇气温回降，易被冻死。因此，春寒对成虫发生量有所控制。夏季当旬平均气温达15℃时成虫始见，平均气温达17℃时即进入盛发期。草地螟卵、幼虫、蛹、成虫产卵前期的发育起点温度分别为11.3℃、11.2℃、10.8℃和11.7℃，有效积温分别为36.3日度、180.1日度、176.9日度和21.4日度。成虫发育最适温度为18～23℃，相对湿度50%～80%。雌蛾寿命随相对湿度的提高而延长，同时产卵前期相对缩短，在长时间高温干旱条件下，成虫不孕率增加，卵孵化率降低。在连续低温高湿条件下，雌蛾产卵量减少，死亡率增加。总的来说，平均气温偏高，降水量和相对湿度同时偏高的年份，有利于草地螟的发生。

2. 寄主植物 草地螟寄主范围广，可取食35科200多种，其中，最喜食藜科、菊科、豆科、麻类等植物，如大豆、向日葵、亚麻、甜菜、马铃薯、灰菜、刺儿菜、猪毛菜等。成虫羽化后需补充营养，性器官才能充分发育，提高繁殖力。所以，成虫盛发期蜜源植物多，有利于成虫补充营养，产卵量大，发生重；反之，不利于发生。

3. 田间管理 精耕细作不利于草地螟的发生；反之，田间管理粗放，则有利于发生。

4. 天敌 草地螟的天敌种类很多，主要有寄生蜂、寄生蝇、白僵菌、细菌、蚂蚁、步行虫、鸟类等。其中，幼虫的寄生蜂有7种，寄生蝇有7种。这些天敌对草地螟种群数量的消长起抑制作用。

四、防治措施

草地螟的发生和危害程度与气候条件、虫源基数、田间杂草情况关系密切。因此，应因地制宜，采取综合防治措施，制定切实可行的防治对策。

（一）农业防治

在草地螟集中越冬场所，采取秋翻、春耕办法，通过机械杀伤和土块压伤越冬害虫，增加越冬幼虫死亡率，减轻来年危害程度。通过中耕培土、灌水等农业措施，使幼虫大量死亡，可减轻害虫发生程度。及时清除田间杂草（特别是藜科杂草）并带出田外，集中处理。因为草地螟成虫一般喜欢在叶肉肥厚、柔嫩多汁的灰菜、猪毛菜上产卵，特别喜欢在灰菜上产卵。因此，锄净田间地头杂草，特别是灰菜，并将杂草深埋处理，可避免草地螟成虫在此集中产卵，把草地螟卵或低龄幼虫直接消灭在杂草地内。

（二）物理防治

1. 诱捕成虫　利用成虫趋光性，在成虫发生期，有条件的地区可及时在田间架设频振式杀虫灯或黑光灯或控黑、绿双管灯等进行诱杀。高压汞灯等其他诱虫灯进行成虫诱杀，以达到"杀母抑子"的作用。

2. 挖隔离带　在大发生时，大量幼虫缺少食物时，就会群集迁移。因此，在农田四周杂草较多、草荒较重的地块，在幼虫危害迁移之前，可以挖 33 厘米宽、33 厘米深，且沟底宽、沟口小的防虫沟，并在沟内喷药，在林地或草原与农田之间，喷 10～15 米宽的防虫药带，阻止幼虫迁入农田危害作物。

（三）化学防治

随时进行田间调查，发现草地螟幼虫数量达到防治指标，即每百株大豆有 30～50 头幼虫时，需进行药剂防治，要在大部分幼虫为 3 龄（幼虫长度 5～10 毫米，结网前）时立即进行防治。防治药剂可选用 2.5％溴氰菊酯或 20％杀灭菊酯乳油 3 000～3 500 倍液，或 77.5％敌敌畏乳油 800～1 000 倍液，或 4.5％高效氯氰菊酯 2 000 倍液，或 40％乙酰甲胺磷乳油 1 000 倍液常规喷雾，或 200 克/升氯虫苯甲酰胺悬浮剂 2 000 倍液，或 14％虫螨茚虫威悬浮剂 2 000 倍液。

（四）生物防治

据报道，草地螟的寄生蜂和寄生蝇有 70 余种，生产上可采用赤眼蜂灭卵，在成虫产卵盛期，每隔 5～6 天放蜂 1 次，共 2～3 次，放蜂量 5～30 头/公顷，防治效果可达 70％～80％。伞群追寄蝇、双斑截尾寄蝇等 5 种寄生蝇可寄生草地螟，也可用 Bt 可湿性粉剂（35 克/亩）喷雾，白僵菌也能用于防治草地螟。

第十节　豆卷叶螟

豆卷叶螟（*Lamprosema indicate* Fabricius），别名三条野螟、豆蚀叶野螟，属鳞翅目（Lepidoptera）螟蛾科（Pyralididae）。主要危害大豆、豇豆、菜豆、扁豆、绿豆、赤豆等豆科作物，是豆类作物的主要害虫之一。分布于浙江、江苏、江西、福建、台湾、广东、湖北、四川、河南、河北、内蒙古等省份。

一、危害症状

豆卷叶螟主要以幼虫危害。初孵幼虫喜食叶肉，蛀入花蕾和嫩荚，被害蕾容易脱落，被害荚的豆粒被虫咬伤，蛀孔口常有绿色粪便，虫蛀荚常因雨水灌入而腐烂，影响大豆品质和产量，3 龄后开始卷叶，4 龄幼虫将豆叶横卷成筒状，潜伏在其中啃食表皮和叶肉，特别是在大豆开花结荚盛期，有时数张叶片卷在一起，严重时将全田叶片卷皱，营养器官受到破坏，植株不能正常生长，常引起落花落荚，或豆粒干瘪、不完整，品质降低，严重影响产量，一般减产 15%～20%，严重的减产可达 30%以上。

二、形态特征

1. 成虫 体长 10 毫米左右，翅展 18～21 毫米，体黄褐色，胸部两侧附有黑纹，前翅黄褐色，外缘黑色，翅面生有黑色鳞片，翅中有 3 条黑色波状横纹，内横线外侧有黑点，后翅外缘黑色，有 2 条黑色横波状横纹。

2. 卵 椭圆形，淡绿色，长约 0.7 毫米。

3. 幼虫 共 5 龄，老熟幼虫体长 15～17 毫米，头部及前胸背板淡黄色，口器褐色，胸部淡绿色，气门环黄色，亚背线、气门上下线及基线有小黑纹，体表被生细毛。

4. 蛹 长约 12 毫米，褐色。

三、发生规律

（一）生活史

豆卷叶螟在吉林、辽宁每年发生 2 代，河北、山东、浙江每年发生 2～3 代，南方地区每年发生 4～5 代，以蛹在残株落叶内越冬。一般发生 2～3 代时，6 月下旬至 7 月上旬是越冬代成虫盛发期，7 月上旬为产卵盛期，7 月中旬至 8 月上旬进入一代幼虫发生盛期，7 月下旬至 8 月上旬危害最重，田间卷叶株率大幅度增加，发生田块一般卷叶率 30%～50%，重发田块 80%以上，叶片被卷食后，仅剩一层表皮形如网状，因受害正处于结荚期，对大豆结实影响明显。8 月中下旬进入化蛹盛期，9 月是二代幼虫危害盛期。11 月前后以老熟幼虫在残株落叶内化蛹越冬。

（二）主要习性

成虫具有昼伏夜出的生活习性，有趋光性，夜间交配，喜欢白天潜伏在叶背面隐蔽，傍晚时出来活动，取食花蜜，多把卵产在生长茂盛、生长期长、成熟晚、叶宽圆、叶毛少的大豆品种上，其卵散产在大豆叶片背面。每只雌虫产卵在 40～70 粒，幼虫活泼，孵化后即取食，逐渐吐丝、卷叶，潜伏在卷叶内啃食，老熟后可在其中化蛹，也可在落叶中化蛹。卵期 4～7 天，幼虫期 8～15 天，蛹期 5～9 天，成虫寿命 7～15 天。

（三）环境因子影响

1. 温、湿度 该虫适宜生长发育温度范围在 18～37 ℃，最适环境条件为气温 22～34 ℃、相对湿度 75％～90％，多雨湿润的气候有利于大豆卷叶螟发生。

2. 品种　大叶、宽圆叶、叶毛少、晚熟的品种重于小叶、窄尖叶、多毛的品种。

3. 栽培措施　生长茂密的豆田、施氮肥过多或晚播田受害较重。

4. 天敌　大豆卷叶螟的天敌主要有 6 种寄生蜂，其中以螟虫长距茧蜂为主。

四、防治措施

豆卷叶螟以化学防治为主，结合农业防治、物理防治及生物防治。卵孵化盛期至 1 龄幼虫期是进行防治的关键时期。每 7～10 天防治 1 次，连续防治 2 次。

（一）农业防治

合理轮作、间作。作物采收后及时清除田间的枯枝落叶，及时翻耕田地，提高越冬幼虫死亡率。加强田间管理，雨季及时开沟排水，降低田间湿度，以减少大豆卷叶螟发生。

（二）物理防治

利用黑光灯诱杀成虫；在幼虫发生期结合农事操作，人工摘除卷叶。

（三）化学防治

可选用 48％乐斯本乳油 1 000 倍液，或 20％杀灭菊酯 1 500 倍液，或 10％高效氯氰菊酯乳油 2 500 倍液，或 2.5％功夫菊酯乳油 3 000 倍液，或 200 克/升氯虫苯甲酰胺悬浮剂 2 000 倍液，或 14％虫螨腈虫威悬浮剂 2 000 倍液。

（四）生物防治

可选用 16 000 国际单位/毫克 Bt 可湿性粉剂 600 倍液，或 1％阿维菌素乳油 1 000 倍液，进行田间喷雾。

第十一节　豆 芫 菁

豆芫菁种类很多，均属于鞘翅目（Coleoptera）芫菁科（Meloidae），主要包括白条豆芫菁、中华豆芫菁、暗头豆芫菁、西北豆芫菁、大头豆芫菁等。其中，白条豆芫菁和中华豆芫菁较为常见。白条豆芫菁（*Epicauta gorhami* Marseul），又称豆芫菁、锯角豆芫菁，主要分布于我国的河北、北京、天津、内蒙古、陕西、四川、贵州、山西、山东、河南、安徽、江苏、湖北、湖南、江西、浙江、福建、台湾、广西、海南、广东等省份，以及韩国、日本等国家。中华豆芫菁（*Epicauta chinensis* Laporte）分布于我国的河北、北京、黑龙江、吉林、天津、内蒙古、新疆、宁夏、甘肃、陕西、山西、山东、河南、安徽、江苏、四川、湖北、湖南、台湾等省份，以及朝鲜、韩国、日本等国家。

一、危害症状

豆芫菁成虫群集取食大豆及其他寄主植物的叶片、花瓣、甚至果实，受害植株叶片轻则被咬成空洞、缺刻，重则叶肉全被吃光，只剩网状叶脉，严重发生田块作物不能结实或被咬成光秆，植株成片枯死，受害田作物的品质、产量极大降低。

二、形态特征

（一）白条豆芫菁

1. 成虫 体长 10.5～18.5 毫米，体宽 2.6～4.8 毫米，桶形。头为红色，复眼内侧每边各有一个近于圆形的黑褐色而有光泽的瘤。触角雌雄异型，均较短，不超过体长之半，雌虫触角鞭状，雄虫触角第 1 节扁平，略成栉齿状，每节的外侧各有一条纵凹槽。唇基及上唇基部色泽暗褐。前胸鞘翅及足黑色。足细长，前足基节窝开放，爪分裂。前胸背板中央有一条由灰白色毛组成的纵纹；前胸背板侧缘亦有由灰白色毛组成的镶边。每一鞘翅的中央各有一条由灰白色毛组成的纵纹，鞘缝及鞘翅外缘亦有由灰白色毛组成的镶边。腹部腹面各节的后缘亦有由白色毛组成的横纹；腹面及足均有白色的长毛。

2. 卵 长椭圆形，前端稍粗于后端，长 1.6～2.1 毫米，宽 0.6～0.9 毫米。初产时为浅黄色，数小时后加深为黄色。

3. 幼虫 幼虫共 7 龄，1 龄幼虫为虫柄型，行动活泼，称为"三爪蚴"，黄色长刚毛，头及体腹面浅黄褐色，复眼黑色，其头部较大，颜色最深，自胸部向腹端逐渐变狭，2 龄、3 龄、4 龄、5 龄及 7 龄幼虫为蛴螬型，刚蜕皮时为乳白色，老熟后变为淡黄色；6 龄为象甲型假蛹，体壁坚硬，开始为淡黄色，后变为深黄色，眼点黑色，足乳突状，前胸与中胸连接处两侧有 1 对稍大的气门，自第 3 至第 10 腹节两侧具有 8 对气门。

4. 蛹 裸蛹。长 9～16 毫米，头宽 4.6～6.2 毫米，初蛹乳白色，以后颜色逐渐加深为淡黄色，触角、足已经形成，翅为稍短的翅芽；颈部与前胸背板连接处及腹部各节连接处均有黑色刚毛，颈部与前胸背板连接处的刚毛较长且粗；体色羽化前逐渐变为黑色。

（二）中华豆芫菁

1. 成虫 体长 10～23 毫米、宽 3.0～5.0 毫米。头横阔，两侧向后变宽，后角圆，后缘直，额中央具 1 长圆形小红斑，两侧后头，唇基前缘和上唇端部中央，下颚须各节基部和触角基节一侧均为红色，其余部位为黑色，触角 11

节。雄性触角栉齿状，中间节强烈变宽并明显向外斜伸，无纵沟，第 3 节最长，长三角形，第 4 节宽约为长的 4 倍，第 4～8 节倒梯形，第 9、10 节倒三角形，末节不尖；雌性触角丝状，前胸背板约与头同宽，鞘翅基部宽于前胸 1/3，两侧平行，肩圆，背板两侧和中央具纵沟。鞘翅侧缘、端缘和中缝，以及体腹面除后胸和腹部中央外均被灰白毛。

2. 卵　长卵圆形，初期乳白色，后变为黄褐色；长 3 毫米左右，宽 1 毫米左右。表面光滑。卵块状，彼此以黏液相连。

3. 幼虫　中华豆芫菁幼期共经过 6 个虫龄，1 龄幼虫似步甲幼虫，又称"双尾虫"，行动迅速，怕光，钻土能力很强。群养情况下有自相残杀的习性；有短时假死性，当遇到骚扰或惊吓时，身体蜷缩装死。第 2～4 龄幼虫为蛴螬型幼虫，当 1 龄幼虫找到食物，取食后蜕皮变为蛴螬型幼虫，乳白色，体柔软；5 龄幼虫为象甲型，又称假蛹，不吃不动，中华豆芫菁以此虫态越冬；6 龄幼虫又为蛴螬型幼虫，翌年春天由 5 龄幼虫蜕皮而成，不需要食物，之后蜕皮化蛹。

4. 蛹　黄白色，复眼黑色，触角和足等结构已初步形成，前胸背板两侧各有 9 根侧刺。

三、发生规律

(一) 生活史

1. 白条豆芫菁　在东北、华北 1 年发生 1 代，湖北发生 2 代，均以 5 龄幼虫在土中越冬，来年春蜕皮为 6 龄幼虫，然后化蛹。1 年 1 代区在 6 月中旬化蛹，成虫在 6 月下旬至 8 月中旬发生，危害大豆及其他作物，并交尾产卵，7 月中旬卵开始孵化，幼虫生活于土中，8 月中旬发育为 5 龄幼虫，准备越冬。1 年 2 代区第 1 代成虫于 5～6 月出现，第 2 代成虫 8 月中旬出现，9 月下旬以后发生数量逐渐减少。在北京地区，卵期 18～21 天，1 龄和 2 龄幼虫历期各为 4～6 天，3 龄 4～7 天，4 龄 5～9 天，5 龄历期最长，为 292～298 天，在土中越冬，6 龄 9～13 天。蛹期 10～15 天，成虫寿命 30～35 天。

2. 中华豆芫菁　华北年生 1 代，以 5 龄幼虫在土中越冬，翌年春天发育为 6 龄幼虫，老熟后化蛹。成虫 5～8 月陆续羽化，6～7 月发生数量最多，危害也重。1 代区于 6 月中旬化蛹，6 月下旬至 8 月中旬为成虫发生与危害期；2 代区成虫于 5～6 月间出现，集中危害早播大豆，而后转害茄子、番茄等蔬菜，第 1 代成虫首先危害大豆，于 9 月下旬至 10 月上旬转移至蔬菜上危害，发生数量逐渐减少。在北方地区，成虫期止于 8 月上旬，生活期 60～80 天；7 月为产卵盛期，8 月为孵化盛期，在室温条件下，卵的孵化期为 18～20 天；8 月下旬至翌年 5 月下旬为幼虫期，幼虫期 280～300 天。

（二）主要习性

1. 白条豆芫菁　成虫羽化后于清晨出土，白天活动，性好斗，有群集取食习性，食量颇大，1 头每天可吃 4～6 片大豆叶。受惊或遇敌时，即坠地或脱逃，也可从腿节末端分泌含有芫菁素的黄色液体，能刺激皮肤红肿发泡。成虫羽化后 4～5 天开始交尾，雄虫可交尾 3～4 次，雌虫一生仅产卵 1 次，先用口器或前足挖一深 5 厘米左右的土穴，每穴产卵 70～150 粒，卵产完毕，用足拨土封穴。幼虫孵出后，以蝗卵及土蜂巢内幼虫为食，如没有蝗卵供食，10 天左右可死亡。一块蝗卵只供 1 头幼虫生活，如幼虫多时，则相互残杀。1～4 龄食量逐渐增加，5～6 龄不需取食，一生食蝗卵 45～104 粒，是蝗虫的重要天敌。

2. 中华豆芫菁　中华豆芫菁喜欢弱光环境，在同一个地点，清晨和傍晚的数量要比中午多，阳光强烈的中午前后，趴在地上一动不动，如有叶片之类遮盖物，则将头部遮住，有的将全身遮住。其幼虫怕光。中华豆芫菁一般成群活动，少则几十头，多则上百头，很少有单独个体活动（除非在产卵之前各自寻找产卵场所）。在大豆田间，有时可以采到几百头，有时却一头也见不到。点片危害，在同一块大豆地中，有的地方叶片被吃得干干净净，但在相距不到 2 米的地方，叶片毫发无损。中华豆芫菁吃完一处，再群迁到另一处，具有群集和迁徙性。当中华豆芫菁受到惊扰或侵袭时，会从口中或足关节释放绿色黏液或排泄粪便，内含芫菁素，人体皮肤接触后会引起灼痛，并引发水泡。芫菁科昆虫有不同程度的假死性，当其受到外界惊扰或侵袭时，四肢马上蜷缩，抱于腹下，掉下叶片。中华豆芫菁落地后一般只有几秒钟假死时间，随后迅速爬走，速度很快，很少在叶片上直接飞走。中华豆芫菁主要以豆科植物的叶片或花为食，此外，也觅食藜科植物。中华豆芫菁的产卵数量平均在 100 粒左右，最多 150 粒，最少 80 粒，一般为 80～120 粒。

（三）环境因子影响

1. 温、湿度　温度、土壤含水量对豆芫菁的卵、幼虫及蛹的发育和卵的孵化率均有明显的影响。在低温和土壤含水量高的条件下，卵块容易受真菌感染，死亡率高；而在高温和低土壤含水量的条件下，卵容易失水导致干缩，死亡率也很高。幼虫在这两种条件下，取食能力下降，发育缓慢。

2. 土壤环境　同一年份，背风向阳、沙性土壤地块的虫量往往高于平川、壤土和黏土地块的虫量。邻近草坡草滩的地块，豆芫菁发生危害重。经观察，羽化出土初期的豆芫菁成虫多在杂草上活动、取食，一般经 10 天左右才进入农田危害。因豆芫菁成虫的飞翔力不强，所以在同一年份里，与草坡草滩相邻的地块虫口密度高，危害重。

3. 蝗虫发生情况　豆芫菁的危害程度与上一年土蝗的发生程度、防治面积和防治质量也有一定的关系，因为豆芫菁幼虫以蝗卵为食。一般上一年土蝗发生危害重，防治面积小或者防治质量差时，第 2 年豆芫菁发生重。

四、防治措施

要经济、安全、有效地控制豆芫菁危害，首先要做好预测预报工作，指导农民适期防治，科学用药。在具体措施上，坚持农业防治、物理防治、化学防治相结合。

（一）农业防治

每年秋收后，深翻土地，将正在越冬的豆芫菁幼虫（假蛹）翻入深土层中，打乱或破坏其生存环境，压低越冬基数。

（二）物理防治

在豆芫菁成虫取食、交尾盛期，利用白天多在植株顶端活动和群集危害的习性，进行人工捕捉，或用网捕，减少田间虫口密度。在成虫发生始期，人工捕捉到一些成虫后，用铁线穿成几串，挂于田间豆类作物周边，可拒避成虫飞来危害。

（三）化学防治

1. 喷粉　用 2% 的杀螟松粉剂，或 2.5% 的敌百虫粉喷粉，每亩用 1.5～2.5 千克。

2. 喷雾　选用 77.5% 的敌敌畏乳油 1 000 倍液，或 50% 的马拉松乳油 1 000 倍液，或 4.5% 的高效氯氰菊酯乳油 1 000～1 500 倍液等喷雾。在成虫发生期选用 90% 的晶体敌百虫 1 000～2 000 倍液喷雾。

第十二节　斑鞘豆叶甲

斑鞘豆叶甲（*Colposcelis signata* Motschulsky），属鞘翅目（Coleoptera）叶甲科（Chrysomelidae），是东北春大豆的主要苗期害虫。国内分布于辽宁、吉林、黑龙江、河北、陕西、江苏、安徽、浙江、福建、台湾、广东、广西、四川、云南等地，主要寄主为大豆及其他豆科植物，斑鞘豆叶甲目前已成为豆科作物的主要害虫。

一、危害症状

斑鞘豆叶甲幼虫危害根部表皮和须根，影响幼苗的生长。成虫咬食苗期地下茎部、子叶、嫩芽及叶片，使受害叶片出现缺刻、孔洞、破碎，甚至造成幼苗枯萎死亡，导致缺苗断垄甚至毁种，严重影响大豆生产。豆类叶片的被害率高达 70%～100%，严重影响产量。

二、形态特征

1. 成虫　体长 1.7～2.8 毫米，体宽 1.0～1.7 毫米，卵圆形或长圆形，体背淡棕黄色至棕色，腹部褐色或黑色，触角丝状，共 12 节，柄节膨大，长 1.78 毫米，为体长的一半以上，足部黄褐色，足跗节均为 4 节，其中，中足最短，前足次之，后足最长，后足近跳跃足，腿节上有一明显的三角形凸起，头部具有刻点，在复眼内侧和上方有一条较深的纵沟，咀嚼式口器，小盾片三角形，光亮。前翅为鞘翅，基部宽于前胸，具有规则的纵列，后翅为膜翅。

2. 卵　长 0.4～0.5 毫米，宽 0.2 毫米，呈长椭圆形。初产时乳白色，后变为淡黄色。

3. 幼虫　体长约 3.6 毫米。头部和前胸背板成淡黄褐色，虫体向腹面弯曲为 C 形。

4. 蛹　体长 2.0～2.5 毫米，为裸蛹，最初呈乳白色，后变为淡黄色，足腿节膨大，端部有一长刺；腹部末节有弯曲的褐色刺突 1 对。

三、发生规律

(一) 生活史

吉林斑鞘豆叶甲每年发生 1 代，以成虫在土中越冬，且成虫在翌年 5 月中旬始见，发生盛期为 6 月中旬，发生时期一般持续到 7 月上旬左右。河南 1 年发生 2 代，以幼虫在土中越冬，并于翌年 3 月下旬开始化蛹、羽化。6 月中上旬成虫开始交尾，于三叶草根附近土表产卵，幼虫孵化后，在地下食害幼根，危害时间持续至秋后。

(二) 主要习性

成虫 5 月中下旬开始危害大豆子叶、嫩芽及叶片，啃食叶肉组织。一般上午和傍晚取食危害，中午躲在豆株根部土缝内，夜间便潜伏于土块下或根际土缝内。斑鞘豆叶甲成虫善于跳跃，其活动时间主要为 10:00～16:00。发生严重时一株大豆根部可发现 20 余头成虫，成虫极其敏感，稍受惊动即跳得无影无踪。

(三) 环境因子影响

1. 温度　温度对斑鞘豆叶甲的产卵量有显著影响，最适产卵温度为 20～28℃，在 20℃下产卵期长达 21 天；在 20～32℃温度下，卵的孵化率达 70% 以上，28℃孵化率为 87.6%。

2. 天敌　斑鞘豆叶甲的天敌主要是步甲、蜘蛛等捕食性天敌。

四、防治措施

(一) 农业防治

及时清除枯枝落叶和田间杂草，深翻土地，减少越冬虫量。

(二) 化学防治

在斑鞘豆叶甲成虫发生初期，喷洒 40％氧化乐果 1 000 倍液，或 2.5％溴氰菊酯乳油 3 000 倍液，或 2.5％高效氯氟氰菊酯水乳剂、10％吡虫啉可湿性粉剂、1.14％甲氨基阿维菌素苯甲酸盐乳油、90％灭多威可溶性粉剂 1 500～3 000 倍液。为防止斑鞘豆叶甲对长期使用一种防治药剂而产生抗药性，建议轮换使用药剂。

第十三节　二条叶甲

二条叶甲 (*Paraluperodes suturalis nigrobilineatus* Motschulsky)，属鞘翅目 (Coleoptera) 叶甲科 (Chrysomelidae)，又名二黑条萤叶甲、大豆异萤叶甲、二条黄叶甲、二条金花虫，俗称地蹦子。分布在日本、朝鲜、俄罗斯 (西伯利亚东南部)，以及国内各大豆产区。二条叶甲除主要危害大豆外，还危害小豆、水稻、甜菜等作物。

一、危害症状

二条叶甲越冬成虫在苗期食害大豆子叶、真叶、生长点及嫩茎，将子叶吃成凹坑状，将真叶吃成空洞状，严重时幼苗被毁，造成缺苗断垄。第 1 代成虫除了取食大豆植株的嫩叶、嫩茎外，尤喜食大豆花的雌蕊，造成落花，使大豆结荚数减少。幼虫主要在根部危害取食大豆根瘤，将头蛀入根瘤内部取食根瘤内容物，仅剩空壳或腐烂，影响根瘤固氮和植株生长，发生严重地块 0～10 厘米深土层内的大豆根瘤几乎全部被吃光，仅剩空壳，造成植株矮化，影响产量和品质。

二、形态特征

1. 成虫　体长 2.7～3.5 毫米，宽 1.3～1.9 毫米，呈长卵圆形。体色淡黄色，鞘翅黄褐色，两鞘翅中央各有一个略弯曲的明显纵行黑色条斑，但长短个体间有变化。足黄褐色，均密被黄灰色细毛，各足胫节外侧具有深褐色的斑纹。鞘翅两侧近于平行，翅面稍隆凸，刻点细。前胸背板长宽近相等，两侧边向基部收缩，中部两侧有倒"八"字形凹纹。小盾片三角形，几乎无刻点。触角丝状，5 节较粗短，第 1 节很长，第 2 节短小，触角基部 2 节色浅，其余节黑褐色，有时褐色。头额区有粗大刻点，额瘤隆起。

2. 卵　球形，直径 0.4～0.6 毫米。初产时乳白色，老熟呈黄褐色。

3. 幼虫　老熟幼虫体长 4～5 毫米，初龄幼虫乳白色，后稍变黄，体躯上被短细毛。头部和臀板黑褐色。胸足 3 对，褐色。

4. 蛹　裸蛹，长 3～4 毫米，乳白色。腹部末端有 1 对向前弯曲的刺钩。

三、发生规律

（一）生活史

大豆二条叶甲在黑龙江 1 年发生 2 代。以成虫在大豆根部周围 5～6 厘米土层深处越冬。来年 5 月中下旬越冬成虫出土活动，取食上年收割时遗落在地里的豆粒长出的豆苗。大田豆苗出土后，成虫迁移到大豆地取食危害。5 月下旬至 6 月上旬是越冬代成虫产卵盛期。6 月末越冬代成虫开始陆续死亡。6 月中下旬卵孵化为幼虫。幼虫孵化后就近在土中危害根瘤。7 月下旬至 8 月上旬豆地出现第 1 代成虫。8 月上中旬地里出现第 1 代成虫产下的卵，卵在 8 月中下旬孵化为幼虫。9 月上中旬幼虫陆续化蛹。蛹期 10 天左右。蛹于 9 月中下旬羽化为第 2 代成虫，并越冬。

（二）主要习性

成虫一般白天藏在土缝中，早、晚危害。成虫活泼善跳，具有假死性，受惊时跌落到地面，仰面朝上不动，飞翔能力弱。成虫产卵有选择性，将卵产于大豆植株附近土表 1～2 厘米处。幼虫孵化后，对根瘤进行危害，幼虫有转株危害习性，末龄幼虫在土中化蛹，蛹期约 7 天。

（三）环境因子影响

1. 温、湿度　冬季不冷，早春温暖，盛夏不热，晚秋不凉的特殊气候，有利于二条叶甲的生长繁殖和越冬。

2. 天敌　天敌有豆二条叶甲长柄茧蜂、豆叶甲隐腹茧蜂和草蛉等，这些天敌对二条叶甲的控制具有一定作用。

四、防治措施

二条叶甲在大豆苗期危害比较重，并且寄主多，食性复杂，危害时期长，有成块连片危害的特点，故在防治上应以"预测预报、适时防治"为主，针对越冬成虫，结合田间管理及时采取施用化学药剂的综合防治方法。

（一）农业防治

清理田间，秋收后及时清除田间四周寄主农作物的秸秆、杂草和枯枝落叶，集中烧毁或深埋，如能结合秋翻地效果更好，以便破坏成虫越冬场所，消灭越冬虫源，减轻翌年危害。有条件的地区最好进行大面积远距离轮作。

（二）化学防治

1. 种子包衣　在播种期进行，把成虫消灭在出土危害以前，减少地上植株、嫩茎、叶的受害。可用 50% 辛硫磷乳油按药：水：种＝1：40：400 进行闷种；或用 35% 多克福种衣剂按药种比 1：（75～80）进行包衣。

2. 撒施毒土　用 50% 辛硫磷乳油 0.5 千克兑水适量，喷拌 100 千克细沙或炉灰中，每亩施用毒土 20 千克，在播种时先开沟撒施，然后再进行播种。

3. 药剂喷施　当田间发现二条叶甲成虫危害较重时，及时喷药防治，可控制危害，减少损失，提高产量和品质。喷药应仔细周到，对叶、茎正反表面都要喷洒均匀，尽量选择高效、低毒的药剂。可选用 20% 氰戊菊酯乳油 1 500～2 500 倍液，或 50% 杀螟松乳剂 1 000 倍液，或 48% 乐斯本乳油 1 000 倍液，或 4.5% 高效氯氰菊酯乳油 1 000 倍液，或 2.5% 功夫乳油、20% 灭扫利乳油 2 000 倍液，或 3% 啶虫脒 1 500 倍液，或 50% 辛硫磷乳油 1 000 倍液，或 2.5% 溴氰菊酯乳油 2 000 倍液。

第十四节　双斑萤叶甲

双斑萤叶甲（*Monolepta hieroglyphica* Motschulsky），属鞘翅目（Coleoptera）叶甲科（Chrysomelidae）萤叶甲亚科（Galerucinae），别名双斑长跗萤叶甲。双斑萤叶甲在我国分布较广，吉林、黑龙江、辽宁、内蒙古、宁夏、甘肃、河北、山西、陕西、新疆、江苏、浙江等省份均有发生，在国外主要分布在东亚和东南亚等十几个国家和地区。

一、危害症状

双斑萤叶甲是一种杂食性昆虫，寄主广泛。幼虫主要危害部分杂草和豆科植物的根，仅成虫在地上危害，取食大豆、玉米、向日葵等多种植物。成虫群集在大豆叶上，在豆株上自上而下取食叶片，将叶片吃成缺刻或孔洞状，受害处变成黄褐色或枯白色，形成枯斑，严重时仅剩叶脉，影响光合作用而造成减产，给大豆生产造成了很大威胁。

二、形态特征

1. 成虫　长 3.6～4.8 毫米，宽 2～2.5 毫米，长卵形，棕黄色，有光泽，头、前胸背板色较深，有时呈橙红色，鞘翅淡黄色，每个鞘翅基半部有一个近于圆形的淡色斑，周缘为黑色，淡色斑的后外侧常不完全封闭，后面的黑色带纹向后突伸成角状，有些个体黑色带纹模糊不清或完全消失。鞘翅缘折及小盾片一般黑色。触角（1～3 节黄色）、足胫节端半部与跗节黑色。腹面中、后胸黑色。头部三角形的额区稍隆，额瘤横宽，二瘤间有一细沟，具极细刻点，复眼较大，卵圆形，明显突出。触角 11 节，长度约为体长的 2/3。前胸背板横宽，长宽之比约为 2∶3，表面拱凸，密布细刻点，四角各具毛一根。小盾片三角形，无刻点。鞘翅被密而浅细的刻点，侧缘稍膨出，端部合成圆形，腹端外露。后胫节端部具一长刺，后跗第 1 节很长，超过其余 3 节之和。雄虫腹部末节腹板后缘分为 3 叶，雌虫则完整。

2. 卵　圆形，初产时棕黄色，长约 0.6 毫米，宽约 0.4 毫米。卵壳表面有近等边的六角形纹。

3. 幼虫　长形，白色，少数黄色。共 3 个龄期，1 龄头壳宽 0.19～0.23 毫米，2 龄 0.29～0.32 毫米，3 龄 0.42～0.45 毫米。体表具有排列规则的瘤突和刚毛，腹节有较深的横褶。幼虫在行动时，体节伸缩幅度很大，3 龄幼虫长约 6 毫米（宽约 1.2 毫米），但是可以伸达 9 毫米。老熟幼虫化蛹前身体变粗，并稍弯曲。头部具触角 1 对，额缝、冠缝清楚，上颚端狭，具 3 个小齿。胸部 3 节，各具足 1 对，前胸背板骨化，颜色较深，腹部稍扁，共 9 节，自第 3 节以后明显膨阔。末腹节黑褐色，为一块铲形骨化板。端缘具较长的毛。气门 10 对，胸部 2 对，1～8 腹节各 1 对。

4. 蛹　长 2.8～3.5 毫米，宽约 2 毫米，白色，体表具刚毛。前端为前胸背板，头部位于其下，小盾片三角形。前后翅位于两侧，前翅盖在后翅上，后胸背板大部可见，腹部 9 节，1～7 节各有气门 1 对，第 9 节末端有 1 对稍向外弯的刺。腹面可见头部、足、翅及部分腹节。触角自两复眼之间向外侧方伸出，端部至前足近口器的地方，前、中足外露，后足大部为后翅所覆盖。

三、发生规律

（一）生活史

双斑萤叶甲每年生 1 代，以卵在土中越冬。翌年 5 月开始孵化。幼虫共 3 龄，幼虫期 30 天左右，在 3～8 厘米土中活动或取食作物根部及杂草。7 月初始见成虫，一直延续到 10 月，成虫期 3 个月，初羽化的成虫喜在地边、沟旁、路边的苍耳、刺菜、红蓼上活动，约经 15 天转移到豆类、玉米、高粱、谷子、杏树、苹果树上危害，7～8 月进入危害盛期，大田收获后，转移到十字花科蔬菜上危害。

（二）主要习性

成虫有群集性和弱趋光性，在一株上自上而下地取食，日光强烈时常隐藏在下部叶背或花穗中。成虫飞翔力弱，一般只能飞 2～5 米，早晚气温低于 8 ℃或风雨天喜躲藏在植物根部或枯叶下，气温高于 15 ℃成虫活跃，晴天多在 9:00～11:00 和 16:00～19:00 飞翔或取食，阴天全天活跃。成虫羽化后经

20 天开始交尾，把卵产在田间或菜园附近杂草中的表土下或杏树、苹果树等叶片上。卵散产或数粒黏在一起，卵耐干旱，幼虫生活在杂草丛下表土中，老熟幼虫在土中筑土室化蛹，蛹期 7～10 天。

（三）环境因子影响

1. 温、湿度　双斑萤叶甲发生期的早晚与温度关系密切，平均温度高则发生期早，平均温度低则发生期晚；10 厘米地温达到 12 ℃时卵开始孵化；暖冬气候卵存活率高，有利于越冬。田间湿度小、气候干燥发生重且危害时间长，干旱年份偏重发生；雨量对发生程度影响较大，主要因为大雨可降低土壤中越冬卵的成活率，同时雨量多不利于双斑长跗萤叶甲繁殖、扩散。

2. 田间管理　种植密度大，田间郁闭的地块发生重；管理粗放，多杂草的地块发生重；水浇地、免耕田发生重。

3. 土壤　黏土发生早、危害重，在壤土地、沙土地发生明显较轻。

4. 食料　地头、渠边、田间道路甚至田间杂草为双斑萤叶甲初羽化成虫提供了充足的食料，同时也为其产卵繁殖提供了良好的环境；种植业结构调整，蔬菜面积扩大，为双斑萤叶甲后期取食产卵提供了理想场所。

四、防治措施

（一）农业防治

清除田边地头杂草，秋季深翻灭卵，可减轻危害。特别是稗草，减少双斑萤叶甲的越冬寄主植物，降低越冬基数；合理施肥，提高植株的抗逆性；该虫刚发生时呈点片危害，盛发期向周边地块扩散，对点片发生的地块于早晚人工捕捉，降低基数；对双斑萤叶甲危害重及防治后的农田及时补水、补肥，促进农作物的营养生长及生殖生长。

（二）物理防治

害虫发生期，用捕虫网进行人工捕捉，能大大降低害虫种群基数。

（三）化学防治

双斑萤叶甲成虫具有远距迁飞的习性，防治时只有部分地块防治，其他地块很快会点片发生。因此，要进行统防统治，把虫口压到最低，减少其进一步危害。大田作物可用 50％辛硫磷乳油 1 500 倍液，或 20％氰戊菊酯乳油 2 000 倍液，或 40％毒死蜱乳油 1 500 倍液，或 4.5％高效氯氰菊酯乳油 1 500～2 000 倍液。根据成虫有群集性和弱趋光性，喷药时要在 9:00～10:00 和 16:00～19:00 进行，注意交替用药。

（四）生物防治

种植诱集作物，统一捕杀，合理使用农药，保护利用天敌。双斑萤叶甲的天敌主要有瓢虫、蜘蛛等。

第十五节　黑绒鳃金龟

黑绒鳃金龟（*Maladera orientalis* Motsch），又称黑绒金龟子、天鹅绒金龟子、东方金龟子，属鞘翅目（Coleoptera）鳃金龟科（Melolonthidae）。黑绒鳃金龟在我国分布于东北、华北、华东地区以及甘肃、青海、陕西、四川、内蒙古，在国外分布于朝鲜、日本、俄罗斯、蒙古等。黑绒鳃金龟是我国分布广、危害苗期大豆的主要害虫之一，其中，以东北和华北各地危害严重。

一、危害症状

幼虫为地下害虫，咬食幼苗的根或根茎部，轻者造成地上部叶片发黄，影响幼苗生长，重者将根茎处皮层环食，使植株死亡，但对大豆危害轻微。成虫可吞食花、叶、芽和嫩茎，喜食豆科植物，食害大豆叶片，造成缺刻和孔洞，严重时可吃光叶片。

二、形态特征

1. 成虫　体长 7～8 毫米，宽 4.5～5 毫米，卵圆形，体黑色至黑褐色，具天鹅绒闪光。头黑色、唇基具光泽。前缘上卷，具刻点及皱纹。触角黄褐色 9～10 节，棒状部 3 节。前胸背板短阔。小盾片盾形，密布细刻点及短毛。鞘翅具 9 条刻点沟，外缘具稀疏刺毛。前足胫节外缘具 2 齿，后足胫节端两侧各具 1 端距，跗端具有齿爪 1 对。臀板三角形，密布刻点，胸腹板黑褐具刻点且被绒毛，腹部每腹板具毛 1 列。

2. 卵　初产为卵圆乳白色，后膨大呈球状，长 1.1～1.2 毫米，光滑。

3. 幼虫　体长 14～16 毫米。肛腹片复毛区布满略弯的刺状刚毛，其前缘双峰式，峰尖向前止于肛腹片后部的中间，腹毛区中间的裸区呈楔状，将腹毛区分为两部分，刺毛列位于腹毛区后缘，呈横弧状弯曲，由 14～26 根锥状直刺组成，中间明显中断。

4. 蛹　体长约 8 毫米，初黄色，后变黑褐色，复眼朱红色。

三、发生规律

（一）生活史

在甘肃、内蒙古、辽宁、河北、北京等地 1 年发生 1 代，以成虫在 20～40 厘米深的土中越冬。一般 4 月上中旬越冬，成虫即逐渐上升，4 月中下旬至 5 月初，旬平均气温 5 ℃左右，开始出土，8 ℃以上时开始盛发。在此期间可连续出现几个高峰。有雨后集中出土的习性。成虫出土后，首先危害返青早的杂草，大豆出苗后，转到幼苗上危害，特别喜食豆科作物，开始取食子叶，后啃咬心叶、叶片成缺刻，甚至全部吃光。危害盛期在 5 月初至 6 月中旬左右。交尾盛期在 5 月中旬，共交尾 10 天左右。6 月为产卵期，卵期 9 天左右。6 月中旬开始出现新一代幼虫，幼虫一般危害不大，仅取食一些植物的根和土壤中腐殖质。8～9 月间，3 龄老熟幼虫作土室化蛹，蛹期 10 天左右，羽化出来的成虫不再出土而进入越冬状态。

（二）主要习性

成虫出土活动时间与温度有关，早春温度低时活动能力差且多在正午前后取食危害，很少飞行，到 5～6 月，气温达 20 ℃以上时，则喜欢在白天潜伏，潜伏在 1～3 厘米的土表，夜间出土活动。活动时间为 20：00 至翌日 6：00，以 23：00 至凌晨 1：00 最盛。以无风温暖的天气出现最多，成虫活动的适宜温度为 20～25 ℃。降雨较多、湿度高有利于成虫出土和盛发。雌虫一般产卵于被害植株根际附近 5～15 厘米土中，单产，通常 4～18 粒为一堆。雌虫一生能产卵 9～78 粒。成虫具假死性，略有趋光性。

（三）环境因子影响

1. 温、湿度　4 月中下旬气温高于 10 ℃时，开始出土活动，5 月上旬达到出土始高峰。因此，成虫防治适期应在 5 月上旬成虫出土始高峰期。幼虫和成虫的存活率与土壤含水量呈二次曲线关系，当土壤含水量为 18% 左右时，存活率最高，土壤含水量过高或过低对黑绒鳃金龟不利，会使存活率下降。

2. 土壤理化性状　土壤松散、沙粒较多、黏粒较少、有机质含量较少的沙壤土环境适宜该虫的大发生。因此，黑绒鳃金龟在新开垦地引起大发生的现象十分普遍，一般在开垦后 3～8 年种群数量最高，这一时期往往是该虫暴发的最关键时期，随着种植年限的延续，土壤理化性状发生变化，如地表坚硬度增加、有机质和黏粒增多、沙粒减少等，其种群逐步呈下降趋势。

3. 耕作栽培　田间管理粗放的田块，杂草丛生，食物资源丰富，有利于黑绒鳃金龟取食和繁殖，虫口密度明显较高。

4. 天敌　黑绒鳃金龟天敌较多，有多种益鸟、青蛙、刺猬、步行虫等捕食性天敌及大斑土蜂、臀钩土蜂、金龟长喙寄蝇、线虫和白僵菌、绿僵菌等多种寄生生物。

四、防治措施

（一）农业防治

开荒垦地，破坏蛴螬生活环境；灌水轮作，消灭幼龄幼虫，捕捉浮出水面成虫。水旱轮作可防治幼虫危害；结合中耕除草，清除田边、地堰杂草，夏闲地块深耕深耙；尤其当幼虫（或称蛴螬）在地表土层中活动时，适期进行秋耕和春耕，在深耕的同时捡拾幼虫。不施用未腐熟的秸秆肥。

（二）物理防治

利用成虫的群集性、趋光性和假死习性，在成虫发生期采用黑光灯诱杀或人工捕杀。可兼治其他具趋光性和假死性害虫。

（三）化学防治

1. 成虫发生期防治 可结合防治其他害虫进行防治。喷洒 2.5％功夫乳油或敌杀死乳油 1 000～1 500 倍液，对各类鞘翅目昆虫防效均好；40％氧化乐果乳油 600～800 倍液，残效期长，防效明显；60％二嗪农乳油 1 000～1 500 倍液，或 50％杀螟丹可湿性粉剂、25％西威因可湿性粉剂 600～700 倍液，或 40％毒死蜱乳油 1 000 倍液，或 10％联苯菊酯乳油 6 000 倍液等药剂，对多种鞘翅目害虫均有良好防效。同时，可兼治其他食叶、食花及其刺吸式害虫。

2. 成虫出土前或潜土期防治 可于地面施用 5％辛硫磷颗粒剂 2.5 千克/亩，做成毒土均匀撒于地面后立即浅耙以免光解，并能提高防效。

3. 幼虫期的防治 可结合防治金针虫、拟地甲、蝼蛄以及其他地下害虫进行。

（1）药剂拌种。此法简易有效，可保护种子和幼苗免遭地下害虫的危害。常规农药有 30％辛硫磷微胶囊剂 0.5 千克拌 250 千克种子，残效期约 2 个月，保苗率为 90％以上；50％辛硫磷乳油或 40％甲基异柳磷乳油 0.5 千克兑水 25 千克，拌种 400～500 千克，均有良好的保苗防虫效果。

（2）药剂土壤处理。可采用喷洒药液、施用毒土和颗粒剂于地表、播种沟或与肥料混合使用，但以颗粒剂效果较好。常规农药有 5％辛硫磷颗粒剂 2.5 千克/亩，或 3％呋喃丹颗粒剂 3.0 千克/亩，或 5％二嗪农颗粒剂 2.5 千克/亩。也可用 50％对硫磷乳油 1 000 倍液加尿素 0.5 千克，再加 0.2 千克柴油制成混合液开沟浇灌，然后覆土，防效良好。

（四）生物防治

保护和利用天敌；用生物药剂 1.2％苦参碱·烟碱乳油 500～800 倍液灌根防治幼虫；用真菌制剂布氏白僵菌、金龟子绿僵菌原孢粉 4～5 千克/亩进行土壤处理；利用金龟子雌虫性腺粗提物或未交配的雌活虫，诱捕雄成虫。

第十六节　短额负蝗

短额负蝗（*Atractomorpha sinensis* Bolivar），别名中华负蝗、尖头蚱蜢、括搭板，属直翅目（Orthoptera）锥头蝗科（Pyrgomorphidae）。食性杂，主要危害豆类、玉米、白菜、甘蓝、萝卜、茄子、马铃薯、空心菜、甘薯、甘蔗、烟草、麻类、棉花、水稻、小麦等多种蔬菜及农作物，在全国各地均有分布。

一、危害症状

其成虫及若虫取食叶片成缺刻和孔洞，严重时全叶被吃成网状，仅残留叶脉，影响光合作用和传播细菌性软腐病。

二、形态特征

1. 成虫　体长 20～30 毫米，头至翅端长 30～48 毫米。虫体绿色（夏型）或褐色（冬型）。头额前冲，尖端着生 1 对触角，绿色型的成虫自复眼起向斜下有 1 条粉红色条纹，与前、中胸背板两侧下线的粉红色条纹衔接。体表有浅黄色瘤状突起，后翅基部红色，端部淡绿色，前翅长度超过后足腿节端部约 1/3。

2. 卵　长椭圆形，长 2.9～4.0 毫米，宽 1.0～1.2 毫米，黄褐色至深黄色，中间稍凹陷，一端较粗钝，卵壳表面有鱼鳞状花纹，卵囊有褐色胶丝裹成，卵粒倾斜排列成 3～5 行。

3. 蝻　共 5 龄，1 龄蝻平均体长 4.2 毫米，体色草绿稍带黄，前、中足褐色，有棕色环若干，全身布满颗粒状突起；2 龄蝻平均体长 11.5 毫米，翅芽呈贝壳型；3 龄蝻平均体长 14.9 毫米，翅芽为贝壳重叠或扇形；4 龄蝻平均体长 18.7 毫米，翅芽尖端部向背方曲折；5 龄蝻前胸背面向后方突出较大，形似成虫。

三、发生规律

（一）生活史

短额负蝗以我国东部地区发生居多。东北地区每年发生 1 代，华北地区每年发生 1～2 代，长江流域每年发生 2 代，以卵在沟边土中越冬。卵多产在比较平整且稍凹的洼地，土质较细，不紧不松，土壤湿度适中、杂草稀少的地区，深度平均为 2.5 厘米。雄成虫在雌虫背上交尾与爬行，数天不散，雌虫背负着雄虫，故称之为"负蝗"。常年在 5 月中下旬至 6 月中旬前后孵化，7～8 月发育羽化为成虫。11 月雌成虫在土层中产卵，以卵越冬。危害期 5～10 月。

（二）主要习性

成虫、若虫喜白天日出活动，11:00 以前和 15:00～17:00 取食最强烈，喜于地被多、湿度大、双子叶植物茂密的环境中生活，在灌渠两侧发生偏多。成虫羽化多在早晨和上午。羽化时，虫体多为头部朝下，自胸背蜕裂缝而出。羽化后 8～19 天开始交尾，每头雌成虫产卵 2～4 块，平均 3.1 块。每块卵平均有卵 36 粒。卵块外有黄褐色分泌物封着。卵多产于草多、向阳的沙壤土中。初孵蝻喜群集在附近的幼嫩阔叶杂草和作物上取食。3 龄蝻开始迁移扩散到作物田取食危害。以大豆叶片测定短额负蝗蝻各龄期单虫的平均摄食量结果分别是 1 龄食叶 4.1 平方厘米，占蝻期摄食量的 7.0%；2 龄蝻食叶 9.7 平方厘米，占蝻期摄食量的 16.6%；3 龄蝻食叶 12.6 平方厘米，占蝻期摄食量的 21.4%；4 龄蝻食叶 32.4 平方厘米，占蝻期摄食量的 55.0%。

（三）环境因子影响

1. 温、湿度　当气温稳定在 15.5 ℃以上时，越冬卵的胚开始发育变化，由黄褐色变为黄白色，再由黄白色变为淡绿色，胚胎发育成熟，透过外壳可看到蝗蝻的部分体态。随着积温的增加和温度的升高，于 6 月下旬进入孵化出土盛期。经观察，在晴天气温较高时孵化率最高，而且集中在 11:00～14:00，此时孵化率可占到 44.11%。阴雨天和气温低于 15 ℃时，孵化率仅占 5%左右。土壤含水量对卵的发育有很大影响，在土壤含水量为 15%～20%时，卵的成活率在 78%以上，孵化率也较高。相反，土壤含水量低于 2.5%，卵的成活率在 15%以下；土壤含水量过高，也不适宜卵的成活和孵化。

2. 土壤环境　土质偏硬的碱性黏土地，有利于短额负蝗卵的孵化。

3. 天敌　短额负蝗的天敌较多，主要有豆芫菁、蚂蚁、蜘蛛、线虫和蛙类等。

四、防治措施

（一）农业防治

在春、秋季节铲除田埂、地边 5 厘米以上的土块及杂草，可将卵块暴露在地面晒干或冻死，也可重新加厚田埂，增加盖土厚度，使孵化后的蝗蝻不能出土。在入冬前发生量多的沟、渠边，利用冬闲深耕晒垡，破坏越冬虫卵的生态环境，减少越冬虫卵。

（二）物理防治

虫害发生严重时，可采取人工捕杀。

（三）化学防治

发生较重的年份，可在 7 月初至中下旬进行喷药防治，以后则视虫情隔 10 天防治 1 次。药剂可选用 2.5%高效氯氟氰菊酯乳油 1 000～1 500 倍液，或 0.5%苦参碱水剂 500～1 000 倍液，或 5%氟虫脲可分散液剂 1 000～1 500 倍液，或 50%辛硫磷乳油 1 500 倍液，或 20%氰戊菊酯乳油 3 000 倍液，或 48%毒死蜱乳油 1 000 倍液，或 2.5%溴氰菊酯乳油 4 000 倍液，或 5.7%氟氯氰菊酯乳油 800～1 000 倍液，或 5%氟虫脲可湿性粉剂 1 500 倍液等喷雾防治。

（四）生物防治

保护利用青蛙、蟾蜍、蜘蛛、蚂蚁、鸟类等捕食性天敌，一般发生年均可基本抑制该虫发生。

第十七节　蜗　　牛

蜗牛俗名水牛，属软体动物门（Mollusca）腹足纲（Gastropoda）。在我国危害大豆的蜗牛主要是灰巴蜗牛（*Agriolimx agrestis* Linnaeus）和同型巴蜗牛（*Bradybaena simlaris* Ferussac）2种，均属于柄眼目（Stylommatophora）巴蜗牛科（Bradybaenidae）。2种蜗牛外形相似，在田间混合发生，以前主要在雨水较多的南方地区发生。近年来，随着棚室蔬菜栽培的广泛应用和秸秆还田技术的大力推广，在我国北方地区蜗牛发生面积逐渐扩大，危害程度持续加重，已由次要害虫上升为主要害虫。

一、危害症状

蜗牛将大豆叶、茎舔食成孔洞或吃断，成贝食量较大，边吃边排泄粪便，具有暴食性。数量多时，大豆叶片被取食严重，甚至吃光，影响光合作用，从而导致豆荚少、豆粒少，严重影响产量。蜗牛危害后常引发病原菌污染，造成腐烂。在大豆子叶期，蜗牛可咬断幼苗，或全部吃光，造成缺苗断垄，甚至毁种。

二、形态特征

（一）灰巴蜗牛

1. 成贝　贝壳壳质坚硬而厚，黄褐色或略呈红褐色，壳体扁球形，壳高19～21毫米、宽20～23毫米，有5～6个螺层，壳的表面具有细而较密的生长线和螺纹，壳口椭圆形、脐孔缝隙状；头部发达，具有2对触角，前触角较短，后触角较长，眼位于后触角顶端；腹部足腺能分泌黏质状液体，干后呈银白色，所以在其爬行和取食过的地方可见银白色的弯曲线状痕迹。

2. 卵　圆形，直径2毫米，初产时湿润，乳白色具光泽，随后变为浅黄色，近孵化时呈土黄色，并且幼贝轮廓明显可见。幼贝深褐色或鼠灰色。

（二）同型巴蜗牛

1. 成贝　壳质厚，呈扁球形，壳高11.5～12.5毫米，宽15～17毫米，有5～6个螺层，底部螺层较宽大，螺旋部低矮。贝壳壳质厚而坚实，螺顶较钝，螺层周缘及缝合线上常有1条褐色线，个别没有。壳口马蹄状，口缘锋利，脐孔圆形，头上有2对触角，上方1对长，下方1对短小，眼着生其顶端。头部前下方着生口器，体灰色，腹部有扁平的足。幼贝形态与成虫相似，但体型较小，外壳较薄，淡灰色，半透明，内部贝体乳白色，从壳外隐约可见。

2. 卵 球形，0.8～1.4 毫米，初产乳白色，渐变淡黄色，后为土黄色，卵壳石灰质。

三、发生规律

（一）生活史

同型巴蜗牛和灰巴蜗牛都以成贝和幼贝在潮湿阴暗处，如菜田、绿肥田、灌木丛及作物根部、草堆下、石块下及房前屋后土缝中等越冬，壳口有白膜封闭。翌年 3 月当气温回升到 10～15 ℃时开始活动，先在豆类、麦类及油菜等作物上取食危害，蜗牛成贝于 4 月中旬开始交配产卵，5 月底至 6 月初为产卵高峰，气温偏低或多雨年份的产卵期可延迟到 7 月。成贝、幼贝于 4 月下旬后逐渐转移至棉花苗床、地膜棉、直播棉、移栽棉、春播大豆和直播玉米等秋熟作物上危害。在 7～8 月的盛夏干旱季节，蜗牛钻入土中，并且封闭壳口，不吃不动，蛰伏越夏。在此期间若环境条件适宜，蜗牛亦会伺机活动。进入 9 月前后当气温逐步下降到 20～25 ℃时，蜗牛再次复出活动，并且进行交配产卵和繁殖后代。在南方，蜗牛持续活动到 11 月底至 12 月初气温下降到 10 ℃以下时，才以成贝体、幼贝体进入越冬场所越冬。

（二）主要习性

同型巴蜗牛和灰巴蜗牛的卵都堆产于深 5 厘米的疏松表土层内。空气湿度和土壤含水量直接影响其活动。贝体畏光、怕热，喜阴暗、潮湿环境。白天光照强，蜗牛一般不活动，到傍晚空气湿度增加，蜗牛便纷纷从土内钻出觅食，整夜危害，翌日清晨，陆续爬回土内或隐蔽处，但在湿度大、光照弱的植株基部，多数个体白天亦可取食。阴天、细雨蒙蒙天，可整天危害。蜗牛有夜间躲在杂草、枝叶等覆盖物下栖息或取食的习性。爬行极慢，爬过之处，均留下黏液带，干燥后呈闪闪发亮的膜状痕迹。粪便呈暗绿色，细长、弯曲、条状。停止取食时，头部及肉足缩进壳口内，分泌黏液将壳口周缘附着在植株上，或钻进土内及其他隐蔽处。蜗牛为雌雄同体，异体受精，任何一个个体都能产卵。据观察，交配时间长达 12～18 小时，从交配到产卵需 15～20 天，卵期 15～25 天，幼贝历期 330～350 天，成贝寿命 210～350 天。每只蜗牛每年可产卵 6～7 次，而且蜗牛的生殖不受年龄的限制。在同等适宜的生殖条件下，蜗牛越大产卵量就越多。每成贝可产卵 30～235 粒，卵粒成堆状，多产于潮湿疏松的土里、枯叶下或沟渠边的杂草丛中。

（三）环境因子影响

1. 温、湿度 蜗牛最适宜活动的温度为 15～25 ℃，超过 25 ℃或低于 15 ℃，其活动逐渐减弱。产卵的适宜温度比活动的适宜温度要低 4～5 ℃。蜗牛一般在地面平均温度 9 ℃左右，或者月平均地温 8 ℃以上开始大量产卵。当地面温度超过 23 ℃时，产卵量显著下降；超过 25 ℃时，停止产卵。每年 9 月以后，随着温度下降，其产卵量时高时低，交替上升。在适合的温度条件下，其产卵量一般随湿度的高低而增减。大多数卵产在湿度为 75％的土壤中，干燥的土壤或过湿的土壤，对卵的孵化、胚胎发育都不利。水是蜗牛活动、繁殖、生存极为重要的因子。这是因为蜗牛的表皮具有渗透性，当空气干燥时，会不断丧失体内的水分。在适宜的温度条件下，雨量是影响蜗牛发生的决定因素。蜗牛的密度取决于活动期间的雨量和分布。若雨水多、分布均匀，则蜗牛发生密度偏高；雨水少或降雨集中，则发生密度低。阴天及日降雨少于 5 毫米的细雨蒙蒙天，蜗牛活动频繁，危害较重。

2. 作物品种　蜗牛较喜食多汁鲜嫩的植物组织。因此，大豆、蔬菜及各类作物在营养生长期和苗期常受害较重。

3. 土壤条件　土壤质地偏沙性、团粒结构好、疏松不板结、含水量 30％～45％、土表潮湿、且有杂草覆盖，有机质含量丰富，最有利于蜗牛的产卵、孵化及栖息活动。

4. 天敌影响　蜗牛的天敌有步行虫、蚂蚁、蛙类及病原微生物。此外，某些家禽、鼠、鸟类也可啄食蜗牛。

四、防治措施

防治蜗牛应防小控大，做好虫情调查，结合蜗牛的生活习性，采取多种防治措施。化学防治应在幼贝期，选择清晨及傍晚其活动和取食危害的高峰时间，注意阴雨天不要用药。施药后 15～20 天，根据防治效果，需再次进行防治，至大豆收获前 1 个月结束。

（一）农业防治

秋季耕翻土地，可使一部分卵暴露于表土上而爆裂，同时还可使一部分越冬成贝或幼贝翻到地面冻死或被天敌啄食。加强田间管理，清除田间及邻近杂草，清理地边石块和杂物等可供蜗牛栖息的场所。播种后和幼苗期田间，及时中耕翻晒土壤，降低田间虫口密度，减少发生量。

（二）物理防治

豆田周边开隔离沟或撒生石灰、草木灰、干细沙阻止蜗牛进入豆田。利用蜗牛危害的习性，于黄昏、清晨和阴雨天进行人工捕捉。也可用树叶、杂草、菜叶等作诱集堆，集中捕捉潜伏在诱集堆下的蜗牛。

（三）化学防治

1. 毒土毒饵法　6％四聚乙醛颗粒剂 0.5 千克/亩，或 6％甲萘·四聚颗粒剂 0.5 千克/亩，拌细土 225～300 千克，撒施在田间；或用 90％的晶体敌百虫 250 克与炒香的棉籽饼粉 5 千克拌成毒饵，于傍晚在田间撒施。

2. 药剂触杀法 50%辛硫磷乳油 1 000 倍液，或 90%晶体敌百虫 1 000～1 500 倍稀释喷雾。也可用 80.3%的克蜗净可湿性粉剂 170 倍稀释喷雾防治，或用 6%四聚乙醛颗粒剂 0.5～0.75 千克/亩均匀撒施防治。

(四) 生物防治

在清晨、傍晚或阴雨天气蜗牛活动期间，放鸭子到田间啄食蜗牛，但要注意回避作物的幼苗期和结实期，否则得不偿失。同时，要加强对步行虫等天敌的保护和利用。

第九章　主要刺吸害虫防控措施

第一节　大　豆　蚜

大豆蚜（*Aphis glycines* Matsumura），属半翅目（Hemiptera）蚜科（Aphididae）蚜属（*Aphis*），又名腻虫、蜜虫，是大豆的主要害虫之一，对大豆产量及品质造成一定影响。随着全球气候条件的改变，其发生面积和程度有逐年增加的趋势。大豆蚜的分布范围较广，主要分布于中国、日本、马来西亚、菲律宾、泰国、印度、韩国、印度尼西亚、越南和俄罗斯东部地区，并且在肯尼亚也有大豆蚜的分布。2000 年，大豆蚜又传入美国、澳大利亚。我国浙江、安徽、江西、广东、台湾、山东、河北、河南、内蒙古、宁夏、辽宁、吉林、黑龙江都有其分布，以东北地区以及河北、内蒙古发生严重。

一、危害症状

（一）直接危害

大豆蚜虫以刺吸式口器吸食植株茎叶中的汁液，导致叶片形成黄斑，随后黄斑逐渐扩大，并呈现褐色。一般发生年份，大豆蚜虫多集中在大豆植株的嫩叶与嫩茎；而发生严重时，蚜虫布满茎叶，遍及整个植株，造成植株矮小、茎叶发黄而卷缩，同时减少结荚和分枝数量，致使大豆产量降低。当大豆植株受到蚜虫危害后，其株高、SPAD（单株叶绿素相对含量）、叶面积和地上部干重均有所下降。

（二）间接危害

蚜虫感染病毒后不但直接危害大豆，而且还是多种植株病毒的传播者，如苜蓿花叶病毒（AMV）、大豆花叶病毒（SMV）、烟草环斑（TRSV）和马铃薯 Y 病毒（PVY）等。此外，与大豆的抗病虫能力紧密相关的过氧化物酶（POD）、多酚氧化酶（PPO）、苯丙氨酸解氨酶（PAL）会发生改变。蚜虫侵害后不同品系之间 POD、PPO 活性均有升高，与蚜虫的诱导存在相关性；蚜虫侵害诱导后 PAL 活性均有上升，抗蚜品系表现稳定，表明 PAL 活性与大豆的抗蚜性存在明显的相关性。此外，还表明蚜虫侵害前后大豆叶片组织内氨基酸、黄酮类物质、生物碱类、酚类等次生代谢产物的含量都发生了明显变化。其分泌的蜜露附着在大豆植株上也会影响大豆生长。

短期轻微的蚜害基本不会影响大豆的产量，但大豆蚜大发生年份如不及时防治，轻则减产 20%～30%，重则减产达 50% 以上。

二、形态特征

（一）无翅胎生雌蚜

体卵圆形，长约 1.6 毫米，淡黄色至黄绿色。触角较体短，无次生感觉圈；第 6 节鞭部为基部的 3 倍。腹管黑色，长圆筒形，基部稍宽，上具瓦状纹。尾片圆锥形，近中部收缩，有微刺形成的瓦纹，有长毛 7～10 根。

（二）有翅胎生雌蚜

体长卵形，长约 1.4 毫米，黄色或黄绿色。触角与体等长，第 3 节上有次生感觉圈 3～8 个，一般 5～6 个，排成 1 列，第 6 节鞭部为基部的 4 倍。腹管圆筒形，黑褐色，有轮纹，尾片圆锥形，黑色，中部略缢，有 6～8 根长毛。

三、发生规律

（一）生活史

大豆蚜每年可发生 10～22 代，黑龙江每年发生 15 代左右，在山东济南每年平均发生 20 代。随温度的变化每代历期为 2～16 天，温度越高每代的历期越短。无翅孤雌生殖雌蚜在环境温度为 26.6℃ 时产仔量最多，平均每头雌蚜产仔量为 58 头；有翅孤雌生殖雌蚜在环境温度 26.1℃ 时产仔量最多，平均每头雌蚜产仔量为 38 头。当环境温度为 20℃ 以下时，有翅蚜几乎不能产仔。大豆蚜在大豆田中的生活史可分为初发阶段、盛发阶段、消退阶段、回迁阶段共 4 个阶段。其中，每一个阶段都与大豆蚜在大豆田中的迁飞适期有着密切关系。

1. 初发阶段 初发阶段在 5 月末至 6 月初，有翅迁移蚜第 1 次从鼠李向大豆田迁飞（第 1 次迁飞）开始至 7 月上旬大量产生有翅蚜之前。大豆蚜迁入豆田后第 1 代全部产生无翅蚜，第 2 代有些个体可产生有翅蚜，扩大蔓延，造成大豆蚜在大豆田点片发生，数量不断增加。6 月下旬之前，大豆蚜扩散主要通过爬迁，所以扩散速度较慢，扩散范围较小。自 6 月下旬开始，有翅蚜逐渐出现，随着有翅蚜在大豆田中的迁飞扩散，从 7 月初至 7 月中旬，10 余天后有蚜株率几乎达到 100%，大豆蚜在大豆田中普遍发生。

2. 盛发阶段 盛发阶段自 7 月中旬大量产生有翅蚜至整个严重危害期，其中，包括大豆蚜 2 次在田间扩散迁飞过程。大豆开花以前，大豆蚜大量产生有翅蚜后，在田间扩散迁飞（第 2 次迁飞），这次迁飞对大豆蚜在大豆田中的整个生活史起到非常重要的作用，蚜虫的发生范围扩散到全田，大豆蚜有蚜株率达到 100%。此后，大豆蚜在大豆田中因生存空间扩大种群数量不断增加，有蚜株率继续保持在 100%，这一时期是造成大豆严重减产的主要时期，也是防治大豆蚜的最佳时期。至 8 月上旬，可再次大量产生有翅蚜，迅速扩散（第 3 次迁飞），这次有翅蚜产生的主要原因为不同大豆植株上的蚜虫基数不同，繁殖速度也有所不同，个别植株上的大豆蚜量过大，导致产生有翅蚜迁往蚜虫相对较少的豆株上，其后单株蚜量迅速上升，百株蚜量达到全年最大，其中，有翅蚜出现数量直接影响到其后大豆蚜在大豆田中的发生程度。

3. 消退阶段　8 月中旬至 9 月，由于大豆植株停止生长，气温较高和雨量较大，以及大豆蚜天敌数量增多，不利于大豆蚜发生与繁殖，蚜虫种群数量日渐消退。

4. 回迁阶段　9 月初以后，由于气候不适宜及大豆植株衰老，这时的大豆田生态系统已经不能为大豆蚜种群的繁衍提供必要的气候和营养条件，在大豆上虽然仍有大豆蚜，但繁殖力降低，大豆蚜开始产生乔迁型有翅蚜（性母），逐渐向冬寄主回迁（第 4 次迁飞），9 月下旬除个别孤雌型蚜虫外，大豆蚜已经全部迁出大豆田。

（二）主要习性

大豆蚜为乔迁类蚜虫，冬寄主（第一寄主）有鼠李、牛藤等，夏寄主（第二寄主）有大豆、黑豆和野生大豆。大豆蚜在东北、华北以卵在鼠李枝条芽腋或缝隙间越冬。在华北也有以卵在牛藤上越冬的报道。大豆蚜在大多数植株上的分布是十分不一致的。一般来讲，大豆蚜有强烈的趋嫩习性，喜欢取食幼嫩或开始衰老的叶片，它们在幼嫩或衰老的叶片上比在成熟叶片繁殖的快些。大豆蚜较长期地聚集在大豆植株上部的幼嫩部位危害，随着生长点的停止生长，营养条件和气候的改变，大豆蚜则由上部转移到下部叶片背面，同时蚜量迅速下降。

（三）环境因子影响

1. 气候条件　气候条件是影响大豆蚜种群量波动的关键因素。据东北调查，可分为两个阶段：一是 4 月下旬至 5 月中旬为越冬孵化，幼蚜成活和成蚜繁殖期，如雨水充沛鼠李生长旺盛，则蚜虫成活率高，繁殖量大；二是 6 月下旬至 7 月上旬，为大豆蚜盛发前期，此期内如旬平均温度达 20~24 ℃，旬平均相对湿度在 78% 以下极有利于大豆蚜繁殖，导致花期严重危害。

2. 越冬寄主　在越冬寄主鼠李分布广、数量多的地区，大豆蚜初发期一般较早，危害期较长；反之，则初发期偏晚。此外，鼠李上的越冬卵量也直接影响第二年春大豆田的蚜量。

3. 大豆品种　大豆抗蚜品种与感虫品种产量损失差异较大。大豆蚜在抗性品种上繁殖较慢，7 月上旬后大豆蚜繁殖下降期较感虫品种或高感品种大约早 5 天。

4. 天敌

（1）捕食性天敌。捕食性天敌主要有龟纹瓢虫、七星瓢虫、异色瓢虫、纵带纹瓢虫、大草蛉、中华草蛉、晋草蛉、马草蛉、食蚜蝇、小花蝽、黑食蚜盲蝽、大眼蝉长蝽、猎蝽、姬蝽、草间小黑蛛等。瓢虫天敌中，龟纹瓢虫、异色瓢虫和七星瓢虫为常见种类，龟纹瓢虫和异色瓢虫为优势种，应用异色瓢虫可以很好地控制田间蚜虫发生的数量。在大豆田释放异色瓢虫，10 天后对大豆蚜的防效高达 90％。通过试验，已准确建立了异色瓢虫对大豆蚜的捕食功能反应模型，宽纹纵条瓢虫、十四星瓢虫、粉点瓢虫也可较好地控制大豆蚜的种群数量。

（2）寄生性天敌。寄生性天敌主要是寄生蜂，包括菜蚜茧蜂、茶足柄瘤蚜茧蜂、白足蚜小蜂等。茶足柄瘤蚜茧蜂是最主要的寄生大豆蚜天敌，在大豆蚜种群高峰期时数量很大。寄生蜂种群内对寄主个体大小的选择性有差异，虽然大豆蚜成虫被寄生后的 3 天内仍可以继续繁殖，但是寄生蜂选择个体较大的大豆蚜的寄生会使大豆蚜种群数量明显地减少。

（3）病原真菌。能够侵染大豆蚜的真菌有弗氏新接蚜霉菌、块状耳霉、暗孢耳霉、冠耳霉、有味耳霉、新蚜虫疠霉、努利虫疠霉等。病原真菌受气候影响较大，不同种类适宜的温湿度范围也不一样。因此，出现及流行的季节也就不同。在山东，蚜虫流行病病原菌，夏季以弗氏新接蚜霉菌为主，春秋季则以努利虫疠霉和新蚜虫疠霉为主。在华北和东北地区，5～7 月温度较高的季节以耳霉属的一些种类为主，而秋季和春季引发蚜虫流行病的主要是新蚜虫疠霉和努利虫疠霉。

四、防治措施

防治大豆蚜应遵循合理施药、尽量保持田间优势天敌种群、早期防治、防止扩散蔓延危害的原则。

（一）农业防治

加强豆田整治培肥和种植结构调整。合理轮作，清洁田地，消除杂草，可以有效降低越冬虫数量。深翻地、中耕培土，不仅能破坏病虫越冬场所，而且能改善土壤的通透性。大豆蚜虫发生的轻重，与栽培形式关系密切，如大豆与玉米按照 8∶2 间作对大豆蚜虫控制效果最好，高峰期蚜量均低于大豆清种田及大豆与玉米按照 8∶8 间作田，基本可以有效地控制大豆蚜虫的危害。另外，套种油菜还可有效地增殖豆田天敌数量。

（二）物理防治

利用黑光灯与荧光灯在夜间进行蚜虫诱捕，用黄色粘蚜纸或者将黄色油漆涂在塑料薄膜上诱杀蚜虫。利用捕杀特黄板捕杀烟蚜，对烟蚜的平均防效达

89.2%，蚜传病毒病发病率降低了将近 20%，且不杀伤天敌。利用蚜虫的趋光性、趋黄性进行物理防治，具有良好的特效杀虫性，但速效性不如化学药剂，在蚜虫发生初期使用效果最好。

（三）化学防治

1. 种子处理　用大豆种衣剂包衣，既可防治早期蚜虫，又能防治地下害虫。可用高效内吸性农药，如用种子重量 0.2%～0.3%的 35%呋喃丹拌种。

2. 药剂喷施　防治大豆蚜虫，关键是早发现早防治。大豆蚜虫排出的蜜是蚂蚁很好的食料，因此如有蚂蚁在豆株上爬，就要及早发现。22.4%螺虫乙酯悬浮剂 2 000 倍液进行叶面喷雾，对天敌无害，且对大豆蚜控制效果显著。大豆田出现点片危害时，可用增效抗蚜威液剂 2 000 倍液，或 5%吡虫啉乳油 1 000～1 500 倍液，或 40%氧化乐果乳油 1 000 倍液，或 2.5%敌杀死乳油 2 000 倍液，或 70%吡蚜呋虫胺水分散粒剂 2 000 倍液，或 10%氟啶虫酰胺水分散粒剂 2 500～5 000 倍液。应注意轮换使用各种农药，减少蚜虫抗药性，并且保护天敌。鉴于大豆蚜虫抗药性及生态环境保护的需要，提倡选用高效、低毒杀虫药剂。

（四）生物防治

大豆蚜虫的天敌较多，包括捕食性瓢虫、寄生蜂、草蛉和食蚜蝇等，在天敌数量多时，可抑制蚜虫数量的增长。例如，在大豆田释放异色瓢虫，10 天后对大豆蚜的防效高达 90%。连续多年的豆田放蜂试验表明，日本豆蚜茧蜂可使大豆蚜的寄生率达 56%以上，在中等发生年份可将大豆的卷叶率控制在 1%以下。

第二节　烟 粉 虱

烟粉虱（*Bemisia tabaci* Gennadius），属半翅目（Hemiptera）粉虱科（Aleyrodidae），可危害茄科、葫芦科、十字花科、菊科、豆科、锦葵科、大戟科、葡萄科、旋花科等 900 多种植物，其中包括番茄、黄瓜、辣椒等蔬菜及大豆、棉花等多种作物。烟粉虱广泛分布于亚洲、欧洲、非洲、美洲等 90 多个国家和地区，我国新疆、河北、北京、天津、陕西、山西、安徽、上海、浙江、湖北、江西、福建、台湾、广东、广西、海南、四川、云南、贵州、甘肃等地均有分布。

一、危害症状

烟粉虱对作物的危害主要体现在以下 3 个方面：一是直接刺吸植物汁液，造成植物干枯、萎蔫，严重时直接枯死，烟粉虱以成虫、若虫直接群集在叶背刺吸汁液，造成植株衰弱，导致受害植株叶片正面出现褪绿色斑，虫口密度高时出现成片黄斑，严重影响作物产量和品质；二是若虫与成虫分泌蜜露，诱发煤污病和霉菌寄生，影响植物的光合作用和外观品质；三是传播植物病毒，诱发植物病毒病，其所造成的危害比前两种要严重得多。据统计，烟粉虱可以在30种植物上传播70种以上的病毒病，不同生物型传播不同的病毒。烟粉虱带毒率高，取食寄主10～64分钟后即可传毒，并可终身带毒，持毒能力可达14～21天。烟粉虱在23～32℃范围内均可生长发育，发育历期随温度的升高而缩短，存活率和产卵量随温度的升高而升高。

二、形态特征

1. 成虫　体长约1毫米，虫体淡黄白色至白色，虫体及翅有细微的白色蜡质粉状物。复眼肾脏形，单眼2个，靠近复眼；触角发达，共7节；喙从头部下方后面伸出；跗节2节，约等长，端部具2个爪；翅2对，休息时呈屋脊形，前翅有2条翅脉，第1条翅脉不分叉。

2. 卵　长约0.2毫米，长梨形，初产时淡黄绿色，孵化前颜色加深，呈深褐色，但不变黑。以短柄黏附并竖立在叶片背面，卵柄通过产卵器插入叶内。卵散产，在叶背分布不规则。

3. 若虫　若虫4龄，1龄若虫长约0.21毫米，有1对3节的触角和3对4节的足，能爬行迁移。有体毛16对，腹末端有1对明显的刚毛，腹部平，背部微起，淡绿色至黄色可透见2个黄色点。一旦成功取食合适寄主的汁液，就固定下来取食直至成虫羽化。第1次蜕皮后，即2龄时，触角及足退化至仅1节，体缘分泌蜡质，固着危害。3龄蜕皮后形成伪蛹，即4龄若虫，蜕下的皮硬化成蛹壳。

4. 伪蛹　在解剖镜下观察，伪蛹淡绿色或黄色，长0.6～0.9毫米；蛹壳边缘扁薄或自然下陷无周缘蜡丝；胸气门和尾气门外常有蜡缘饰，在胸气门处呈左右对称；蛹背蜡丝有无常因寄主而异。在制片镜下观察，瓶形孔三角形舌状；顶部三角形具1对刚毛；管状肛门孔后端有5～7个瘤状突起。

三、发生规律

（一）生活史

烟粉虱的生活史由卵期、4龄若虫期和成虫期组成，通常人们将第4龄若虫称为蛹。烟粉虱繁殖速度快，世代重叠。在我国南方，烟粉虱每年发生11～15代；在我国北方露地不能越冬，保护地可常年发生，每年繁殖10代以上，呈现明显的世代重叠现象。温暖地区，过冬在杂草和花卉上；冷凉地区，在温室作物、杂草上过冬。春季和夏季迁移至经济作物，当温度上升时，虫口数量迅速增加，一般在夏末暴发成灾。在不同寄主上，烟粉虱的发育时间各不相同，在 25 ℃条件下，从卵发育到成虫需要 18～30 天。成虫喜在作物幼嫩部位产卵，初产时淡黄色，以后颜色逐渐加深，至孵化前变为黑褐色，卵期 3～5 天。若虫淡绿色，1 龄若虫具有相对长的触角和足，较活跃，2～4 龄若虫足和触角退化，在叶片上固定不动，若虫期 15 天左右。成虫通过第 4 龄若虫背面的 T 形线羽化出来，体黄色，翅白色无斑点。夏天成虫羽化后 1～8 小时内交配；秋季、春季羽化后 3 天内交配。成虫寿命一般为 2 周，长则可达 1～2 个月。成虫对黄色敏感，有强烈趋性，还可在氮肥施用量高、水分少的敏感作物上排泄很多蜜露，造成烟煤病发生严重。当受害植株萎蔫时，成虫大量迁出。每雌产卵 160 粒左右，高者可达 500 粒以上。

（二）主要习性

刚孵化的烟粉虱若虫在叶背爬行，寻找合适的取食场所，数小时后即固定刺吸取食，直到成虫羽化。成虫喜欢群集于植株上部嫩叶背面吸食汁液，随着新叶长出，成虫不断向上部新叶转移。故出现由下向上扩散危害的垂直分布。最下部是蛹和刚羽化的成虫，中下部为若虫，中上部为即将孵化的黑色卵，上部嫩叶是成虫及其刚产下的卵。成虫喜群集，不善飞翔，对黄色有强烈的趋性。

（三）环境因子影响

1. 气象因素　该虫在干、热的气候条件下易暴发，适宜的温度范围宽，耐高温和低温的能力均较强，发育适宜的温度范围在 23～32 ℃。光周期对烟粉虱种群增长影响显著，表现为光照时间越长（9～18 小时）越有利于该虫的发育，其发育速率、存活率、成虫寿命及产卵量、种群增长指数都随之增大。不同湿度对烟粉虱种群也有影响，低湿有利于烟粉虱种群的发生和增长，相对湿度控制在 60％左右有利于温室内烟粉虱种群的增长。

2. 耕作栽培　由于作物结构调整，适生寄主增多，连插花种植都有利于烟粉虱的发生。另外，随着设施栽培增多，增加了烟粉虱的越冬场所及越冬数量，这也是近年来烟粉虱逐年加重危害的重要原因之一。

3. 天敌　目前已发现烟粉虱寄生性天敌 45 种、捕食性天敌 62 种和寄生真菌 7 种。我国烟粉虱的天敌资源丰富，寄生性天敌主要有粉虱蚜小蜂、丽蚜小蜂，其中，粉虱蚜小蜂为优势种。捕食性天敌主要有捕卵赤螨、瓢虫、南方小花蝽、蜘蛛等，以及一些寄生真菌。但近年来由于不合理大量使用化学农药，使农田生态系统中自然天敌减少，对烟粉虱的自然控制作用减弱，这也是造成烟粉虱暴发成灾的重要原因之一。

四、防治措施

烟粉虱抗药性强，体表密被一层蜡粉，杀虫剂很难渗入其体内，化学防治效果差；烟粉虱成虫体小且具有 2 翅，能借风向长距离扩散。这些因素给烟粉虱的防治带来极大的困难。当烟粉虱暴发危害时，单一使用某种防治措施不能持续有效控制，只有采取以农业防治为基础，综合运用物理、生物、化学等防治措施才能减少危害，将损失降到较低水平。

（一）农业防治

种植前及收获后，及时清洁田园，有效减少烟粉虱越冬的寄主；有条件的地区与玉米等禾本科作物实行大面积轮作，可有效控制虫源。

（二）物理防治

烟粉虱对黄色有强烈趋性，可在温室内设置黄板诱杀成虫。可用油漆将 1 米×0.2 米长条的纤维板涂为橙皮黄色，再涂上 1 层黏油（用 10 号机油加少许黄油调匀）。将黄板均匀悬挂于植株上方，黄板底部与植株顶端相平，或略高于植株顶端。当烟粉虱粘满板面时，需及时涂黏油，一般可 7～10 天重涂 1 次。在黄板的不同方位上，成虫的诱集量也不同，北向黄板上成虫的诱集量明显少于东、南、西 3 个方向，这可能与北向黄板位于背光面有关。在秋季，烟粉虱在全天中的活动以早上至中午时分较为强烈，尤其是正午前后。因此，黄板一方面可诱杀成虫，另一方面也可提供监测。

（三）化学防治

1. 灌根法　幼苗定植前可选用内吸杀虫剂 25％噻虫嗪（阿克泰）水分散粒剂 6 000～8 000 倍液，30 毫升/株进行灌根，对烟粉虱等刺吸式口器害虫具良好预防和控制作用。

2. 喷雾法　在烟粉虱虫口密度较低时（2～5 头/株）施药是化学防治成功的关键。可选用 25％噻虫嗪水分散粒剂 5 000～6 000 倍液，或 10％吡虫啉可湿性粉剂 2 000～2 500 倍液，或 25％噻嗪酮可湿性粉剂 1 000～1 500 倍液，或 2.5％联苯菊酯乳油 1 500～2 500 倍液，或 1.8％阿维菌素乳油 2 000～2 500 倍液，或 22.4％螺虫乙酯悬浮剂 2 000 倍液，或 99％矿物油（绿颖）乳油 200～300 倍液等，10 天左右喷雾 1 次，连喷 2～3 次。

3. 烟雾法　棚室内可选用 20％异丙威烟剂 0.25 千克/亩等，在傍晚收工时将温室、大棚密闭，把烟剂分成几份点燃熏烟杀灭成虫。

（四）生物防治

在对烟粉虱的综合治理中，生物防治是十分重要的防治手段。烟粉虱的天敌资源丰富，其寄生性天敌有膜翅目昆虫，捕食性天敌有鞘翅目、脉翅目、半翅目昆虫和捕食螨类，以及一些寄生真菌。充分利用和保护如瓢虫、草蛉等捕食性天敌以及丽蚜小蜂等寄生性天敌，可在烟粉虱成虫平均 0.5 头/株时，即可第 1 次放蜂，按 3～5 头/株，7～10 天放蜂 1 次，放 3～5 次。第 1 次 3 头/株，以后 5 头/株，原则上蜂虫比以 3∶1 为宜。同时，可选一些伪青霉菌、白僵菌等生物杀虫剂，既保护了天敌和环境，又可起到防治烟粉虱的作用。

第三节　红　蜘　蛛

大豆红蜘蛛是危害大豆叶螨类的总称，主要包括朱砂叶螨（*Tetranychus cinnabrinus* Boisduval）、棉红蜘蛛（*T. urticae* Koch）、豆叶螨（*T. phaselus* Ehara）等，属蜱螨目（Acari）叶螨科（Tetranychidae），俗名火龙、火蜘蛛。大豆红蜘蛛分布广泛，我国大豆产区均有分布，黑龙江受害较重。它不仅危害豆类，还可危害小麦、玉米、高粱、谷子、麻类、瓜类、茄子以及一些花卉等，是一种食性很杂、体态很小的昆虫。

一、危害症状

大豆红蜘蛛的成虫、若虫均可危害大豆，在大豆叶片背面吐丝结网并以刺吸式口器吸食叶汁，受害豆叶最初出现黄白色斑点，以后随红蜘蛛增多，网间略具红色斑块且有大量红蜘蛛潜伏，造成受害叶片局部甚至全部卷缩、枯焦变黄色或红褐色，叶片脱落甚至光秆，严重时整株死亡。大豆红蜘蛛首先危害大豆下部叶片，而后逐渐向中、上部蔓延。大豆田田间杂草多或植株稀疏的，发生较重。

二、形态特征

1. 成虫　雌虫背面观呈卵圆形，体长约 0.5 毫米，宽约 0.3 毫米。春、夏活动时期虫体通常呈淡黄色或黄绿色，眼的前方呈淡黄色。从夏末开始出现橙色个体，深秋时橙色个体增多，为越冬雌虫。躯体两侧各有黑斑 1 个，其外侧 3 裂，内侧接近体躯中部。雄虫背面观略呈菱形，体长约 0.4 毫米，宽约 0.2 毫米，体色与雌虫同。

2. 卵　圆球形，直径约 0.1 毫米，初产时透明无色，或略带乳白色，后转变为橙红色。

3. 幼虫　体近圆形，长约 0.15 毫米，宽约 0.1 毫米，体色透明，取食后体色变为暗绿色，足 3 对。

4. 若虫　分为第 1 若虫及第 2 若虫，均具足 4 对。第 1 若虫体长约 0.2 毫米，宽约 0.15 毫米，体略呈椭圆形，体色变深，体侧露出较明显的块斑。第 2 若虫仅雌虫有，体长约 0.4 毫米，宽约 0.2 毫米。

三、发生规律

（一）生活史

大豆红蜘蛛 1 年能发生 8～20 代，由北向南逐步增加。发生代数与气象条件关系密切。以成虫在寄主枯叶下、杂草根部或土缝里越冬，第2年4月中下旬成虫开始活动，先在小蓟、小旋花、蒲公英、车前草等杂草上繁殖危害，6～7月转移到大豆上危害，7月中下旬至8月初随着气温增高，繁殖速度加快，迅速蔓延进入危害盛期，8月中旬后逐渐减少，到9月随着气温下降，开始转移到越冬场所，10月开始越冬。

（二）主要习性

大豆红蜘蛛成虫喜群集于大豆叶片背面吐丝结网并危害。卵散产于豆叶背面丝网中。雌虫一生可产卵70～130粒。卵期10天左右，即可孵化为幼虫。幼虫在夏季约经2天（早春及晚秋期较长）即蜕皮成为成虫。幼虫及1龄若虫体小而弱，不甚活动。2龄若虫则很活泼，食量也大，善于爬行转移，有时亦可随风传播扩散。所以，在田间常呈现出从田边或田中央先点片发生，再蔓延到全田发生的特点。

（三）环境因子影响

1. 温、湿度　大豆红蜘蛛每一世代所需时间，因温、湿度条件不同，变化很大，自卵到老熟成虫所需时间，在平均温度22℃时近11.5天，16℃时则需12天，12℃时需30天之久。因此，6～7月高温、干旱持续时间长（14天以上），繁殖最快，危害也重。其繁殖最适宜的温度是28～30℃，最适宜相对湿度在35％～55％。在平均温度高于23℃、相对湿度50％左右时，繁殖速度最快。低温、多雨时对红蜘蛛的繁殖不利，低温、暴雨更为不利于繁殖。

2. 品种　茸毛是品种对红蜘蛛抗性形成的关键性状。大豆受危害程度直接与叶片上附着的红蜘蛛数量有关。在静态条件下，叶片上红蜘蛛数量会以指数形式增长。但是，在田间自然生态条件下，风和降雨对叶片的振动就会不同程度地引起红蜘蛛脱离叶片。而红蜘蛛在系统发育的过程中，形成了吐丝结网的本能，以便于保护自己不致受外力时脱离植物叶片。红蜘蛛在叶面上结网难度和稳定性的必要条件，将取决于叶面的表面结构。茸毛是叶面的特征构造，其形状与结构均有利于红蜘蛛吐丝做网。致密及较长的茸毛有助于红蜘蛛筑构牢固的网络体系而实现有效保护。灰色茸毛与棕色茸毛相比较，一般而言，灰色茸毛较为稀疏和细小，其在减少叶片红蜘蛛附着量的作用上，与茸毛密度和长度相一致。另外，大豆早熟品种受害轻而晚熟品种受害重。

3. 天敌　红蜘蛛的天敌有草蛉、深点食螨瓢虫、小花蝽等，它们对控制红蜘蛛的田间种群数量起着重要作用。

四、防治措施

（一）农业防治

大豆红蜘蛛在植株稀疏、长势差的地块发生重，而在长势好、封垄好的地块发生轻。因此，农业防治的关键：一是要保证保苗率，施足底肥，并要增加磷钾肥的施入量，以保证苗齐苗壮，后期不脱肥，增强大豆自身的抗红蜘蛛危害能力；二是要加强田间管理，及时进行田间除草，对化学除草效果不好的地块，要及时采取人工除草办法，将杂草铲除干净，可有效减轻大豆红蜘蛛的危害；三是要合理灌水，在干旱的情况下，要及时进行灌水，有条件的可采取喷灌的方法而效果更佳。实践证明，只要田间不旱，大豆长势良好，大豆红蜘蛛就很难发生起来。

（二）化学防治

根据大豆红蜘蛛在田间的发生特点，应在其发生初期开始防治，做好田间虫情调查。当发现田间红蜘蛛处于点、片发生阶段，大豆卷叶株率达 10％时，即应喷药进行防治。防治方法以挑治为主，即哪里有虫防治哪里，重点地块重点防治。不但可以减少农药的使用量，降低防治成本，还可以提高防治效果。可结合防治蚜虫选用 73％炔螨特乳油 3 000 倍液，或 40％三氯杀螨醇 1 000 倍液，或 25％克螨特乳油 3 000 倍液，或 23％阿维乙螨唑悬浮剂 8 000 倍液等喷雾，连喷 2～3 次。田间喷药最好选择晴天 16:00～19:00 进行，重点喷施大豆叶片的背面。喷药时要做到均匀周到，叶片正、背面均应喷到，才能收到良好的防治效果。

（三）生物防治

有机大豆可选用 1.8％阿维菌素乳油、0.3％印楝素乳油 1 500～2 000 倍液，或 10％浏阳霉素乳油 1 000～1 500 倍液，或 2.5％华光霉素 400～600 倍液喷雾，干旱条件下加喷植物型喷雾助剂等。

第四节　点蜂缘蝽

点蜂缘蝽（*Riptortus pedestris* Fabricius），又称白条蜂缘蝽、豆缘椿象，属于半翅目（Hemiptera）缘蝽科（Coreidae），是豆科作物上一种常见的害虫。点蜂缘蝽的地理分布广泛、寄主种类众多，在中国分布于北京、天津、辽宁、吉林、河北、河南、湖北、陕西、甘肃、江苏、浙江、安徽、江西、四川、贵州、西藏、广东、广西、福建、云南、海南、台湾等省份；在国外分布于东亚和东南亚地区，包括韩国、日本、印度、巴基斯坦、斯里兰卡、缅甸、马来西亚等。已知寄主植物 13 科 30 余种，包括豆科大豆、蚕豆、豇豆、绿豆、菜豆、白芸豆、赤小豆、香花崖豆藤、毛蔓豆、刺槐，胡麻科芝麻，禾本科水稻、小麦、大麦、野燕麦、高粱、稷、甘蔗，葫芦科丝瓜，睡莲科莲子，蔷薇科苹果、桃、梨，旋花科甘薯，芸香科柑橘，桑科桑，漆树科杧果，椴树科黄麻，锦葵科棉花，柿树科柿树，在国内外均以豆科植物为主要寄主。

一、危害症状

（一）直接危害

以成虫及若虫刺吸植株汁液，致使植株生长发育不良，荚果不饱满。当大豆开始结实时，往往群集危害，造成蕾、花凋落，荚而不实或形成瘪粒、畸形，受害豆荚上留有针孔样黑褐色圆点，危害严重时全株枯死，颗粒无收。

（二）间接危害

在刺吸植株汁液的同时传播病原菌，致使大豆籽粒污斑或霉烂，严重影响大豆产量及品质。Kimura 等从大豆籽粒上分离鉴定为酵母菌（*Eremothecium coryli*）、核黄菌（*Eremothecium ashbyi*），这 2 种菌是大豆籽粒酵母菌斑病（Yeast spot disease）的致病原菌，随后证实点蜂缘蝽是这 2 种菌首要的介体昆虫，其成虫、若虫的带菌率分别为 77.7%、11.5%，传播率为 81.6%。

二、形态特征

1. 成虫 体长 15～17 毫米、宽 3.6～4.5 毫米，狭长，黄褐色至黑褐色，被白色细绒毛。头在复眼前部呈三角形，后部细缩如颈、头、胸部两侧的黄色光滑斑纹呈点斑状或消失。前胸背板及胸侧板具许多不规则的黑色颗粒，前胸背板前叶向前倾斜，前缘具鳞片，后缘有 2 个弯曲，侧角呈刺状。腹部侧接缘稍外露，黄黑相间。足与体同色，胫节中段色浅，后足腿节粗大，有黄斑，腹面具 4 个较长的刺和几个小齿，基部内侧无凸起，后足胫节向背面弯曲。腹下散生许多不规则的小黑点。

2. 卵 长约 1.3 毫米、宽约 1 毫米，半椭圆形，附着面呈弧状，上面平坦，中间有一条不太明显的横形带脊。

3. 若虫 1～4 龄体似蚂蚁，5 龄体似成虫，仅翅较短。

三、发生规律

（一）生活史

据调查，在中国的河北廊坊、北京、江西南昌以及韩国 1 年发生 3 代，不同地区因气候条件不同各代历期略有差异。以成虫在田间残留的秸秆、落叶和草丛中越冬，在北京地区，3 月下旬至 4 月上旬越冬成虫开始活动，5 月中旬至 7 月上旬产卵，6 月上旬至 7 月中旬若虫孵化，7 月上旬至 8 月上旬羽化为第 1 代成虫；7 月中旬至 8 月中旬成虫交配产卵，第 2 代若虫于 7 月下旬至 8 月下旬孵化，8 月上旬至 9 月中旬羽化为第 2 代成虫；9 月上旬至 10 月下旬产卵，9 月中旬末至 11 月初孵化，10 月上旬至 11 月中旬羽化为第 3 代成虫，11 月下旬以后进入越冬。

（二）主要习性

成虫羽化后需要取食花器及豆荚的汁液，补充营养，才能正常发育及繁殖。雌虫每次产卵 7～21 粒，一生可产 12～49 粒，多产于叶背、嫩茎和叶柄上。成虫和若虫极活泼，善于飞翔，反应敏捷，晨昏温度低时反应稍迟钝，阳光强烈时多栖息在大豆叶背面。点蜂缘蝽的习性与条蜂缘蝽相似，在豆科作物及稻田内常混合发生。成虫有很强的飞行能力，若虫有较强的转移活动能力。雄虫的最快飞行速度是 10.8 千米/小时；雄虫最大飞行距离可达 3.1 千米/天，雌虫最大飞行距离可达 4.6 千米/天，性别上无显著差异。飞行速度受温度影响，在 29 ℃时最高，在 19 ℃时最低。1 龄若虫爬行距离仅为 1.78 米/小时，2～5 龄若虫爬行距离为 3.4～4.28 米/小时。这表明 1 龄幼虫在田间孵化后很少移动，运动能力最差，最远距离为 9.3 米；3 龄若虫运动能力最强，最远距离可达 80.8 米。3～5 龄若虫的潜在运动距离（24 小时步行距离×潜在寿命）约为 340 米，而 1～2 龄若虫约为 180 米。1 龄幼虫的运动能力在感光期和暗期无差异，2～5 龄若虫感光期的运动能力显著高于暗期。雄虫在与同性的争斗中以膨大的后足作为武器，具有较大后足的个体更容易赢得争斗。雄虫的后足一般比雌虫膨大。体型较大的雄虫其腿节更大，而体型较大的雌虫其腿节并无明显膨大。雄虫的胸、腹部长度较雌虫长。雄虫通常背对竞争者举起腹部，以作对抗。

（三）环境因子影响

1. 气象因素　点蜂缘蝽卵期、若虫期、成虫期的发育起点温度分别为 (12.58±0.46)℃、(15.98±1.65)℃、(15.27±3.99)℃。卵期、若虫期、成虫期的有效积温分别为（102.32±3.73）日度、（203.28±31.10）日度、（103.94±5.18）日度。在温度 16～32 ℃范围内，各虫态的发育历期均随温度的升高而缩短，发育速率与温度呈显著正相关。在 24 ℃条件下，单雌产卵量最高为 87.39 粒，24 ℃条件下种群趋势指数值最高（为 14.30），在 16 ℃条件下，点蜂缘蝽不能完成个体发育，32 ℃条件下，雌成虫未见产卵。随温度的升高，点蜂缘蝽的存活率呈现先增后减的趋势。光周期对昆虫的滞育起着重要的信息作用，是引起昆虫滞育的主要因子。点蜂缘蝽在短日照（小于 13.5 小时）条件下进入生殖滞育期。

2. 寄主植物　点蜂缘蝽在大豆、豇豆、白芸豆、绿豆、赤小豆上均可完成个体发育，其中，白芸豆发育最慢，死亡率最高（93%），寿命最短（18 天），在大豆、豇豆、赤小豆上繁殖力较高，在豇豆上的卵成功孵化率最高，豇豆可能是促进个体发育和繁殖的有益食物来源，最适寄主植物是大豆。成虫更偏好大豆籽粒，豆荚的硬度和荚毛性质对点蜂缘蝽刺吸行为有负面影响。

3. 天敌　已发现的捕食性天敌多为广谱性捕食者，而专一性寄生性天敌和捕食性天敌未见报道。国内已知的天敌有球腹蛛、长螳螂、蜻蜓和黑卵蜂等，国外已知的天敌有6种天敌昆虫和1种昆虫病原菌。其中，黑螋卵跳小蜂为大豆田间的优势种类。

四、防治措施

（一）农业防治

根据当地的气候、土壤条件等，因地制宜选种抗性品种。实行轮作倒茬，合理安排茬口，适时播种，合理密植。科学施肥，合理灌溉，增施有机肥或土壤改良，增强大豆机体抵抗力。及时铲除田间及周围早花早实的野生杂草，避免其成为点蜂缘蝽的早春过渡寄主。收获后进行深耕，清理田间及周围的秸秆、杂草、枯枝落叶，压低越冬虫源基数。

（二）化学防治

拟除虫菊酯是一种目前对该虫杀虫毒力和活性较高的杀虫剂，属于广谱、中毒、低残留型药剂，以触杀和胃毒作用为主，尤其对刺吸式口器害虫防治效果较好。典型药剂为2.5%溴氰菊酯乳油2 000～2 500倍液、5%高效氯氟氰菊酯微乳剂1 000倍液、20%氰戊菊酯2 000倍液均匀喷雾。由于点蜂缘蝽生活周期较短，1年可繁殖2代，甚至3代，且成虫和若虫均可危害。因此，为确保防治效果，在大豆开花盛期和鼓粒前期，根据虫量的变化，再喷施2～3次，剂量相同或略有增加。10%吡虫啉可湿性粉剂、1.8%阿维菌素乳油也是防治刺吸类害虫的有效药剂，药液传导至植株各处，害虫吸汁后中毒死亡。使用量2 000～2 500倍液喷雾。施药时期和次数与2.5%溴氰菊酯乳油相同。如果2种药剂交替使用效果更好，有利于减缓害虫抗药性的产生。施药时，宜在早晚气温低时进行，此时，点蜂缘蝽活动迟钝，防治效果较好；中午时分和高温天气，点蜂缘蝽躲在豆叶背面，略有响动便四处躲避，不易直接触杀。同时，要掌握害虫繁殖初期及时防治的原则，以提高防治效果。鉴于点蜂缘蝽的飞行和移动能力较强、寄主较多，建议实施大面积统防统治。

（三）生物防治

保护、利用自然天敌。捕食性天敌球腹蛛、长螳螂和蜻蜓，以及寄生性天敌黑卵蜂等对控制点蜂缘蝽的发生危害具有重要作用。

第五节　稻绿蝽

稻绿蝽（*Nezara viridula* Linnaeus），属半翅目（Hemiptera）蝽科（Pentatomidae），别名打屁虫、屁巴虫。此虫分布广泛，国内除新疆、宁夏、黑龙江尚无记载外，其他各省份均有分布，是重要的粮食和油料作物害虫之一。

一、危害症状

稻绿蝽食性杂，危害寄主种类较多，有水稻、豆类，果蔬、林木等70余种植物。其中，严重被害的有水稻、大豆、玉米、小麦、菜豆等；被害较重的有向日葵、南瓜、柑橘、香樟、蚕豆、烟草等；被害较轻的有高粱、油菜、马铃薯、甘薯、苹果、桑树等。成、若虫刺吸植物的茎叶，果实汁液，致使叶片褪绿、萎蔫，果实小且畸形。危害大豆，开花结荚期至收获期危害最盛，以成虫及若虫危害嫩芽及嫩叶的叶柄甚至嫩荚，尤以若虫群集危害影响最大。危害严重时，可以造成顶芽及腋芽萎垂、干枯。危害嫩荚，轻者不饱满，重者不结实，豆浆汁少，味苦。

二、形态特征

（一）成虫

稻绿蝽成虫有多种变型，各生物型间常彼此交配繁殖，所以在形态上产生多变。

1. 全绿型　体长12~16毫米，宽6~8毫米，椭圆形，体、足全鲜绿色，头近三角形，触角第3节末及4、5节端半部黑色，其余青绿色。单眼红色，复眼黑色。前胸背板的角钝圆，前侧缘多具黄色狭边。小盾片长三角形，末端狭圆，基缘有3个小白点，两侧角外各有1个小黑点。腹面色淡，腹部背板全绿色。

2. 点斑型　体长13~14.5毫米，宽6.5~8.5毫米。全体背面橙黄色到橙绿色，单眼区域各具1个小黑点，一般情况下不太清晰。前胸背板有3个绿点，居中的最大，常为菱形。小盾片基缘具3个绿点中间的最大，近圆形，其末端及翅革质部靠后端各具一个绿色斑。

3. 黄肩型　体长13~14.5毫米，宽6.5~8.5毫米。全体背面橘红色到深黄色，小盾片绿色，基缘具3个黄白小点或隐现，基角处黑点稍大。

（二）卵

长0.98~1.1毫米，宽0.64~0.70毫米。保温杯形，竖置。初产时淡黄白色，中期鲜黄色，近孵化时橘红色。假卵盖周缘具一黄褐色环纹，上有白色短棒状精孔突24~30枚。假卵盖稍突起，卵壳上被有少量白色绒毛。

（三）若虫

1龄体长1.2~1.7毫米，宽0.9~1.3毫米。椭圆形，初孵时橙黄色，后变黄褐色或赤褐色，胸部暗褐色，中央有1个圆形黄斑，第2腹节有1个长形白斑，第5、6腹节近中央两侧各有4个黄斑，排成梯形。胸、腹边缘具半圆形橘黄斑。2 龄体长 2.0～2.3 毫米，宽 1.8～2.1 毫米，黑色，或头、胸和足黑色，腹部绿色；前、中胸背两侧各有 1 黄斑，腹背第 1、2 节有 2 个长形黄白色斑，第 3、4 节背面中央各具 1 隆起黑斑，上有臭腺孔各 1 对。3 龄体长 4.0～4.5 毫米，宽 3.0～3.7 毫米。黑色，或头、胸黑色，腹部绿色。第 1、2 腹节背面有 4 个横长形的浅黄白斑，第 3 腹节至腹末背板两侧各具 6 个，中央两侧各具 4 个对称的浅黄白斑。小盾片和前翅芽初现。4 龄体长 5.2～7.5 毫米，宽 3.8～5.2 毫米。体色变化较复杂，多数个体头部有一倒 T 形黑斑，中胸黑色，腹部绿色。体上斑纹同 3 龄。小盾片明显，前翅芽达第 1 腹节后缘。5 龄体长 7.5～12.0 毫米，宽 5.4～6.1 毫米。底色绿，触角第 3、4 节黑色。前胸与翅芽上散生黑点，前翅芽达第 3 腹节前缘，外缘橙红色，腹部背面第 2、3、4 节中央各具 1 个红斑，第 3、4 节红斑两端各具 1 对臭腺孔，腹部边缘的半圆形斑也为红色。足赤褐色，跗节黑色。

三、发生规律

（一）生活史

1 年发生代数，我国南北各不相同。山东为 2 代，广东为 4 代，江西、南昌则为 3 代，并有世代重叠现象。各地均以成虫在杂草丛中、土缝、树洞、林木茂盛处越冬，常有聚集一处习性。4 月中旬左右气温稳定上升达到 15～16 ℃时越冬成虫迁移到小麦、马铃薯及蔬菜上取食，随后陆续转移到早稻、玉米等寄主上危害繁殖，6 月下旬至 8 月上旬出现第 1 代成虫，陆续迁入到大豆、芝麻、水稻等寄主上繁殖危害；8 月中旬至 9 月下旬第 2 代成虫陆续羽化，第 2 代后期成虫可以越冬；10 月上旬至 11 月上旬第 3 代成虫陆续羽化迁至越冬场所，后期若虫来不及羽化而被淘汰。

（二）主要习性

成虫羽化后停息 1 天左右即开始取食，常集中危害花穗、幼荚和嫩果，并具有较强的趋光性。扑灯时间在每夜 1:00～5:00，尤以 3:00～5:00 最盛。全年扑灯盛期为 5 月上中旬，7 月中旬，9 月上中旬和 10 月下旬至 11 月上旬。前 3 次扑灯盛期恰好是各代成虫的产卵盛期。后一次扑灯盛期则在越冬前。羽化后 5～13 天开始交尾，一生可交 1～5 次，每交尾一次产一次有效卵。日夜均可进行交尾，但以 15:00～17:00 为最盛，每次持续 2～5 小时或更久些。在强日照下，成虫多栖息于嫩头、果荚（穗）间。雌虫交尾后 3～28 天开始产卵。卵多产于寄主植物的叶片、嫩茎或果荚上。聚生，每块 19～132 枚不等，有规则的排成 2～9 行。初孵若虫停息于卵壳上，1.5～2.0 天后即开始在卵壳附近取食，取食后返回卵壳上栖息，少数 2 龄若虫也有返回卵壳上栖息的习性。3 龄后才扩散危害。若虫喜食嫩叶和嫩头（嫩秆）。

（三）环境因子影响

1. 海拔和温度　随海拔的升高、温度的降低，成虫始见期有推迟现象。例如，在贵州省铜仁市，当地海拔 250 米，成虫始见期在 4 月下旬；江口县海拔 360 米，成虫始见期是 5 月中旬。当月均温为 22.3 ℃，始见成虫；月均温为 21.2 ℃，成虫始见期推迟。

2. 寄主植物　寄主植物的种类和营养组分是影响稻绿蝽发生的重要因子。用大豆幼苗饲养成虫不能正常发育和产卵。而用豆荚进行饲养，成虫就能正常发育和产卵。可见，成虫必须获得寄主生殖器官的营养物质组分，才能促使卵巢发育成熟，繁衍后代。稻绿蝽在不同季节内，产卵繁殖的植物有所不同。当寄主植物被毁除时，稻绿蝽还可以在乞丐草、猪尿豆、蜘蛛草和其他不同类型的杂草上发育。

四、防治措施

（一）农业防治

冬春期间，结合积肥清除田边附近杂草，减少越冬虫源。

（二）物理防治

1. 人工捕杀　利用成虫在早晨和傍晚飞翔活动能力差的特点，进行人工捕杀。田间摘除卵块，以减少虫害。

2. 灯光诱杀　在害虫发生盛期，利用黑光灯诱杀成虫。

（三）化学防治

掌握在若虫盛发高峰期，群集在卵壳附近尚未分散时用药，可选用 90％敌百虫 700 倍液，或 77.5％敌敌畏 800 倍液，或 50％杀螟硫磷乳油 1 000～1 500 倍液，或 40％乐果 800～1 000 倍液，或 25％亚胺硫磷 700 倍液，或菊酯类农药 3 000～4 000 倍液喷雾。

第六节　斑 须 蝽

斑须蝽（*Dolycoris baccarum* L.），又名细毛蝽、臭大姐，属于半翅目（Hemiptera）蝽科（Pentatomidae）。斑须蝽在我国分布范围广，各省份均有分布，是多种农作物和苗木的重要害虫。

一、危害症状

斑须蝽主要危害大豆、绿豆、棉花、烟草、花生，同时危害小麦、玉米、谷子等作物，并危害泡桐、苹果、梨等苗木。以成虫和若虫吸取寄主植物幼嫩部分汁液，造成大豆落花、落荚、生长萎缩、幼苗死亡、籽粒不实等现象。

二、形态特征

1. 成虫 体扁、卵圆形，体长8～13毫米，宽5～6毫米，紫褐色。身披有纤细茸毛，并密布粗大刻点。触角5节，黑色，各节基部黄白色。小盾片黄色，其尖端光滑无刻点。前翅革质部分由浅红褐色渐至暗红褐色，膜质部分透明，稍带褐色。腹部外露部分黄色，节间黑色。足褐色，胫节末端及附节第1、3节黑色，第2节黄色。雌雄成虫的主要区别在于腹部末端的构造。

2. 卵 圆筒形，高约1毫米，橘黄色，顶端有一圆盖（称为卵盖）。

3. 若虫 共5龄，无翅，形略似成虫。初孵若虫头及胸部黄色，腹部黄白色，腹背各节中部和两侧有椭圆形黑斑。老龄若虫体暗灰褐色，并密布刻点和长毛，触角4节，黑色。

三、发生规律

（一）生活史

斑须蝽以成虫越冬。东北年发生1～2代，华中年发生3代，华南年发生3～4代。3月下旬，当日平均气温达8℃左右时，越冬成虫开始活动。4月中旬开始产卵，并逐渐进入产卵盛期。5月下旬出现第1代成虫。麦收后成虫多集中于大豆、玉米、高粱、棉花等作物及泡桐苗上危害。7月中旬出现第2代成虫，8月下旬出现第3代成虫。至10月上中旬，秋作物收获后，部分成虫陆续转移至大白菜等蔬菜田及小麦田内活动。11月进入越冬状态。

（二）主要习性

成虫具有明显的喜温性，在春季阳光充足、温度较高时，成虫活动频繁。早春在麦田内，成虫仅在晴天无风的中午前后活动，早晨或傍晚即潜藏在麦株下部。成虫有群聚性，在长势好或播娘蒿较多的麦田内虫量较多。成虫具弱趋光性，有假死性，在强的阳光下，成虫喜栖于叶背和嫩头；阴雨和日照不足时，则多在叶面、嫩头上活动。暴风雨对其有冲刷作用，使虫口下降。成虫一般不飞翔，如飞翔其距离也短，一般1次飞移3～5米。成虫白天交配，交配时间为40～60分钟，可多次交配，交配后3天左右开始产卵，产卵多在白天，以上午产卵较多。成虫需吸食补充营养才能产卵，即吸食植物嫩茎、嫩芽、顶梢汁液，故产卵前期是危害的重要阶段。若虫孵化后聚集在卵块处不食不动，脱皮后才开始分散取食活动。

（三）环境因子影响

1. 温、湿度 斑须蝽发生与温湿度关系密切。冬季气温偏高，雨雪较多，有利于成虫越冬。早春气温回升快，特别是 4 月中旬与 5 月上中旬气温偏高，产卵量多。降雨量偏少或接近常年对其发生有利。

2. 寄主植物 在春季，播娘蒿多、长势好、背风向阳的麦田斑须蝽数量多。在众多寄主中，豆科作物如绿豆、大豆以及泡桐危害较重。

3. 天敌 已查明天敌 15 种，其中，寄生性天敌 5 种，捕食性天敌 10 种，分别为斑须蝽蝽卵蜂、黑足蝽沟卵蜂、稻蝽小黑卵蜂、稻蝽沟卵蜂、斑须膜腹寄蝇、中介简腹寄蝇、中华羽角食虫虻、单腹基叉食虫虻、虎斑食虫虻、灰长鬏食虫虻、蝎敌、中华广肩步甲、中华螳螂、星豹蛛、中华狼蛛。黑足蝽沟卵蜂对第 1 代斑须蝽卵寄生率较高，平均可达 50% 以上；第 2 代斑须蝽卵寄生高峰时为 20% 左右；第 3 代在 30% 左右。全年调查平均寄生率为 15.3%。室内用斑须蝽卵接蜂，寄生率可达 90% 以上。稻蝽小黑卵蜂、稻蝽沟卵蜂对斑须蝽的寄生率远远不及黑足蝽沟卵蜂，但三者同为斑须蝽卵寄生蜂，与其他天敌共同对斑须蝽的种群制约产生综合影响。

四、防治措施

对斑须蝽应采用综合治理或兼治措施，即发生程度在中等偏重以上年份及世代，采用农业、物理、生物、化学相协调的综合防治措施，做到安全、经济、有效；偏轻发生年份及世代，可在防治其他害虫时兼治。

（一）农业防治

清除作物田间杂草，实施秸秆还田，减少害虫的活动滋生场所。加强大田的中耕管理，氮、磷、钾与微量元素配合施用，培育壮苗。

（二）物理防治

利用成虫趋光性，诱杀成虫。在成虫发生期，特别是发生盛期，用 20 瓦黑光灯诱杀，灯下放一水盆，及时捞虫。摘除卵块和尚未迁移扩散的低龄若虫，可减轻田间受害程度。

（三）化学防治

采用内吸性杀虫剂 3% 啶虫脒乳油 1 500～2 000 倍液，或 40% 乐果乳油 1 000 倍液，或 2.5% 溴氰菊酯 3 000 倍液喷雾，同时喷施抗病毒的药剂如小叶敌、菌克毒克等，增强植株抗病毒能力。

（四）生物防治

斑须蝽的天敌种类较多，主要有华姬蝽、中华广肩步行虫、斑须蝽卵蜂、稻蝽小黑卵蜂等，对控制其发生有一定作用。重视保护利用天敌，特别要保护斑须蝽卵蜂和稻蝽小黑卵蜂。每亩释放黑足蝽沟卵蜂 1 000～1 500 头，可提高自然寄生率 6%～15%；使用生物制剂或特异性杀虫剂（灭幼脲、保幼激素）防治，可减少对天敌的杀伤。

第七节　筛豆龟蝽

筛豆龟蝽（*Megacopta cribraria* Fabricius），属半翅目（Hemiptera）龟蝽科（Plataspididae），又名豆圆蝽、臭金龟，是一种杂食性害虫，主要危害大豆、赤豆、豌豆、绿豆、扁豆、豇豆等豆科作物以及刺槐、杨树、桃、李、桑、枣、茶、烟草、板栗、棉花等多种其他植物。分布地区北起北京、河北、山西，南至台湾，东到沿海地区，西至陕西、四川、云南、西藏等省份。

一、危害症状

筛豆龟蝽主要危害大豆，其次危害绿豆、豇豆等。成虫和若虫群集于豆类主茎、分枝上刺吸汁液，造成植株矮小，叶片污绿、枯黄，花荚脱落，荚果枯瘪不实。不防治情况下，可造成产量损失 24.4%～60.3%，高的 74.3% 以上。可能受筛豆龟蝽分泌臭液的影响，筛豆龟蝽危害严重的豆田附近的水稻，叶片上常有叶斑发生。

二、形态特征

1. 成虫　体扁，卵圆形，黄褐色或草绿色。雌成虫体长 4.5～7.0 毫米，平均 5.4 毫米，宽 4.5～5.0 毫米；雄成虫体长 4.0～4.5 毫米，宽 3.5～4.0 毫米。头小，复眼红褐色，触角 5 节。前胸背板前部有 2 条弯曲的暗褐色横纹，前胸及小盾片密布粗刻点，小盾片发达，几乎将腹部及翅全部覆盖。腹部腹面中区黑色，两侧具宽阔的黄色辐射状带纹。生殖器雌成虫为黑褐色三角架形，雄成虫为黑亮哑铃形。刚羽化的成虫淡黄色，无刻点。约经 24 小时，体色转黄褐色，前胸及小盾片刻点明显。

2. 卵　略呈圆筒形，长 0.5～0.8 毫米，宽 0.2～0.4 毫米，表面有纵沟，一端为卵盖，周缘具精孔突 10～16 个。卵初产时乳白色，孵化前 1 天转肉黄色。

3. 若虫　共 5 龄，1 龄长 0.6～1.3 毫米，初孵时，橘红色，取食后肉黄色，腹背有一"丁"字形纹，密披淡褐色细毛；2 龄长 1.8～2.3 毫米，宽 1.3～1.6 毫米，米黄色，密披褐色细毛，腹背有 4 个橘红色短条斑；3 龄长 2.7～3.1 毫米，宽 2.0～2.2 毫米，已成龟形，中胸背板后缘伸至第 1 腹节前缘，胸腹周边长出齿状肉突，上有 3～6 根黑褐色细毛；4 龄长 3.6～4.4 毫米，翅芽棕褐色，伸达第 2 腹节，前胸背板淡褐色，有小刻点，中后胸背或腹背有一红色横纹；5 龄长 4.6～5.0 毫米，宽 3.5～4.4 毫米，翅芽伸达第 3 腹节，腹背有 2 条红色横纹。

三、发生规律

(一) 生活史

筛豆龟蝽在浙江1年发生3代，江西南昌1年发生1~2代，以2代为主，世代重叠。以成虫在寄主植物附近的枯枝落叶下越冬。3代区，翌年4月上旬开始活动，4月中旬开始交尾，4月下旬陆续迁入春大豆田，5月中旬开始产卵，5月下旬进入孵化盛期，6月中旬为第1代若虫高峰期，7月上旬出现第1代成虫高峰，夏大豆7中旬出现迁入高峰并产卵，7月底至8月初为卵高峰，8月中旬为第2代若虫高峰期，8月下旬为第2代成虫高峰期，9月上旬出现第3代卵高峰，9月中旬出现第3代若虫高峰，10月上旬为第3代成虫高峰。11月下旬起陆续越冬。

(二) 主要习性

筛豆龟蝽成、若虫多群集刺吸危害，吸食大豆嫩芽、叶腋、花蕾、幼叶、茎秆、荚果等幼嫩部位。成虫和3龄以上若虫能分泌臭液，有假死性。成虫一生可多次交配，成虫交尾多在早上进行，产卵前期3~23天，每雌产卵1~14块，平均5.5块；每块卵3~64粒，平均17.2粒；产卵3~341粒，平均95.1粒。卵产于叶片、叶柄、托叶、荚果和茎秆上呈两纵行，平铺斜置，呈羽毛状排列，个别也有散产或不规则排列。卵孵化时，若虫头部顶开假卵盖，前足不断外爬，身体逐渐露出，4~5分钟全体脱出。孵化后若虫随即爬到卵壳上面聚集，而后爬下卵壳，聚集在卵壳附近，逗留2~3天后，后向茎秆上部幼嫩组织危害。低龄若虫喜欢在心叶危害，中、高龄若虫多群集在豆株的中上部危害。

(三) 环境因子影响

1. 温、湿度　天气晴热高温，不利于成虫产卵和卵的孵化，田间虫口密度也随之下降。

2. 栽培制度　播种早、生长嫩绿的春大豆上虫口密度高，危害重；向阳避风山坡地种植春大豆发生的时间早于平坡地；春大豆危害重于秋大豆，秋大豆上虫量低，危害亦轻。

四、防治措施

(一) 农业防治

根据筛豆龟蝽越冬的习性，秋、冬季可采取深翻土壤，清除田间、路边、沟边杂草等措施，压低越冬虫源，能有效减轻来年筛豆龟蝽的危害。

(二) 物理防治

利用成虫假死性，振落成虫后捕杀。

（三）化学防治

药剂防治一定要掌握在若虫盛发期，一旦进入成虫期，很难收到好的防治效果。若虫期每亩可用5%高效氯氰菊酯，或2.5%溴氰菊酯，或20%氰戊菊酯2 000～3 000倍液喷施。要注意喷洒到叶背、叶柄、茎秆上，防效可达90%以上。成虫期药剂防治，由于筛豆龟蝽有迁飞习性，要组织大面积统一防治，小面积单独防治的效果差。

（四）生物防治

田间共发现了2种筛豆龟蝽卵寄生蜂，分别为卵条小蜂和沟黑卵蜂，2种寄生蜂体形大小相近，其中，卵条小蜂为优势种。卵寄生蜂能大大降低第1代筛豆龟蝽的种群数量。筛豆龟蝽的天敌除卵寄生蜂外，还有蚂蚁、蜘蛛、真菌等多种天敌。

主 要 参 考 文 献

蔡柏岐，牛瑶，2002. 我国三种蝼蛄的雄性生殖器鉴别 [J]. 昆虫知识，39（2）：152 - 153.

陈菊红，崔娟，唐佳威，等，2018. 温度对点蜂缘蝽生长发育和繁殖的影响 [J]. 中国油料作物学报，40（4）：579 - 584.

陈立雪，孙洪飞，2008. 大豆二条叶甲发生规律及防治技术研究 [J]. 中国农村小康科技（12）：47.

陈庆恩，白金铠，1987. 中国大豆病虫图志 [M]. 长春：吉林科学技术出版社.

陈森玉，陈品三，1990. 大豆根结线虫病病原生物学特性观察 [J]. 植物生理学报，20（4）：253 - 257.

陈绍江，王金陵，杨庆凯，1996. 大豆紫斑病原菌毒素研究 [J]. 植物病理学报（1）：45 - 48.

陈吴健，2007. 大豆豆荚炭疽病的病原鉴定及其防治 [D]. 杭州：浙江大学.

崔万里，1992. 草地螟生物学特性观察 [J]. 昆虫知识，29（5）：289 - 292.

戴淑慧，杨亚萍，1993. 甜菜夜蛾的生物学特性及防治 [J]. 植物保护，19（2）：20 - 21.

董慈祥，等，1999a. 斑须蝽生物学特性及成虫耐寒性研究 [J]. 华东昆虫学报，8（2）：53 - 56.

董慈祥，等，1999b. 鲁西南斑须蝽越冬成虫耐寒能力的研究 [J]. 中国棉花，26（11）：10 - 11.

杜广平，张立仁，2006. 大豆细菌性叶斑病及防治 [J]. 植物医生（3）：13.

段玉玺，吴刚，2002. 植物线虫病害防治 [M]. 北京：中国农业科学技术出版社.

范圣长，2004. 大豆孢囊线虫孢囊寄生真菌分类及其致病性研究 [D]. 沈阳：沈阳农业大学.

房巨才，1997. 斑须蝽对黑光灯趋性的观察 [J]. 莱阳农学院学报，14（增刊）：93.

费甫华，盛正逮，1996. 大豆锈病研究进展与展望 [J]. 世界农业（242）：39 - 40.

冯殿黄，1996. 斑须蝽的初步研究 [J]. 山东农业科学（2）：22.

冯晓三，陈相兰，李东来，等，1996. 斑鞘豆叶甲的生物学特性和防治研究初报 [J]. 森林病虫通讯（2）：32 - 33.

盖钧镒，夏基康，1989. 我国南方大豆资源对豆秆黑潜蝇抗性的研究 [J]. 大豆科学（2）：115 - 121.

盖云鹏，潘汝谦，关铭芳，等，2014. 一种值得关注的大豆病害——大豆红冠腐病 [J]. 植

物保护 (4)：118 - 121.

龚文升，1986. 大豆紫斑粒病试验初报 [J]. 河南科技 (3)：21 - 22.

郭建藩，2009. 地老虎的综合防治措施 [J]. 新疆农业科技 (4)：18 - 20.

何永梅，罗光耀，2012. 大豆炭疽病的识别与防治 [J]. 农药市场信息 (19)：44.

胡国栋，2003. 斜纹夜蛾生活习性及防治 [J]. 农药快讯 (18)：20.

胡国华，于凤瑶，程显伟，等，1995. 大豆灰斑病原菌生理小种鉴定 [J]. 植物保护，21
    (3)：26 - 28.

黄送禹，梁召其，1984. 蜗牛的发生及防治技术 [J]. 植物保护，10 (5)：39.

江幸福，1998. 甜菜夜蛾在我国的发生危害及防治概况 [J]. 农资科技 (6)：8 - 10.

蒋维宇，朱明德，1987. 大豆炭疽病原菌生物学特性的研究 [J]. 河南农业大学学报，21
    (2)：186 - 192.

靳学慧，马汇泉，钟湘植，等，1995. 大豆褐纹病发生与危害 [J]. 现代化农业 (10)：18.

柯礼道，方菊莲，李志强，1985. 豆野螟的生物学特性及其防治 [J]. 昆虫学报，28 (1)：
    51 - 59.

孔凡杰，2011. 大豆霜霉病发生与防治方法 [J]. 大豆科技 (1)：69 - 70.

雷勇刚，刘安全，2000. 大豆立枯病发病情况及防治方法 [J]. 新疆农业科技 (4)：23.

李丹，刘彬，魏少民，等，2000. 大豆褐纹病的发生规律和病害流行结构 [J]. 黑龙江农业
    科学 (4)：3.

李建学，1999. 安康地区豆荚螟发生规律及其防治对策 [J]. 陕西农业科学 (1)：24 - 25.

李景茹，魏倩，崔万里，等，1982. 草地螟成虫生物学特性观察 [J]. 黑龙江农业科学
    (5)：38 - 40.

李明友，刘德平，朱运龙，2007. 大豆田蛴螬重发生成因及综合防治策略 [J]. 安徽农学通
    报，13 (11)：121.

李庆孝，1997. 植物保护手册 [M]. 哈尔滨：黑龙江科学技术出版社.

李卫华，李键强，2004. 大豆籽粒紫斑病研究进展 [J]. 作物杂志 (4)：30 - 32.

李颜辉，潘战胜，张建平，等，2001. 筛豆龟蝽生物学特性观察 [J]. 植保技术与推广，21
    (7)：11 - 12.

廖林，1992. 大豆灰斑病研究概况及展望 [J]. 中国农学通报，8 (1)：6 - 9.

林建伟，2008. 豆荚螟的发生及综合防治技术 [J]. 福建农业 (6)：24.

林荣华，李照会，叶保华，等，2000. 豆荚野螟研究进展 [J]. 山东农业大学学报（自然科
    学版）31 (4)：433 - 436.

刘奉昌，江尧桦，1996. 大造桥虫寄主种类调查 [J]. 江苏林业科技 (2)：60.

刘惕若，1979. 大豆病虫害 [M]. 北京：农业出版社.

刘效明，凌万开，熊桂和，等，1995. 甜菜夜蛾生物学特性及防治技术 [J]. 植物保护
    (6)：29 - 30.

刘颖，柳松梅，梁慧明，2008. 大豆红蜘蛛发生消长规律与综合防治措施 [J]. 上海农业科
    技 (1)：96 - 97.

刘志红，李桂亭，吴福中，等，2005. 豆天蛾研究进展 [J]. 安徽农业科学，33 (6)：

1101 - 1102.

罗晨，张芝利，2000. 烟粉虱研究概述 [J]. 北京农业科学，18（增刊）：4 - 13.

吕利华，陈瑞鹿，1993. 大豆蚜有翅蚜产生的原因 [J]. 昆虫学报，36（2）：144 - 149.

马慧萍，潘涛，2010. 沟金针虫的发生与防治 [J]. 农业科技与信息（5）：31 - 32.

蒙泽敏，1998. 棉铃虫大发生之谜已解开 [J]. 北京农业（7）：6.

孟凡钢，杨振宇，闫日红，等，2015. 大豆抗食心虫研究进展 [J]. 大豆科技（3）：
    17 - 20.

苗保河，1994. 大豆品种资源抗菌核病鉴定 [J]. 中国油料，16（3）：67 - 68.

秦厚国，叶正襄，丁建，等，2002. 温度对斜纹夜蛾发育、存活及繁殖的影响 [J]. 中国生
    态农业学报，10（3）：76 - 79.

秦利人，朱惠聪，1987. 大豆天蛾的发生规律与防治技术 [J]. 江苏农业科学（6）：
    20 - 21.

屈西峰，2005. 草地螟发生程度的划分 [J]. 中国植物导刊，25（8）：8 - 10.

沙洪林，周安民，杨慎之，1992. 斑鞘豆叶甲初步观察 [J]. 植物保护，18（2）：22.

尚云峰，张宏军，张玉萍，2014. 双斑萤叶甲的发生及防治 [J]. 农民致富之友
    （24）：108.

沈建国，高芳銮，廖富荣，等，2009. TC - RT - PCR 检测菜豆荚斑驳病毒的研究 [J]. 激
    光生物学报，18（1）：108 - 111.

史树森，2013. 大豆害虫综合防控理论与技术 [M]. 长春：吉林出版集团有限责任公司.

史晓斌，2014. B、Q 型烟粉虱传毒与植物防御特性研究 [D]. 北京：中国农业大学.

司升云，周利琳，望勇，等，2007. 大造桥虫的识别与防治 [J]. 长江蔬菜（8）：30、68.

孙浩华，薛峰，陈集双，2007. 大豆花叶病毒研究进展 [J]. 生命科学，19（3）：
    338 - 345.

谈宇俊，1982. 大豆锈病流行规律及防治研究 [J]. 中国油料（4）：1 - 8.

谭娟杰，1958. 中国豆芫菁属记述 [J]. 昆虫学报，8（2）：152 - 167.

汪云好，杨新军，2003. 斜纹夜蛾发生规律及防治技术 [J]. 安徽农业科学，31（1）：
    126 - 127.

王成伦，1962. 大豆蚜的研究 [J]. 昆虫学报，11（1）：31 - 44.

王浩杰，刘立伟，舒金平，等，2008. 金针虫控制技术及其研究进展 [J]. 中国森林病虫
    （1）：27 - 40.

王琳，曾玲，陆永跃，2003. 豆野螟发生危害及综合防治研究进展 [J]. 昆虫天敌，25
    （2）：83 - 88.

王胜华，袁海军，徐向平，2010. 大豆蛴螬的综合防治 [J]. 农村实用科技信息（6）：40.

王音，吴福桢，1994. 我国常见蟋蟀种类识别 [J]. 昆虫知识，31（6）：369 - 371.

王玉全，李祥羽，徐鹏飞，等，2006. 黑龙江省大豆细菌性斑点病病原菌的分离鉴定及病
    害分布研究 [J]. 黑龙江农业科学（6）：34 - 35.

王植杏，王华弟，陈桂华，等，1996. 筛豆龟蝽发生规律及防治研究 [J]. 植物保护，22
    （3）：7 - 9.

王志华，郑良，刘德生，2008. 大豆红蜘蛛发生及防治 [J]. 中国农村小康科技（7）：
　53 - 56.

王志平，张荣宗，1999. 豆荚螟的发生特点与防治措施 [J]. 福建农业科技（1）：35 - 36.

魏梅生，杨翠云，2006. 菜豆荚斑驳病毒——危害大豆等豆科植物的重要病毒 [J]. 植物检
　疫，20（1）：26 - 28.

吴炳芝，段文学，孙毅民，2001. 大豆疫霉根腐病防治研究初报 [J]. 大豆科学，20（4）：
　309 - 311.

吴月琴，章新民，华阿清，1992. 筛豆龟蝽生物学特性观察及防治 [J]. 昆虫知识，29
　（5）：272 - 274.

谢成君，1990. 宁夏山区黑绒鳃金龟甲生活习性及防治研究简报 [J]. 植物保护，16（4）：
　14 - 15.

谢皓，陈立军，韩俊，等，2016. 大豆害虫点蜂缘蝽的危害特点与防治方法 [J]. 大豆科技
　（6）：11 - 13.

辛惠普，2003. 大豆病虫害防治 [M]. 北京：中国农业出版社.

邢光南，谭连美，刘泽稀楠，等，2012. 大豆地方品种叶片叶柄茸毛性状的形态变异及其
　与豆卷叶螟抗性的相关分析 [J]. 大豆科学，31（5）：691 - 696.

杨岱伦，1984. 大豆孢囊线虫的生物学研究 [J]. 辽宁农业科学（5）：23 - 26.

杨光安，2001. 双斑长跗萤叶甲的发生与防治 [J]. 植物医生（1）：24.

杨文成，2004. 银纹夜蛾的发生与防治技术 [J]. 江西农业科学（4）：38.

杨燕涛，1998. 土壤水分与棉铃虫化蛹的关系及对下代发生的影响研究 [J]. 棉花学报，10
　（4）：210 - 215.

姚红梅，谢关林，金扬秀，2007. 上海地区大豆细菌性"叶斑病"病原研究 [J]. 上海农业
　学报（2）：41 - 45.

于春梅，郑兰芬，李春杰，2005. 怎样防治红蜘蛛 [J]. 吉林农业（9）：22.

曾维英，蔡昭艳，张志鹏，等，2015. 大豆抗豆卷叶螟的生理生化特性研究 [J]. 南方农业
　学报，46（12）：2112 - 2116.

翟文胜，1994. 黑绒鳃金龟的发生与防治 [J]. 中国农学通报（3）：45 - 46.

张从宇，程家连，1998. 大豆田菟丝子的危害特点及控制技术 [J]. 杂草科学（3）：35 -
　36，5.

张倩，2005. 大豆菟丝子的防治技术 [J]. 现代农业技术（6）：24.

张全党，2009. 大豆根腐病发生规律及防治关键技术研究 [D]. 乌鲁木齐：新疆农业大学.

张文强，李元涛，2017. 京郊大豆点蜂缘蝽虫害防治方法 [J]. 吉林农业（9）：80.

赵丹，许艳丽，李春杰，2006. 大豆菌核病的综合防治 [J]. 大豆通报（3）：15 - 16.

赵江涛，于有志，2010. 中国金针虫研究概述 [J]. 农业科学研究（3）：49 - 55.

赵熙宏，2011. 东方蝼蛄的防治技术 [J]. 河北林业科技（5）：106.

赵寅，孟凡华，徐承海，2004. 大豆红蜘蛛发生特点及综合防治技术 [J]. 大豆通报
　（2）：14.

郑翠明，2000. 大豆花叶病毒病研究进展 [J]. 植物病理学报，30（2）：97 - 105.

智海剑，盖钧镒，2005. 大豆花叶病毒症状反应的遗传研究 ［J］. 中国农业科学（5）：944-949.

周敏，2006. 地老虎的发生及综合防治技术 ［J］. 天津农林科技（4）：45.

朱月英，周加春，徐文华，等，1996. 农田蜗牛防治技术 ［J］. 农业科技通讯（1）：29.

朱振东，2002. 大豆疫霉根腐病的发生和防治研究进展 ［J］. 植保技术与推广，22（7）：40-42.

庄剑云，1991. 中国大豆锈病的病原、寄主及分布 ［J］. 中国油料（3）：67-69.

图书在版编目（CIP）数据

大豆主要病虫害综合防控技术 / 周延争主编 . —北
京：中国农业出版社，2022.3
ISBN 978 - 7 - 109 - 29256 - 7

Ⅰ.①大… Ⅱ.①周… Ⅲ.①大豆－病虫害防治
Ⅳ.①S435.651

中国版本图书馆 CIP 数据核字（2022）第 050404 号

中国农业出版社出版

地址：北京市朝阳区麦子店街 18 号楼
邮编：100125
责任编辑：冀 刚　文字编辑：李 辉
版式设计：杨 婧　责任校对：周丽芳
印刷：北京通州皇家印刷厂
版次：2022 年 3 月第 1 版
印次：2022 年 3 月北京第 1 次印刷
发行：新华书店北京发行所
开本：700mm×1000mm　1/16
印张：12.5　插页：16
字数：240 千字
定价：58.00 元
